21 世纪高校教材

大学物理实验教程

主　编　周　岚
副主编　杜　微

苏州大学出版社

图书在版编目(CIP)数据

大学物理实验教程/周岚主编. —苏州：苏州大学出版社,2018.6(2025.1重印)
21世纪高校教材
ISBN 978-7-5672-2478-0

Ⅰ.①大… Ⅱ.①周… Ⅲ.①物理学－实验－高等学校－教材 Ⅳ.①O4-33

中国版本图书馆 CIP 数据核字(2018)第 123351 号

大学物理实验教程

周 岚 主编

责任编辑 周建兰

苏州大学出版社出版发行
(地址：苏州市十梓街1号 邮编：215006)
广东虎彩云印刷有限公司印装
(地址：东莞市虎门镇黄村社区厚虎路20号C幢一楼 邮编：523898)

开本 787 mm×1 092 mm 1/16 印张 18.75 字数 462 千
2018 年 6 月第 1 版 2025 年 1 月第 9 次修订印刷
ISBN 978-7-5672-2478-0 定价：47.00 元

苏州大学版图书若有印装错误,本社负责调换
苏州大学出版社营销部 电话：0512-67481020
苏州大学出版社网址 http://www.sudapress.com

Preface

前　言

  科学实验是科学理论的源泉,是科学研究和工程技术的基础.物理学是一门实验科学,物理实验教学和物理理论教学具有同等重要的地位,这是广大物理教育工作者乃至整个教育界的共识.大学物理实验是高等院校理、工、农、医各专业学生必修的公共基础课,是大学生系统地学习科学实验的基础知识、基本方法和基本技能的入门课程,对学生的科学思维方式的训练、创新意识的培养以及科学实验素质的养成都具有极其重要的作用,是高等院校基础教学中不可缺少的重要环节.

  本教材根据"加强基础、重视应用、提高素质、培养能力、开拓创新"的教改精神,在2005年第一版和2010年第二版的基础上改编修订而成.它集中反映了近年来我们在大学物理实验课程改革方面所取得的成果.

  为体现"高等学校教育质量和教学改革工程"教育基础课程对学生知识、能力和素质"三位一体"的培养目标的支撑,本教材根据学生的认知规律和学生的实际水平,按基础训练实验、基本实验、综合性提高实验以及设计性和研究性实验的顺序来编排.在数据处理方面,统一采用国际通用的不确定度概念分析问题和进行数据处理,加强了误差理论的教学,提高了学生分析和处理数据的能力.在实验内容方面,剔除了一些陈旧实验项目,引进了一些反映科技新成果的实验项目,有些实验增加了更为灵活的内容,有些实验引入计算机处理或采集数据,有些实验还要求学生用计算机模拟物理实验过程.在教材最后一章实验总结中,系统地将贯穿在各个实验中常用的实验方法、测量方法、测量仪器和测量条件的选择、实验中仪器的基本调整与操作技术、设计性实验的基本要求与实验过程等知识做一介绍和总结,使学生能够将每个实验中零散获得的知识连成知识网络,以提高学生的科学实验素养.教材中还设置了活页实验数据记录表格,以方便学生使用.另外,与本书配套的课件和实验操作视频可至苏州大学出版社网站(http://www.sudapress.com/pages/resourcecenter.aspx)下载.

  本教材是我们长期实验教学的结晶,凝聚了很多教师和实验技术人员的智慧和辛勤劳动.本教材由周岚任主编,杜微任副主编,朱路扬、王文秀、唐多权、徐秀莲、李俊来、朱蜀梅、樊莉、朱桂萍、华宇、朱新梅、孟祥东、韩玖荣、朱海梅、毛翔宇、陶玉荣、倪静等老师也对教材的改编修订提出了许多宝贵意见.

在教材编写过程中,我们参考了一些物理实验的相关教材,在此向有关作者谨致谢意.我们也向我校历年来众多物理实验任课教师和实验技术人员表示衷心的感谢.

十分感谢扬州大学给予的大力支持.

限于我们的水平,加上时间仓促,书中难免有许多不足乃至错误之处,欢迎广大师生给予批评指正.

编 者
2018 年 3 月于扬州

目 录

第一章　绪论……………………………………………………………………（001）

　　第一节　物理实验课的目的和任务…………………………………………（001）
　　第二节　物理实验课的基本程序……………………………………………（002）
　　第三节　测量与误差…………………………………………………………（003）
　　第四节　测量的不确定度、误差估算和测量结果的表示…………………（005）
　　第五节　有效数字及其运算…………………………………………………（013）
　　第六节　数据处理的基本方法………………………………………………（016）
　　第七节　用 Excel 软件进行数据处理………………………………………（022）
　　练习题…………………………………………………………………………（025）

第二章　基础训练实验…………………………………………………………（027）

　　实验一　胶片密度的测定……………………………………………………（027）
　　实验二　电阻的测量和伏安特性的研究……………………………………（035）
　　实验三　电表的改装和校正…………………………………………………（045）
　　实验四　薄透镜焦距的测定…………………………………………………（051）
　　实验五　液体黏滞系数的测定………………………………………………（055）
　　实验六　模拟法描绘静电场…………………………………………………（061）

第三章　基本实验………………………………………………………………（067）

　　实验七　用直流电桥测量电阻………………………………………………（067）
　　实验八　拉伸法测金属丝的杨氏弹性模量…………………………………（073）
　　实验九　液体表面张力系数的测定…………………………………………（079）
　　实验十　光的等厚干涉——牛顿环和劈尖干涉……………………………（085）
　　实验十一　示波器的使用……………………………………………………（091）
　　实验十二　分光计的使用　用光栅测波长…………………………………（101）
　　实验十三　棱镜玻璃折射率的测定…………………………………………（109）
　　实验十四　霍尔效应及磁场的测定…………………………………………（113）
　　实验十五　迈克耳孙干涉仪的调节与使用…………………………………（119）

实验十六　太阳能电池基本特性的测定……………………………(127)
　　实验十七　扭摆法测定物体的转动惯量…………………………(135)
　　实验十八　声速的测定………………………………………………(141)

第四章　综合性提高实验……………………………………………(149)

　　实验十九　动力学共振法测定材料的杨氏弹性模量……………(149)
　　实验二十　非良导热材料导热系数的测定………………………(155)
　　实验二十一　用波尔共振仪研究受迫振动………………………(163)
　　实验二十二　非平衡电桥的原理与应用…………………………(171)
　　实验二十三　光电效应法测普朗克常量…………………………(175)
　　实验二十四　夫兰克-赫兹实验……………………………………(183)
　　实验二十五　多普勒效应的研究与应用…………………………(191)
　　实验二十六　核磁共振实验…………………………………………(197)
　　实验二十七　单缝衍射的光强分布与缝宽的测定………………(205)

第五章　设计性和研究性实验………………………………………(209)

　　实验二十八　单摆设计（设计性实验）……………………………(209)
　　实验二十九　光敏传感器特性的研究……………………………(214)
　　实　验　三十　红外通信特性研究及应用………………………(221)
　　实验三十一　燃料电池综合特性的测定…………………………(233)
　　实验三十二　碰撞打靶研究抛体运动……………………………(243)
　　实验三十三　微波光学实验——布拉格衍射……………………(247)
　　实验三十四　全息照相………………………………………………(252)
　　实验三十五　多用表的设计与制作（设计性实验）………………(256)
　　实验三十六　黑匣子（设计性实验）………………………………(263)
　　实验三十七　测量棱镜材料的色散曲线（设计性实验）…………(264)
　　实验三十八　密立根油滴实验………………………………………(265)

第六章　实验总结………………………………………………………(272)

　　第一节　物理实验的基本方法与测量方法………………………(272)
　　第二节　测量仪器与测量条件的选择……………………………(277)
　　第三节　物理实验中的基本调整与操作技术……………………(281)
　　第四节　设计性实验简介…………………………………………(284)

附　表……………………………………………………………………(288)

第一章

绪　　论

第一节　物理实验课的目的和任务

　　物理实验是对高等院校学生进行科学实验基本训练的一门独立的必修基础实验课程,是学生进入大学后接受系统实验方法和实验技能训练的开端,是培养和提高学生科学实验素质,重点突出实验设计思想、方法培养和实验创新意识训练的重要基础.

　　物理学是一门实验科学,物理实验是物理学的基础.已经建立起来的物理定理,如果和新的实验事实发生矛盾,就必须对原来的定理加以修正或改造,这样,物理学就获得了新的发展.正是因为物理实验如此重要,而且它有自身的特点和一套实验知识、实验方法等,所以在高等院校里开设物理理论课的同时,还开设了物理实验课,这两门课程既有密切的联系,也有明显的区别,它们反映了人们研究物理学的两个不同的侧面.因此,物理实验教学和物理理论教学具有同等重要的地位.

　　本课程内容在中学物理及实验的基础上,按照循序渐进的原则,学习物理实验思想、原理及方法,得到科学实验素质的训练,从而初步掌握科学实验的主要过程与基本实验技巧和方法,尤其是实验创新思维能力的入门,为后续课程的学习和工作奠定良好的实验基础.

　　本课程的具体任务是:

　　(1) 通过对物理实验现象的观测、分析和对物理量的测量,学习物理实验思想、原理及方法,加深对物理实验设计创新思维的理解.

　　(2) 培养与提高学生科学实验的基本素质,其中包括:

　　① 能够通过阅读实验教材或资料(含网上资源),基本掌握实验原理及方法,为进行实验做准备.

　　② 能够借助实验材料和仪器说明书,在老师指导下,正确使用常用仪器及辅助设备,完成各层次的实验内容,尤其是对实验设计思想和实验方法的理解.

　　③ 能够融合实验原理、思想、方法及相关的物理理论知识对实验现象进行初步的分析判断,逐步学会提出问题、分析问题和解决问题的方法.

　　④ 能够正确记录和处理实验数据、绘制曲线,分析实验结果,撰写合格的实验报告.

　　⑤ 能够完成符合规范要求的设计性内容的实验.

　　⑥ 在老师指导下,能够查阅有关方面的科技文献,用实验原理、方法进行基础的具有研究性或创意性内容的实验,并写出相应研究型实验的论文.

　　(3) 培养与提高学生的科学实验素养,要求学生具有理论联系实际和实事求是的科学作风,严肃认真的工作态度,主动研究的探索精神,遵守纪律、团结协作和爱护公共财产的优良品德.

第二节　物理实验课的基本程序

要上好一次物理实验课,同学们要做好以下三个环节的工作.

一、实验前的预习

为了在规定的时间内高质量地完成实验,学生在做实验前必须认真预习.预习时要认真阅读实验教材和相关的参考资料(含网上资源),弄清楚这次实验的目的、要求、原理、操作步骤以及要注意的问题,写出预习报告(预习报告是实验报告的一部分).预习报告应包含以下内容:实验目的、实验原理、实验仪器、实验步骤、实验中的原始数据记录表格、实验注意事项、预习题及回答等,要有测量公式、电路图、光路图,以备上课时使用.

二、实验的观测和记录

1. 进入实验室要遵守有关规章制度,爱护仪器设备,注意安全,动手前要先了解仪器的性能、规格、使用方法和操作规程,不要乱动仪器.

2. 安装和调整仪器要仔细认真,一丝不苟.还要注意满足测量公式所要求的实验条件.在整个实验过程中要手脑并用.一方面,要多动脑筋,头脑中要有明确的物理图像,对实验原理有比较透彻的理解,对实验中的各种现象要仔细观测,想一想是否合乎物理规律,有没有道理.在进行某些操作之前,先想想可能会出现什么结果,然后看看其是否和预期的结果相符合.如果不相符合,要分析原因,找出改进措施,绝不能拼凑数据.

3. 要注意培养和锻炼动手能力,实验操作要做到准确、熟练、快速,如在力学实验中的调水平、调铅垂,电学实验中的接电路,光学实验中的共轴调节,都是一些最基本的操作,应该熟练掌握.动手能力还表现在能否及时发现并排除实验中可能遇到的某些故障.要注意学习教师是如何判断仪器故障,如何修复仪器的(指可能当场修复的情况).

4. 要认真记录原始数据(就是在测量时直接从仪器上读出的数据),边测量边记录,要记得准确、清楚、有次序.

5. 做完实验,要将实验数据交给教师检查,得到教师认可签字后,再将仪器归整复原好,并做好清洁工作,填写好实验运行记录本后,方可离开实验室.对不合理的数据,需补做或重做实验.教师对有抄袭嫌疑的数据,要责成学生重做实验.

三、实验报告的书写

实验报告是对实验的全面总结.实验报告要求文理通顺、字迹端正、数据完整、图表规范、结果正确.准确、完整而简明地表述实验报告中各部分内容,是实验课训练的一个重要方面.实验报告可直接在预习报告的基础上完成.它包括实验名称、实验目的、实验器材、实验原理(用自己的语言简明扼要地阐述实验原理,写出主要公式,画出装置原理图、电路图或光路图)、实验步骤(用自己的语言写出关键性的实验方法、测量方法及仪器的调整操作技巧)、注意事项、数据记录(以列表形式记录原始数据,注明单位)、数据处理(代入数据,写出完整的计算过程,进行误差分析并用标准形式表达实验结果.需要的话,用坐标纸按作图规则作图)、讨论等.

上述三个环节中,第二个环节虽然是主要的,但是对第一个、第三个环节也绝不应忽视.只有三个环节都做好了,才算是上好了物理实验课.

第三节　测量与误差

一、测量

在科学实验中,一切物理量都是通过测量得到的.所谓测量,就是用一定的工具或仪器,通过一定的方法,直接或间接地与被测对象进行比较.著名物理学家伽利略有一句名言:"凡是可能测量的,都要进行测量,并且要把目前无法度量的东西变成可以测量的."物理测量的内容很多,大至日月星辰,小到原子、分子.现在人们能观察和测量到的范围,在空间方面已小到 $10^{-14} \sim 10^{-15}$ cm,大达百亿光年,大小相差 10^{40} 倍以上.在时间方面已短到 $10^{-23} \sim 10^{-24}$ s的瞬间,长达百亿年,两者相差也在 10^{40} 倍以上.在定量地验证理论方面,也需要进行大量的测量工作.因此可以说,测量是进行科学实验必不可少的极其重要的一环.

测量分直接测量和间接测量.直接测量是指把待测物理量直接与认定为标准的物理量相比较.例如,用直尺测量长度和用天平测物体的质量.间接测量是指按一定的函数关系,由一个或多个直接测量量计算出另一个物理量.例如,测物体密度时,先测出该物体的体积和质量,再用公式计算出物体的密度.在物理实验中进行的测量,有许多属于间接测量.

一个测量数据不同于一个数值,它是由数值和单位两部分组成的.一个数值只有有了单位,才具有特定的物理意义,这时它才可以被称为一个物理量.因此,测量所得的值(数据)应包括数值(大小)和单位,两者缺一不可.

二、误差

从测量的要求来说,人们总希望测量的结果能很好地符合客观实际.但在实际测量过程中,由于测量仪器、测量方法、测量条件和测量人员水平以及种种因素的局限,测量结果与客观存在的真值不可能完全相同,我们所测得的只能是某物理量的近似值.也就是说,任何一种测量结果的量值和真值之间总会或多或少地存在一定的差值,将其称为该测量值的测量误差,简称"误差",误差的大小反映了测量的准确程度.测量误差的大小可以用绝对误差 δ 表示,因此,测量值 x 与真值 μ 之差称为绝对误差,即

$$\delta = x - \mu \tag{1-3-1}$$

也可用相对误差 E_r 表示:

$$E_r = \frac{\delta}{\mu}$$

测量总是存在着一定的误差,但实验者应该根据要求和误差限度来制定或选择合理的测量方案和仪器.不能不切合实际,要求实验仪器的精度越高越好,环境条件总是恒温、恒湿、越稳定越好,测量次数总是越多越好.一个优秀的实验工作者,应该是在一定的要求下,以最低的代价来取得最佳的实验结果.要做到既保证必要的实验精度,又合理地节省人力与物力.误差自始至终贯穿于整个测量过程之中,为此必须分析测量中可能产生各种误差的因素,尽可能消除其影响,并对测量结果中未能消除的误差做出评价.

三、误差的分类

误差的产生有多方面的原因,从误差的来源和性质上可分为"偶然误差"和"系统误差"两大类.

1. 系统误差.

在相同条件下,多次测量同一物理量时,测量值对真值的偏离(包括大小和方向)总是相同的,这类误差称为系统误差. 系统误差的来源大致有以下几种:

(1) 理论公式的近似性. 例如,单摆的周期公式 $T=2\pi\sqrt{\dfrac{L}{g}}$ 成立的条件之一是摆角趋于零,而在实验中,摆角为零的条件是不现实的.

(2) 仪器结构的不完善. 例如,温度计的刻度不准,天平的两臂不等长,示零仪表存在灵敏阈等.

(3) 环境条件的改变. 例如,在 20 ℃ 条件下校准的仪器拿到 −20 ℃ 环境中使用.

(4) 测量者生理、心理因素的影响. 例如,记录某一信号时有滞后或超前的倾向,对准标志线读数时总有偏左或偏右、偏上或偏下等.

系统误差的特点是其具有恒定性,不能用增加测量次数的方法使它减小. 在实验中发现和消除系统误差是很重要的,因为它常常是影响实验结果准确程度的主要因素. 能否用恰当的方法发现和消除系统误差,是测量者实验水平高低的反映,但是没有一种普遍适用的方法能消除这类误差,主要靠对具体问题作具体的分析与处理,要靠实验经验的积累.

2. 偶然误差.

偶然误差是指在相同条件下,多次测量同一物理量,其测量误差的绝对值和符号以不可预知的方式变化. 这种误差是由实验中多种因素的微小变动而引起的. 例如,实验装置和测量机构在各次调整操作上的变动,测量仪器指示数值的变动,以及观测者本人在判断和估计读数上的变动等. 这些因素的共同影响就是测量值围绕着测量的平均值发生涨落. 这一变化量就是各次测量的偶然误差. 偶然误差的出现,就某一测量值来说是没有规律的,其大小和方向都是不能预知的;但对一个量进行足够多次的测量,则会发现它们的偶然误差是按一定的规律分布的,常见的分布有正态分布、均匀分布、T 分布等.

常见的一种情况是:正方向误差和负方向误差出现的次数大体相等,数值较小的误差出现的次数较多,数值很大的误差在没有错误的情况下通常不出现. 这一规律在测量次数越多时表现得越明显,它就是一种最典型的分布规律——正态分布规律.

3. 系统误差和偶然误差的关系.

系统误差和偶然误差的区别不是绝对的,在一定的条件下,它们可以相互转化. 比如物理天平所用到的砝码与标称值的误差,对于制造厂家来说,它是偶然误差,对于使用者来说,它又是系统误差. 又如测量对象的不均匀性(如小球直径、金属丝的直径等),既可以当作系统误差,又可以当作偶然误差. 有时系统误差和偶然误差混在一起,也难于严格加以区分. 例如,测量者使用仪器时的估读误差往往既包含有系统误差,又包含有偶然误差. 这里的系统误差是指读数时总有偏大或偏小的倾向,偶然误差是指每次读数时偏大或偏小的程度互不相同.

4. 疏失误差.

另外,还有一种误差被称为疏失误差,它是由于观测者使用仪器的方法不正确、实验方法不合理、读错数据、记录错误等原因,使得测量结果被明显地歪曲而引起的误差,又称粗大误差,它实际上是一种测量错误,这种数据应当剔除.只要观察者具有严肃认真的科学态度、一丝不苟的工作作风,疏失误差是完全可以避免的.

第四节 测量的不确定度、误差估算和测量结果的表示

一、测量的不确定度和测量结果的表示

1. 测量的不确定度.

测量误差存在于一切测量中,由于测量误差的存在而对被测量值不能确定的程度即为测量的不确定度,它给出测量结果不能确定的误差范围.一个完整的测量结果不仅要标明其量值大小,还要标出测量的不确定度,以标明该测量结果的可信赖程度.

目前世界上已普遍采用不确定度来表示测量结果的误差.我国从 1992 年 10 月开始实施的《测量误差和数据处理技术规范》中,也规定了适用不确定度评定测量结果的误差.

不确定度表示由于测量误差的存在而对被测量值不能肯定的程度,是对被测量值的真值所处的量值范围的评定.不确定度反映了可能存在的误差分布范围,即随机误差分量与未定系统误差分量的联合分布范围.它是一个不为零的正值.通常不确定度按计算方法分为两类,即用统计方法对具有随机误差性质的测量值计算获得的 A 类分量 Δ_A,以及用非统计方法计算获得的 B 类分量 Δ_B.

2. 偶然误差与不确定度的 A 类分量.

(1) 偶然误差的分布和标准偏差.

偶然性是偶然误差的特点.但是,在测量次数相当多的情况下,偶然误差仍服从一定的统计规律.在物理实验中,多次独立测量得到的数据一般可近似看作正态分布.正态分布的特征可以用正态分布曲线形象地表示出来,如图 1 所示.

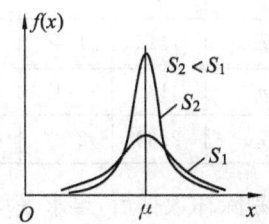

图 1 偶然误差正态分布曲线

测量值的正态分布函数为

$$f(x) = \frac{1}{S\sqrt{2\pi}} \exp\left[-\frac{1}{2}\left(\frac{x-\mu}{S}\right)^2\right] \quad (1\text{-}4\text{-}1)$$

其中,μ 表示 x 出现概率最大的值,在消除系统误差后,μ 为真值.S 称为标准偏差,它反映了测量值的离散程度.

定义 $p = \int_{x_1}^{x_2} f(x) \mathrm{d}x$,表示变量在 (x_1, x_2) 区间内出现的概率,称为置信概率.x 出现在 $(\mu - S, \mu + S)$ 之间的概率为

$$p = \int_{\mu-S}^{\mu+S} f(x) \mathrm{d}x = 0.683 \quad (1\text{-}4\text{-}2)$$

上式说明对任一次测量,其测量值出现在 $(\mu-S, \mu+S)$ 区间的可能性为 0.683.为了给出更高的置信水平,置信区间可扩展为 $(\mu-2S, \mu+2S)$ 和 $(\mu-3S, \mu+3S)$,其置信概率分别为

$$p = \int_{\mu-2S}^{\mu+2S} f(x)\mathrm{d}x = 0.954, \quad p = \int_{\mu-3S}^{\mu+3S} f(x)\mathrm{d}x = 0.997 \qquad (1\text{-}4\text{-}3)$$

(2) 多次测量平均值的标准偏差.

尽管一个物理量的真值 μ 是客观存在的,但由于随机误差的存在,我们只能估算 μ 值. 根据偶然误差的特点,可以证明如果对一个物理量测量了相当多次后,分布曲线趋于对称分布,其算术平均值就是接近真值 μ 的最佳值. 如对物理量 x 测量 n 次,每一次测量值为 x_i,则算术平均值 $\overline{x}$ 为

$$\overline{x} = \frac{\sum\limits_{i=1}^{n} x_i}{n} \qquad (1\text{-}4\text{-}4)$$

x 的标准偏差可用贝塞尔公式估算为

$$S_x = \sqrt{\frac{\sum\limits_{i=1}^{n}(x_i - \overline{x})^2}{n-1}} \qquad (1\text{-}4\text{-}5)$$

其意义为任一次测量的结果落在 $[\overline{x}-S_x]$ 到 $[\overline{x}+S_x]$ 区间的概率为 0.683,式中 $(x_i - \overline{x}) = v_i$ 称为残差. S_x 又称为标准偏差.

值得注意的是,如果测量值中有偏离平均值较大的坏数据,应当加以剔除. 我们可采用格罗布斯判据来判别、剔除坏数据.

当某一测量值 x_k 满足下列关系时,可认为是坏数据而将其剔除:

$$x_k < \overline{x} - G_n \cdot S \text{ 或 } x_k > \overline{x} + G_n \cdot S \qquad (1\text{-}4\text{-}6)$$

式中 G_n 为格罗布斯判据系数. 各 n 值对应的 G_n 值如表 1 所示.

表 1　格罗布斯判据系数表

n	3	4	5	6	7	8	9	10	11	12
G_n	1.15	1.46	1.67	1.82	1.94	2.03	2.11	2.18	2.23	2.29
n	13	14	15	16	17	18	19	20	25	30
G_n	2.33	2.37	2.41	2.48	2.47	2.50	2.53	2.56	2.66	2.74

剔除坏数据后,再求平均值 $\overline{x}$、测量列标准偏差 S.

一般取剔除坏数据后的算术平均值为真值的最佳估计值,但当测量值中某项系统误差 ζ 的符号与大小已知时,测量平均值 $\overline{x'}$ 减去系统误差 ζ 为被测量值 X 真值的最佳估计值,即

$$X = \overline{x'} - \zeta \qquad (1\text{-}4\text{-}7)$$

例如,用螺旋测微器测量一金属丝直径的平均值为 $\overline{d'} = 0.5823\mathrm{cm}$,螺旋测微器的零点读数 $\zeta = -0.0014\mathrm{cm}$,金属丝直径的最佳估计值为

$$d = \overline{d'} - \zeta = (0.5823 + 0.0014)\mathrm{cm} = 0.5837\mathrm{cm}$$

由于算术平均值是测量结果的最佳值,最接近真值,因此,我们更希望知道 $\overline{x}$ 对真值的离散程度. 利用误差理论可以证明平均值的标准偏差为

$$S_{\overline{x}} = \sqrt{\frac{\sum\limits_{i=1}^{n}(\overline{x} - x_i)^2}{n(n-1)}} = \frac{S_x}{\sqrt{n}} \qquad (1\text{-}4\text{-}8)$$

上式说明,平均值的标准偏差是 n 次测量中任意一次测量值标准偏差的 $\frac{1}{\sqrt{n}}$,显然 $S_{\bar{x}}$ 小于 S_x. $S_{\bar{x}}$ 的物理意义是:待测物理量处于 $\bar{x} \pm S_{\bar{x}}$ 区间内的概率为 0.683. 从上式可以看出,当 n 为无穷大时,$S_{\bar{x}} = 0$,即测量次数无穷多时,平均值就是真值.

值得注意的是,测量次数相当多时,测量值才近似为正态分布,上述结果才成立. 在测量次数较少的情况下,测量值将呈 t 分布(图 2). t 分布曲线与正态分布曲线类似. 其区别是 t 分布曲线的上部较窄而且较矮,下部较宽. 当测量次数较少时,t 分布偏离正态分布较多;当测量次数较多时(例如,多于 20 次),t 分布趋于正态分布. t 分布时,$\bar{x} \pm S_{\bar{x}}$ 的置信概率不是 0.683. 在这种情况下,$x = \bar{x} \pm t_p S_{\bar{x}} = \bar{x} \pm \frac{t_p S_x}{\sqrt{n}}$ 的置信概率是 p. 在物理

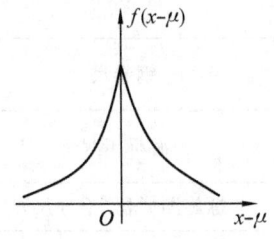

图 2 t 分布图线

实验中,我们建议置信概率采用 0.95. 对应的置信参数 $t_{0.95}$ 和 $\frac{t_{0.95}}{\sqrt{n}}$ 的值如表 2 所示.

表 2 $t_{0.95}$ 和 $\frac{t_{0.95}}{\sqrt{n}}$ 的值

n	3	4	5	6	7	8	9	10	15	20	$\geqslant 100$
$t_{0.95}$	4.30	3.18	2.78	2.57	2.45	2.36	2.31	2.26	2.14	2.09	$\leqslant 1.97$
$\frac{t_{0.95}}{\sqrt{n}}$	2.48	1.59	1.24	1.05	0.926	0.834	0.770	0.715	0.553	0.467	$\leqslant 0.197$

(3) 不确定度的 A 类分量.

不确定度的 A 类分量一般取为多次测量平均值的标准偏差,通常取置信概率为 0.95. 从表 2 中可以看出,当 $n = 6$ 时,有 $\frac{t_{0.95}}{\sqrt{n}} \approx 1$,取 $\Delta_A = S_x$,即在置信概率为 0.95 的前提下,A 类不确定度 Δ_A 可用测量值的标准偏差 S_x 估算.

二、不确定度的 B 类分量

不确定度的 B 类分量是用非统计方法计算的分量,如仪器误差等. 仪器误差是指在正确使用仪器的条件下测量值和被测量值的真值之间可能产生的误差,仪器误差是不会超出某一范围的,其最大值称为仪器的误差限 $\Delta_{仪} = \Delta_{ins}$. 一般来说,在误差限内各种误差出现的概率相等,即误差概率分布是均匀分布的. 因此,在我们的物理实验中不确定度的 B 类分量 Δ_B 可简化为用仪器标定的最大允差 $\Delta_{仪} = \Delta_{ins}$ 来表述,即不确定度的 B 类分量为

$$\Delta_B = \Delta_{ins} \tag{1-4-9}$$

仪器的误差限一般在仪器的说明书中注明,我们在表 3 中列出了一些常用实验仪器的最大允差 $\Delta_{仪}$.

表 3　常用实验仪器的最大允差 $\Delta_{仪}$

仪器名称	量程	最小分度值	最大允差
钢板尺	150mm 500mm 1000mm	1mm 1mm 1mm	±0.10mm ±0.15mm ±0.20mm
钢卷尺	1m 2m	1mm 1mm	±0.8mm ±1.2mm
游标卡尺	125mm	0.02mm 0.05mm	±0.02mm ±0.05mm
螺旋测微器(千分尺)	0~25mm	0.01mm	±0.004mm
读数显微镜			0.02mm
三级天平 (分析天平)	200g	0.1mg	1.3mg(接近满量程) 1.0mg(1/2量程附近) 0.7mg(1/3量程附近)
普通温度计 (水银或有机溶剂)	0~100℃	1℃	±1℃
精密温度计 (水银)	0~100℃	0.1℃	±0.2℃
电表(0.5级)			0.5%×量程
电表(0.1级)			0.1%×量程
秒表(3级)		0.1s	±0.5s
各类数字仪表			仪器最小读数

三、测量结果的表示

1. 测量结果的表示.

若用不确定度表征测量结果的可靠程度,则测量结果可写成下列标准形式:

$$\begin{cases} x = \bar{x} \pm U \\ E_r = \dfrac{U}{\bar{x}} \times 100\% \end{cases} \tag{1-4-10}$$

式中 $\bar{x}$ 为多次测量的平均值,U 为合成不确定度,E_r 为相对不确定度.合成不确定度 U 由 A 类不确定度 Δ_A 和 B 类不确定度 Δ_B 采用方、和、根合成方式得到:

$$U = \sqrt{\Delta_A^2 + \Delta_B^2}$$

若 A 类分量有 n 个,B 类分量有 m 个,那么合成不确定度为

$$U = \sqrt{\sum_{i=1}^{n} \Delta_A^2 + \sum_{i=1}^{m} \Delta_B^2} \tag{1-4-11}$$

2. 直接测量不确定度的计算过程.

(1) 单次测量时,大体有三种情况:

(a) 仪器精度较低,偶然误差很小,多次测量读数相同,不必进行多次测量;

(b) 对测量的准确程度要求不高,只测一次就够了;

(c) 因测量条件的限制,不可能多次重复测量.

单次测量的结果也应以上式表示测量结果.这时 U 常用极限误差 Δ 表示. Δ 的取法一般有两种:一种是仪器标定的最大允差 $\Delta_{仪}$;另一种是根据不同仪器、测量对象、环境条件、仪器灵敏阈等估计一个极限误差.两者中取数值较大的作为 Δ 值.

(2) 多次测量时,不确定度以下面的过程进行计算:

(a) 求测量数据的算术平均值 $\overline{x} = \dfrac{\sum_{i=1}^{n} x_i}{n}$;

(b) 修正已知的系统误差,得到测量值(如螺旋测微器必须消除零误差);

(c) 用贝塞尔公式计算标准偏差 $S_x = \sqrt{\dfrac{\sum_{i=1}^{n}(x_i - \overline{x})^2}{n-1}}$;

(d) 标准偏差乘以置信参数 $\dfrac{t_{0.95}}{\sqrt{n}}$,若测量次数 $n=6$,取 $\dfrac{t_{0.95}}{\sqrt{n}}=1$,则 $\Delta_A = S_x$;

(e) 根据仪器标定的最大允差 $\Delta_{仪} = \Delta_{ins}$ 确定 $\Delta_B = \Delta_{ins}$;

(f) 由 Δ_A、Δ_B 计算合成不确定度 $U = \sqrt{\Delta_A^2 + \Delta_B^2}$;

(g) 计算相对不确定度 $E_r = \dfrac{U}{\overline{x}} \times 100\%$;

(h) 给出测量结果:$\begin{cases} x = \overline{x} \pm U, \\ E_r = \dfrac{U}{\overline{x}} \times 100\%. \end{cases}$

例1 在室温 23 ℃下,用共振干涉法测量超声波在空气中传播的波长 λ,数据见下表.

n	1	2	3	4	5	6
λ/cm	0.6872	0.6854	0.6840	0.6880	0.6820	0.6880

试用不确定度表示测量结果.

解:波长 λ 的平均值为

$$\overline{\lambda} = \frac{1}{6} \sum_{i=1}^{6} \lambda_i = 0.6858 \text{cm}$$

任意一次波长测量值的标准偏差为

$$S_\lambda = \sqrt{\frac{\sum_{i=1}^{6}(\overline{\lambda} - \lambda_i)^2}{(6-1)}} = \sqrt{\frac{2.948 \times 10^3 \times 10^{-8}}{5}} \text{cm} \approx 0.0024 \text{cm}$$

实验装置的游标示值误差为 $\Delta_{仪} = 0.002$cm,波长不确定度的 A 类分量为 $\Delta_A = S_\lambda = 0.0024$cm,B 类分量为 $\Delta_B = \Delta_{ins} = 0.002$cm.

于是,波长的合成不确定度为

$$U_\lambda = \sqrt{\Delta_A^2 + \Delta_B^2} = \sqrt{(0.0024)^2 + (0.002)^2} \text{cm} \approx 0.0031 \text{cm}$$

相对不确定度为

$$E_{r\lambda} = \frac{U_\lambda}{\overline{\lambda}} \times 100\% = \frac{0.0031}{0.6858} \times 100\% = 0.0045 = 0.5\%$$

测量结果表达式为

$$\begin{cases} \lambda = (0.686 \pm 0.004)\text{cm} \\ E_{r\lambda} = 0.5\% \end{cases}$$

3. 间接测量不确定度的计算.

间接测量量是由直接测量量根据一定的数学公式计算出来的. 这样一来, 直接测量量的不确定度就必然影响到间接测量量, 这种影响的大小也可以由相应的数学公式计算出来.

设间接测量所用的数学公式可以表示为如下的函数形式 $N = F(x, y, z, \cdots)$, 式中 N 是间接测量量, $x, y, z, \cdots$ 是直接测量量, 它们是互相独立的量. 设 $x, y, z, \cdots$ 的不确定度分别为 $U_x, U_y, U_z, \cdots$, 它们必然影响间接测量量, 使 N 值也有相应的不确定度. 由于不确定度都是微小的量, 相当于数学中的"增量", 因此间接测量的不确定度的计算公式与数学中的全微分公式基本相同. 不同之处是:

(1) 要用不确定度 U_x 等替代微分 $\text{d}x$ 等.

(2) 要考虑到不确定度合成的统计性质, 一般用"方、和、根"的方式进行合成. 于是, 在大学物理实验中用以下两式来计算不确定度:

$$U_N = \sqrt{\left(\frac{\partial F}{\partial x}\right)^2 (U_x)^2 + \left(\frac{\partial F}{\partial y}\right)^2 (U_y)^2 + \left(\frac{\partial F}{\partial z}\right)^2 (U_z)^2 + \cdots} \quad (1\text{-}4\text{-}12)$$

$$E_r = \frac{U_N}{N} = \sqrt{\left(\frac{\partial \ln F}{\partial x}\right)^2 (U_x)^2 + \left(\frac{\partial \ln F}{\partial y}\right)^2 (U_y)^2 + \left(\frac{\partial \ln F}{\partial z}\right)^2 (U_z)^2 + \cdots} \quad (1\text{-}4\text{-}13)$$

式(1-4-12)适用于 N 是和差形式的函数, 式(1-4-13)适用于 N 是积商形式的函数.

在间接测量中, 用不确定度表示实验结果的计算过程如下:

(1) 先写出(或求出)各个直接测量量的不确定度.

(2) 依据 $N = F(x, y, z, \cdots)$ 的关系求出 $\frac{\partial F}{\partial x}, \frac{\partial F}{\partial y}, \cdots$ 或 $\frac{\partial \ln F}{\partial x}, \frac{\partial \ln F}{\partial y}, \cdots$.

(3) 用 $U_N = \sqrt{\left(\frac{\partial F}{\partial x}\right)^2 (U_x)^2 + \left(\frac{\partial F}{\partial y}\right)^2 (U_y)^2 + \left(\frac{\partial F}{\partial z}\right)^2 (U_z)^2 + \cdots}$

或

$$E_r = \frac{U_N}{N} = \sqrt{\left(\frac{\partial \ln F}{\partial x}\right)^2 (U_x)^2 + \left(\frac{\partial \ln F}{\partial y}\right)^2 (U_y)^2 + \left(\frac{\partial \ln F}{\partial z}\right)^2 (U_z)^2 + \cdots}$$

求出 U 和 E_r.

(4) 用传递公式进行计算(表 4).

表 4 常用函数的不确定度传递公式

测量关系	不确定度传递公式
$N = x + y$	$U_N = \sqrt{U_x^2 + U_y^2}$
$N = x - y$	$U_N = \sqrt{U_x^2 + U_y^2}$
$N = kx$	$U_N = kU_x, E_r = \frac{U}{x}$
$N = \sqrt[k]{x}$	$E_{rN} = \frac{1}{k} \cdot \frac{U}{x}$

续表

测量关系	不确定度传递公式
$N = x \cdot y$	$E_{rN} = \sqrt{E_{rx}^2 + E_{ry}^2}$
$N = \dfrac{x}{y}$	$E_{rN} = \sqrt{E_{rx}^2 + E_{ry}^2}$
$N = \dfrac{x^k \times y^m}{z^n}$	$E_{rN} = \sqrt{(kE_{rx})^2 + (mE_{ry})^2 + (nE_{rz})^2}$
$N = \sin x$	$E_{rN} = \|\cos x\| E_x$
$N = \ln x$	$E_{rN} = E_{rx}$

(5) 给出实验结果：

$$\begin{cases} N = \overline{N} \pm U \\ E_r = \dfrac{U}{\overline{N}} \times 100\% \end{cases}$$

其中 $\overline{N} = F(\overline{x}, \overline{y}, \overline{z}, \cdots)$.

例 2 已知金属环的内径 $D_1 = (2.880 \pm 0.004)$ cm，外径 $D_2 = (3.600 \pm 0.004)$ cm，高度 $H = (2.575 \pm 0.004)$ cm，求金属环的体积，并用不确定度表示实验结果．

解：金属的体积为

$$\overline{V} = \frac{\pi}{4}(D_2^2 - D_1^2)H = \frac{\pi}{4} \times (3.600^2 - 2.880^2) \times 2.575 \, \text{cm}^3 = 9.436 \, \text{cm}^3$$

对上式求偏导，得

$$\frac{\partial \ln V}{\partial D_2} = \frac{2D_2}{D_2^2 - D_1^2}, \quad \frac{\partial \ln V}{\partial D_1} = \frac{-2D_1}{D_2^2 - D_1^2}, \quad \frac{\partial \ln V}{\partial H} = \frac{1}{H}$$

$$E_{rV} = \frac{U_V}{V} = \sqrt{\left(\frac{2D_2 U_{D_2}}{D_2^2 - D_1^2}\right)^2 + \left(\frac{-2D_1 U_{D_1}}{D_2^2 - D_1^2}\right)^2 + \left(\frac{U_H}{H}\right)^2} = 0.0081$$

$$U_V = \overline{V} E_{rV} = 9.436 \times 0.0081 \, \text{cm}^3 \approx 0.076 \, \text{cm}^3$$

实验结果如下：

$$\begin{cases} V = (9.44 \pm 0.08) \, \text{cm}^3 \\ E_{rV} = 0.9\% \end{cases}$$

4. 用百分误差表示测量结果.

如果被测物理量有理论值（或公认值）时，则常用百分误差来表示测量结果的优劣，即为

$$B = \frac{|\overline{x} - x_0|}{x_0} \times 100\% \tag{1-4-14}$$

式中 x_0 为被测物理量的理论值（或公认值）.

5. 测量结果的评价.

由于不确定度能比较全面地反映测量的误差，所以评价实验结果的主要依据就是不确定度．

(1) 测量结果 N 与公认值 N_0 之差是否在测量误差范围内，可粗略地用 $\dfrac{|N - N_0|}{U(N)}$ 是否大于 3 来作为判断的依据，如果不大于 3，就可认为 $|N - N_0|$ 在测量误差范围内，测量结果是可以接受的．

(2) 合成 $U(N)$ 的各项中有否比较突出大的,原因是什么?是否有可能改进?

(3) 各 x_i 的 $U(x_i)$ 评定中,是否有 A 类评定明显大于 B 类评定?如果有,就说明该项偶然误差过大,需分析.

6. 非等精度测量值的综合.

当待测量是用不同方法或不同准确度仪器测得的,这些测量值为非等精度测量值,从这些测量值求最可信赖值,要用加权平均. 设 $x_1,x_2,\cdots,x_n$ 的权重分别为 $p_1,p_2,\cdots,p_n$,则加权平均为

$$\bar{x}=\frac{\sum_{i=1}^{n}p_i x_i}{\sum_{i=1}^{n}p_i} \qquad (1\text{-}4\text{-}15)$$

参照式(1-4-15),可得加权平均 $\bar{x}$ 的标准不确定度合成公式为

$$U_{\bar{x}}=\left[\left(\frac{p_1}{\sum_{i=1}^{n}p_i}\right)^2 U_{x_1}^2+\left(\frac{p_2}{\sum_{i=1}^{n}p_i}\right)^2 U_{x_2}^2+\cdots+\left(\frac{p_n}{\sum_{i=1}^{n}p_i}\right)^2 U_{x_n}^2\right]^{\frac{1}{2}}=\left[\frac{\sum_{i=1}^{n}p_i^2 U_{x_i}^2}{\left(\sum p_i\right)^2}\right]^{\frac{1}{2}}$$

理论分析可知,权重 p_i 与其相应标准不确定度的平方成反比,即 $p_i=\frac{k}{U_{x_i}^2}$. 因此上式可写成

$$U_{\bar{x}}=\left[\frac{\sum_{i=1}^{n}\left(\frac{k}{U_{x_i}^2}\right)^2 U_{x_i}^2}{\left(\sum_{i=1}^{n}\frac{k}{U_{x_i}^2}\right)^2}\right]^{\frac{1}{2}}=\left(\frac{1}{\sum_{i=1}^{n}\frac{1}{U_{x_i}^2}}\right)^{\frac{1}{2}} \qquad (1\text{-}4\text{-}16)$$

例 3 已知同一只电阻的三种(或三组)测量结果值为:$R_1=(350\pm1)\Omega$,$R_2=(350.3\pm0.2)\Omega$,$R_3=(350.25\pm0.05)\Omega$. 求电阻的平均值 $\bar{R}$ 及其不确定度 U_R.

解:根据 p_i 与 $U_{R_i}^2$ 成反比,有

$$p_i=\frac{k}{U_{R_i}^2}$$

式中 k 为比例常数,由给定的测量结果可以得到

$$p_1:p_2:p_3=\frac{k}{U_{R_1}^2}:\frac{k}{U_{R_2}^2}:\frac{k}{U_{R_3}^2}=k:25k:400k$$

若取 $k=1$,则各权重之比就是最简单的整数比,即 $p_1=1,p_2=25,p_3=400$,由式(1-4-15)和式(1-4-16)可以求得 $\bar{R}$ 和 U_R.

$$\bar{R}=\frac{1\times350+25\times350.3+400\times350.25}{1+25+400}\Omega=350.25\ \Omega$$

$$U_R=\frac{1}{\sqrt{\sum\frac{1}{U_{R_i}^2}}}=\frac{1}{\sqrt{\frac{1}{1}+\frac{1}{0.2^2}+\frac{1}{0.05^2}}}\Omega=0.048\ \Omega\approx0.05\ \Omega$$

最后结果为 $R=(350.25\pm0.05)\Omega$.

注意:k 取任意值,对计算结果没有任何影响,但当 k 取得合适时,各种测量值的权重都是简单的正整数,计算就相对简单.

第五节　有效数字及其运算

任何物理量的测量都存在误差,因而表示该测量值的数值位数不应随意取位,而应能正确反映测量精度.另一方面,数值计算都有一定的近似性,这就要求计算的准确性必须与测量的准确性相适应.

一、有效数字的概念

能够正确而有效地表示测量结果的数字,称为有效数字.有效数字由直接从测量仪器最小分度以上的若干位准确数值与最小分度的下一位(有时是在同一位)估读(或称可疑)数值构成.例如,用毫米尺去测量一个物体的长度,如图3所示,读数的长度为 3.11cm,读数的前 2 位 3.1 直接由尺上读出,是准

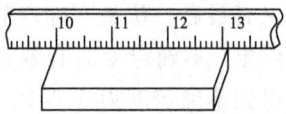

图 3　直接测量示意图

确的,称为可靠数字;末位数 0.01 是从尺上最小分度之间估计出来的,这个数字带有一定的误差,因而称之为可疑数字.普通毫米尺读出的 3.11cm,只得到 3 位有效数字,读到小数点后 2 位为止.要想提高测量精度,可以换用其他精确度更高的仪器,比如用螺旋测微器测同一物体的长度,得到 3.1142cm 的结果,其中 3.114 是可靠数,而末位的"2"估读到小数点后第 4 位上.可见,有效数字位数的多少不仅与被测对象本身有关,还与所选用的测量仪器的精度有关.通常情况下,仪器的精度越高,对于同一被测对象,所得结果的有效数字位数越多.

有效数字位数的多少还与测量方法有关.例如,用秒表测量单摆的周期,其误差主要由启动和制动表时手的动作与目测协调的程度决定,一般其误差为 0.2s.如只测一个周期,得到 $T=1.9s$,若测连续的 100 个周期,如果 $100T=191.2s$,则周期的平均值 $\overline{T}=1.912s$.可见,采用不同的测量方法,结果的有效数字位数也随之变化.

有效数字的位数与小数点的位置无关,如 1.23 与 123 都有三位有效数字.关于"0"是不是有效数字的问题,可以这样来判别:从左往右数,以第一个不为零的数字为起点,它左边的"0"不是有效数字,它右边的"0"是有效数字.例如,0.0123 有三位有效数字,0.01230 有四位有效数字.作为有效数字的"0",不可以省略不写.例如,不能将 1.3500cm 写作 1.35cm,因为它们的准确程度是不同的.

一般来说,测量结果的有效数字位数愈多,其相对误差愈小,测量亦愈准确.因而在进行误差分析时,可以用误差大小评价测量的质量,有时也可以根据有效数字的位数多少评价实验结果的优劣.

二、测量结果有效数字取舍原则

任何一个物理量,其测量结果既然都包含误差,那么该物理量数值的尾数不应该任意取舍.测量结果只写到开始有误差的那一位或两位数,以后的数按"四舍六入五凑偶"的法则取舍.在数学上常用的"四舍五入"规则是"见五就入",导致从 0 到 9 的十个数字中,入的机会大于舍的机会,因而可能使经过舍入处理后所得数据之和大于未进行舍入处理的原始数据之和,从而引起误差.为了使入与舍机会均等,现在通用的做法是采用"四舍六入五凑偶"法

则,即对保留数字末位的后部分的第一个数,小于5则舍,大于5则入,等于5则把保留数的末位凑为偶数;如果5的前一位是奇数,则将5进上,使误差末位为偶数;若5的前一位是偶数,则将5舍去,但若5的后面仍有数字则应进上.

有效数字中最后一到两位数字是不确定的.显然,有效数字是表示不确定度的一种粗略的方法,而不确定度则是有效数字中最后一到两位数字不确定程度的定量描述,它们都表示含有误差的测量结果.

由于不确定度本身只是一个估计值,一般情况下,不确定度的有效数字位数只取一到两位,当首位数字等于或大于3时,取一位;小于3时,则取两位.在初学阶段,可以认为有效数字只有最后一位是不确定的.相应地,不确定度也只取一位有效数字.因此,在我们物理实验中约定:不确定度的有效数字位数只取一位,其后面的数字采用进位法修订.例如,计算结果得到不确定度为 0.2414×10^{-3} m,则应取 $U=0.3\times10^{-3}$ m.

测量结果的有效数字的位数由不确定度来确定.测量值取几位,取决于其不确定度所处的位置,即测量值的末位须与不确定度的末位取齐.如 $L=(1.00\pm0.02)$ cm.一次直接测量结果的有效数字,由仪器极限误差或估计的不确定度来确定.多次直接测量算术平均值的有效数字,由计算得到平均值的不确定度来确定.间接测量结果的有效数字,也是先算出结果的不确定度,再由不确定度的位数来确定.

三、数值书写规则

当数值很大或很小时,用科学计数法来表示.例如,某年我国人口为十二亿七千万,极限误差为两千万,就应写作:$(12.7\pm0.2)\times10^8$,其中(12.7 ± 0.2)表明有效数字和不确定度,10^8 表示单位.又如,把(0.000823 ± 0.000003)m 写作$(8.23\pm0.03)\times10^{-4}$m,看起来就简洁醒目了.

四、有效数字的运算规则

在有效数字运算过程中,为了不致因运算而引进"误差"或损失有效位数,影响测量结果的精度,统一规定有效数字的近似运算规则如下:

1. 诸量相加(或相减)时,其和(或差)数在小数点后所应保留的位数与诸数中小数点后位数最少的那个数相同.

注:为了把可靠数字和可疑数字分开,在下面对有效数字运算规则的介绍中,算式中数字下加横线者为可疑数字.

例 1　　　　　　　　$12.3\underline{4}+2.357\underline{4}=14.6\underline{9}7\underline{4}$

结果为 14.70 或 1.470×10.

例 2　　　　　　　　$26.2\underline{5}-3.925\underline{7}=22.3\underline{2}4\underline{3}$

结果为 22.32 或 2.232×10.

2. 诸量相乘后保留的有效数字只需与诸因子中有效数字最少的那个数相同,但如果它们的最高位相乘的积大于或等于10,其积的有效数字应比诸因子中有效数字最少的那个数多一位.

例3 3.52$\underline{3}$×18.$\underline{6}$=65.$\underline{5}$

```
      3.5 2 3
  ×     1 8.6
  ─────────────
      2 1 1 3 8
    2 8 1 8 4
    3 5 2 3
  ─────────────
    6 5.5 2 7 8
```

例4 8.3$\underline{2}$×43.2$\underline{6}$=359.$\underline{9}$

```
         8.3 2
  ×    4 3.2 6
  ─────────────
       4 9 9 2
     1 6 6 4
     2 4 9 6
     3 3 2 8
  ─────────────
     3 5 9.9 2 3 2
```

3. 两个数相除,一般情况下商的有效数字的位数应和两个数中有效数字位数较少者的位数相同;但若被除数有效数字的位数小于或等于除数的有效数字的位数,并且它的最高位的数小于除数的最高位的数,则商的有效数字位数比被除数少一位.

例5 4.525$\underline{4}$÷5.4$\underline{7}$=0.82$\underline{7}$

```
                0.8 2 7 3
  5.4 7 ) 4.5 2 5 4
                4 3 7 6
               ─────────
                1 4 9 4
                1 0 9 4
               ─────────
                  4 0 0 0
                  3 8 2 9
                 ─────────
                    1 7 1 0
                    1 6 4 1
                   ─────────
                        6 9
```

例6 12.$\underline{7}$÷36.$\underline{1}$=0.3$\underline{5}$

```
              0.3 5 1 8
  3 6 1 ) 1 2 7 0
              1 0 8 3
             ─────────
              1 8 7 0
              1 8 0 5
             ─────────
                6 5 0
                3 6 1
               ─────────
                2 8 9 0
                2 8 8 8
               ─────────
                    2
```

4. 乘方、开方运算规则和乘、除法运算规则相同.例如,$(4.256)^2 = 18.114$,$(54.39)^{\frac{1}{2}} = 7.37$.

5. 一般来说,函数运算的位数应根据误差分析来确定.在物理实验中,为了简便和统一起见,对常用的对数函数、指数函数和三角函数可在其存疑位增加1和减少1来计算其值,根据其数据的变化,确定它的有效数字的位数.如求 $\sin 20°13'$,可先求 $\sin 20°14' = 0.3458441$,再求 $\sin 20°12' = 0.3452982$,两值在小数点后第4位开始变化,因此 $\sin 20°13' = 0.3456$ 取4位有效数字.

6. 在运算过程中,我们可能碰到一种特定的数,它们叫作确切数.例如,将半径化为直径时出现的倍数2,它不是由测量得来的.还有实验测量次数,它总是正整数,没有可疑部分.有效数字的运算规则不适用于确切数,只需由其他测量值的有效数字的多少来决定运算结果的有效数字.

7. 在运算过程中,我们还可能碰到一些常数,如 π、g 之类,一般我们取这些常数比测量值的有效数字位数多一位.例如,圆周长 $l = 2\pi R$,当 $R = 2.356$ mm 时,此时 π 应取3.1416.

有效数字的位数多寡决定于测量仪器,而不决定于运算过程.因此,选择计算工具时,应使其所给出的位数不少于应有的有效数字位数,否则将使测量结果精度降低,这是不允许的.相反,通过计算工具随意扩大测量结果的有效数字的位数也是错误的,不要认为算出结果的位数越多越好.

要学会正确地获取数据,记录、分析和处理这些数据,要学会"在数据的海洋中航行",这对科学实验者来说是十分重要的.

第六节　数据处理的基本方法

实验测量过程中收集到的大量数据资料必须经过正确的处理才能成为有用的结论，从而达到实验的目的．数据处理是指从获得数据起到得出结论为止的整个加工过程，包括记录、整理、计算、作图、分析、归纳等处理工作，这是物理实验的一个重要组成部分．

一、列表法处理数据

在记录和处理数据时，将数据排列成表格形式，既有条不紊、简明醒目，又有助于表示出物理量之间的对应关系，同时也有助于检验和发现实验中的问题，还有助于从中找出规律性的联系，求出经验公式等．

列表记录、处理数据是一种良好的科学工作习惯，对初学者来说，要设计出一个栏目清楚、行列分明的表格虽不是难办的事，但也不是一蹴而就的，需要不断地训练，逐渐形成习惯．

在列表处理数据时，应该遵循下列原则：

(1) 各栏目（纵或横）均应标明名称及单位，若名称用自定义的符号，则需加以说明．

(2) 列入表中的数据主要应是原始测量数据，处理过程中的一些重要中间计算结果也应列入表中．

(3) 栏目的顺序应充分注意数据间的联系和计算的顺序，力求简明、齐全、有条理．

(4) 若是函数测量关系的数据表，则应按自变量由小到大或由大到小的顺序排列．

下面以使用螺旋测微器测量钢球直径 D 为例，列表记录和处理数据．

表 5　测钢球直径 D

测量次序	初读数/mm	末读数/mm	直径 D_i/mm	$\overline{D}$/mm	S_D/mm
1	0.005	8.009	8.004		
2	0.005	8.007	8.002		
3	0.004	8.008	8.004	8.0042	0.00089
4	0.005	8.011	8.006		
5	0.004	8.009	8.005		
6	0.005	8.009	8.004		

注：使用仪器：0～25mm 螺旋测微器，$\Delta_{仪}=\pm 0.004$mm．

由表 5 中数据知　$\Delta_A=S_D=0.00089$mm，

又 $\Delta_B=\Delta_{仪}=0.004$mm，合成不确定度为 $U_D=\sqrt{\Delta_A^2+\Delta_B^2}=0.0041$mm，最后结果为 $D=\overline{D}\pm U_D=(8.004\pm 0.005)$mm．

在计算 D 的平均值和 S 值的过程中有效数字多保留一位，但最终结果中 D 的平均值有效数字应和仪器的测量精度相一致，合成不确定度也只可取一位．在列表处理时，一般中间过程往往多保留一位，以使运算过程中不至于失之过多，最后仍应按有效数字的有关规则进行取舍．

二、作图法处理数据

1. 作图法的作用和优点．

作图法是一种被广泛用来处理实验数据的方法，它能直观地揭示出物理量之间的规律，特别是在还没有完全掌握有些科学实验的规律和结果,或还没有找出适当函数表达式时,用作实验曲线的方法来表示实验结果之间的函数关系,常常是一种很重要的方法.

作图法的目的是揭示和研究物理量之间的变化规律,找出对应的函数关系,求取经验公式或求出实验的某些结果.如直线方程 $y=mx+b$,就可以根据直线斜率求出 m 值,由直线截距获取数据 b 值.此外,还可从直线上直接读取没有进行测量的对应于某 x 的 y 值(内插法),在一定条件下也可从曲线延伸部分读出原测量数据范围以外的量值(外推法).利用实验曲线,还可帮助我们发现实验中个别的测量错误.当被测量的函数为非线性关系时,一般求值较困难,而且也很难从曲线中判断结果是否正确,用作图法可进行置换变数处理,如 $pV=C$,可将 p-V 图线改为 p-$\frac{1}{V}$ 图线,如图 4 所示.

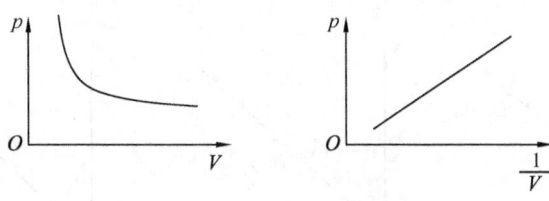

图 4　曲线改直线示意图

2. 作图规则.

(1) 选用坐标纸.根据作图参量的性质,选用毫米直角坐标纸、双对数坐标纸、单对数坐标纸或其他坐标纸等.坐标纸的大小应根据测得数据的大小、有效数字的多少以及结果的需要来定.

(2) 确定坐标轴的比例与标度.一般以横轴代表自变量,纵轴代表因变量.在坐标纸的左下方画两条粗细适当的线表示纵轴和横轴,在轴的末端近旁标明所代表的物理量及其单位.要适当选取横轴和纵轴的比例和坐标的起点,使曲线居中,并布满图纸的 70%~80%.标度时应注意:

(a) 坐标的分度要根据实验数据的有效数字和对结果的要求来确定.原则上,数据中的可靠数字在图中也应是可靠的,而最后一位的估读数在图中亦是估计的,即不能因作图而引进额外的误差.

(b) 标度的选择应使图线显示其特点,标度应划分得当,以不用计算就能直接读出图线上每一点的坐标为宜.故通常用 1,2,5,而不选用 3,7,9 来表示刻度.

(c) 横轴和纵轴的标度可以不同,或者两轴的交点不为零,以便调整图线的大小和位置.

(d) 如果数据特别大或特别小,可以提乘积因子,如提出 $\times 10^3$ 或 $\times 10^{-2}$,放在坐标轴物理量单位符号前面.

(3) 曲线的标点与连线.用削尖的硬铅笔以小"+"字标在坐标纸上,标出各个测量数据点的坐标,要使与各测量数据对应的坐标准确地落在小"+"字的交点上.当一张图上要画几条曲线时,每条曲线可采用不同的标记如"×""◎""△""□"等以示区别.连线时要用直尺或曲线板等作图工具,根据不同情况,把数据点连成直线或光滑曲线.曲线并不一定要通过所有的点,而要求画一条有代表性的光滑曲线,要求曲线两旁偏差点有较均匀的分布.在画曲线时,发现个别偏离过大的数据点,应当舍去并进行分析或重新测量核对.校准曲线要通过校准点,连成折线.

(4) 标写图名.一般在图纸上部附近空旷位置写出简洁完整的图名,下部标明班级、姓名和日期.所写字体一律用仿宋体.

3. 由实验图线求解.

利用已作好的图线,定量地求得待测量或得出经验公式,称为图解法.尤其当图线为直线时,采用此法更为方便.

直线图解一般是求出相应的斜率和截距,进而得出完整的线性方程,其步骤如下:

(1) 选点——两点法.为求直线的斜率,通常用两点法.在直线的两端任取两点 $A(x_1, y_1)$、$B(x_2, y_2)$(一般不用实验点,而是在所画的直线上选取),并用与实验点不同的记号表示,在记号旁注明其坐标值.这两点应尽量分开些[图5(a)],如果两点太靠近,计算斜率时会使结果的有效数字减少[图5(c)];但也不能取得超出实验数据范围以外,因为选这样的点无实验依据[图5(b)].

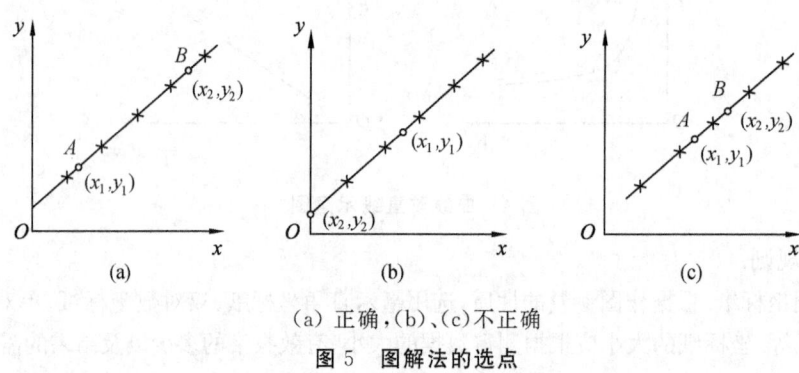

(a) 正确, (b)、(c) 不正确

图 5　图解法的选点

(2) 求斜率.因为直线方程为 $y=ax+b$,将两点坐标值代入,可得直线斜率为

$$a=\frac{y_2-y_1}{x_2-x_1} \tag{1-6-1}$$

(3) 求截距.若图纸坐标起点为零,则可将直线用虚线延长,得到与纵坐标轴的交点,即可求得截距.

若起点不为零,则可由计算得

$$b=\frac{x_2 y_1 - x_1 y_2}{x_2-x_1} \tag{1-6-2}$$

下面以测量热敏电阻的阻值随温度变化的关系为例进行图示和图解.根据半导体材料理论,热敏电阻的阻值 $R_T(\Omega)$ 与温度 T 的函数关系为

$$R_T = k\mathrm{e}^{\frac{c}{T}}$$

式中,k、c 为待定常数,k 的单位为 Ω,c 的单位为 K;T 为热力学温度(K).为了能变换成直线形式,将两边取对数,得

$$\ln R_T = \ln k + \frac{c}{T}$$

并作变换,令 $y=\ln R_T$,$W=\ln k$,$x=\frac{1}{T}$,则得直线方程为 $y=W+cx$.实验测量了热敏电阻在不同温度下的阻值后,以变量 x、y 作图.若 y-x 图线为直线,就证明了 R_T 与 T 的理论关系式是正确的.

实验测量数据和变量变换值列于表6中.

表 6　热敏电阻的测量数据

序　号	$T_c/\mathrm{℃}$	T/K	R_T/Ω	$x=\dfrac{1}{T}/(10^{-3}\mathrm{K}^{-1})$	$y=\ln R_T$
1	27.0	300.2	3427	3.331	8.139
2	29.5	302.7	3124	3.304	8.047
3	32.0	305.2	2824	3.277	7.946
⋮	⋮	⋮	⋮	⋮	⋮
10	57.5	330.7	1193	3.024	7.084

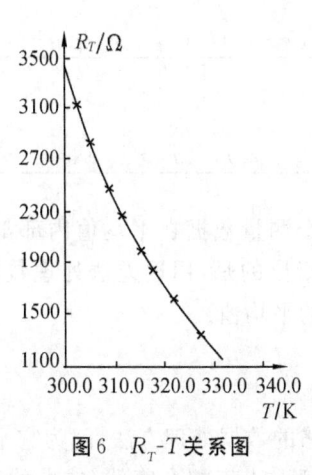

图 6　R_T-T 关系图

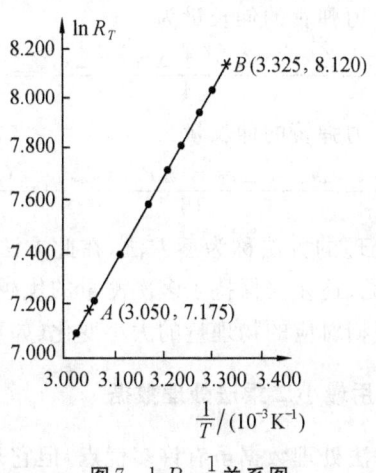

图 7　$\ln R_T$-$\dfrac{1}{T}$ 关系图

如图 6 所示为 R_T-T 关系曲线. 将其转换为直线, 如图 7 所示, 从而得到的经验方程为

$$\ln R_T = \ln k + \frac{c}{T}$$

将点 $A(3.050, 7.175)$ 及点 $B(3.325, 8.120)$ 的坐标值代入式(1-6-1)和式(1-6-2)中, 可得

$$c = \frac{\ln R_2 - \ln R_1}{\dfrac{1}{T_2} - \dfrac{1}{T_1}} = \frac{8.120 - 7.175}{(3.325 - 3.050) \times 10^{-3}}\mathrm{K} = 3.50 \times 10^3 \mathrm{K}$$

截距

$$\ln k = \frac{\dfrac{1}{T_2}\ln R_1 - \dfrac{1}{T_1}\ln R_2}{\dfrac{1}{T_2} - \dfrac{1}{T_1}} = \frac{(3.325 \times 7.175 - 3.050 \times 8.120) \times 10^{-3}}{(3.325 - 3.050) \times 10^{-3}} = -3.306$$

解得 $k = 0.0367\Omega$, 最后可得该热敏电阻的阻值与温度的关系为

$$R_T = 0.0367\mathrm{e}^{3.50 \times 10^3/T}\Omega$$

三、逐差法

逐差法是物理实验中处理数据常用的一种方法. 由误差理论可知: 算术平均值最接近于真值, 因此实验中应进行多次测量. 但在一些实验中, 如简单地取各次测量的平均值, 并不能达到很好的效果. 例如, 测量弹簧的劲度系数, 将弹簧挂在装有竖直标尺的支架上, 先记下弹簧端点在标尺上的读数 x_0, 然后依次加上 1kg, 2kg, ⋯, 7kg 的力, 则可读得七个标尺读数, 分别为 $x_1, x_2, \cdots, x_7$. 其相应的弹簧长度变化量为

$$\Delta x_1 = x_1 - x_0, \Delta x_2 = x_2 - x_1, \cdots, \Delta x_7 = x_7 - x_6$$

每加 1kg 力弹簧的伸长量为

$$\overline{\Delta x} = \frac{(x_1 - x_0) + (x_2 - x_1) + \cdots + (x_7 - x_6)}{7} = \frac{x_7 - x_0}{7}$$

中间数值全部抵消,未能起到平均的作用,只用了始末两次测量值,这与一次增加 7kg 力的单次测量等价.可见,这样处理数据不能达到多次测量的效果.为保持多次测量的优越性,我们把数据分为 x_0, x_1, x_2, x_3 和 x_4, x_5, x_6, x_7 两组,其相应差值为

$$\Delta x_1' = x_4 - x_0, \Delta x_2' = x_5 - x_1, \Delta x_3' = x_6 - x_2, \Delta x_4' = x_7 - x_3$$

即每加 4kg 力弹簧的伸长量为

$$\overline{\Delta x'} = \frac{\Delta x_1' + \Delta x_2' + \Delta x_3' + \Delta x_4'}{4} = \frac{(x_7 + x_6 + x_5 + x_4) - (x_3 + x_2 + x_1 + x_0)}{4}$$

则每加 1kg 力弹簧的伸长量为

$$\overline{\Delta x} = \frac{\Delta x_1' + \Delta x_2' + \Delta x_3' + \Delta x_4'}{16} = \frac{(x_7 + x_6 + x_5 + x_4) - (x_3 + x_2 + x_1 + x_0)}{16}$$

这种数据处理的方法称为逐差法,在此方法中,每一个测量数据在平均值内部都起到了作用.由此可见,逐差法保持了多次测量的优越性.需要指出的是,用逐差法处理数据时,要注意与平均值相对应的物理量的大小变化(如加多少力的平均值).

四、利用最小二乘法处理数据

用图解法处理数据虽有许多优点,但它是一种粗略的数据处理方法,因为它不是建立在严格的数理统计理论基础上的数据处理方法,在作图纸上人工拟合直线(或曲线)时有一定的主观随意性,不同的人用同一组测量数据作图,可能得出不同的结果,因而人工拟合的直线往往不是最佳的.

由一组实验数据找出一条最佳的拟合直线(或曲线),常用的方法是最小二乘法,所得的变量之间的相关函数关系称为回归方程.在这里我们只讨论用最小二乘法进行一元线性拟合问题,有关多元线性拟合与非线性拟合,读者可参阅相关专著.

最小二乘法原理是:若能找到一条最佳的拟合直线,那么这条拟合直线上的函数值与各相应点测量值 y_i 之差的平方和在所有拟合直线中应是最小的.

假设所研究的两个变量 x 与 y 间存在线性相关关系,测得了一组数据 x_i、y_i ($i = 1, 2, \cdots, n$),则回归方程的形式为

$$y = ax + b \tag{1-6-3}$$

现在要解决的问题是:怎样根据这组数据来确定式(1-6-3)中的系数 a 和 b.

我们讨论最简单的情况,即每个测量值是等精度的,且假定 x_i、y_i 中只有 y_i 是有明显的随机测量误差(如果 x_i、y_i 均有误差,只要把相对来说误差较小的变量作为 x_i 即可).

由于存在误差,实验点是不可能完全落在由式(1-6-3)拟合的直线上.对于和某一个 x_i 相对应的 y_i 与直线在 y 方向上的残差为

$$\Delta y_i = y_i - y = y_i - ax_i - b \tag{1-6-4}$$

如图 8 所示,按最小二乘法原理,应使

$$\delta = \sum_{i=1}^{n}(y_i - y)^2 = \sum_{i=1}^{n}(y_i - ax_i - b)^2 \tag{1-6-5}$$

为最小. 使其为最小的条件是

$$\frac{\partial \delta}{\partial a}=0, \frac{\partial \delta}{\partial b}=0, \frac{\partial^2 \delta}{\partial a^2}>0, \frac{\partial^2 \delta}{\partial b^2}>0$$

由一阶微商为零, 得

$$\begin{cases} \frac{\partial \delta}{\partial a}=-2\sum(y_i-ax_i-b)x_i=0 \\ \frac{\partial \delta}{\partial b}=-2\sum(y_i-ax_i-b)=0 \end{cases} \quad (1\text{-}6\text{-}6)$$

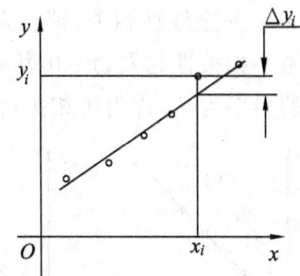

图 8 实验点与直线在 y 方向上的残差

由方程组(1-6-6)(亦称正则方程组)可解得

$$a=\frac{n\sum(x_iy_i)-\sum x_i \sum y_i}{n\sum x_i^2-(\sum x_i)^2} \quad (1\text{-}6\text{-}7)$$

$$b=\frac{\sum x_i^2 \sum y_i-\sum x_i \sum(x_iy_i)}{n\sum x_i^2-(\sum x_i)^2} \quad (1\text{-}6\text{-}8)$$

若规定 $\overline{x}=\frac{\sum x_i}{n}, \overline{y}=\frac{\sum y_i}{n}, \overline{x^2}=\frac{\sum x_i^2}{n}, \overline{xy}=\frac{\sum x_iy_i}{n}$, 则 a、b 为

$$a=\frac{\overline{xy}-\overline{x}\cdot\overline{y}}{\overline{x^2}-\overline{x}^2} \quad (1\text{-}6\text{-}9)$$

$$b=\overline{y}-a\overline{x} \quad (1\text{-}6\text{-}10)$$

由式(1-6-5)对 a、b 求二阶微商后, 可知 $\frac{\partial^2 \delta}{\partial a^2}>0, \frac{\partial^2 \delta}{\partial b^2}>0$, 这样式(1-6-9)、式(1-6-10)给出了 a、b 对应于 $\delta=\sum(\Delta y_i)^2$ 的极小值, 即用最小二乘法对直线拟合得到了两个参量——斜率和截距. 于是, 就得到了该直线的回归方程式(1-6-3).

在前述假定只有 y_i 有明显随机偏差的条件下, a 和 b 的标准偏差可以用下列两式计算:

$$S_a=\sqrt{\frac{n}{n\sum x_i^2-(\sum x_i)^2}}\cdot S_y=\sqrt{\frac{1}{n(\overline{x^2}-\overline{x}^2)}}\cdot S_y \quad (1\text{-}6\text{-}11)$$

$$S_b=\sqrt{\frac{\sum x_i^2}{n\sum x_i^2-(\sum x_i)^2}}\cdot S_y=\sqrt{\frac{\overline{x^2}}{n(\overline{x^2}-\overline{x}^2)}}\cdot S_y \quad (1\text{-}6\text{-}12)$$

其中, S_y 为测量值 y_i 的标准偏差, 其形式如下:

$$S_y=\sqrt{\frac{\sum \Delta y_i^2}{n-2}}=\sqrt{\frac{\sum(y_i-ax_i-b)^2}{n-2}}$$

如果实验是在已知线性函数关系下进行的, 那么用上述最小二乘法线性拟合, 可得出最佳直线及其斜率(a)和截距(b), 从而得出回归方程. 如果实验是要通过 x、y 的测量值来寻找经验公式, 则还应判断由上述一元线性拟合所找出的线性回归方程是否恰当. 这可用相关系数 γ 的大小来判别:

$$\gamma=\frac{\sum(x_i-\overline{x})(y_i-\overline{y})}{\sqrt{\sum(x_i-\overline{x})^2\cdot\sum(y_i-\overline{y})^2}}=\frac{\overline{xy}-\overline{x}\cdot\overline{y}}{\sqrt{(\overline{x^2}-\overline{x}^2)(\overline{y^2}-\overline{y}^2)}} \quad (1\text{-}6\text{-}13)$$

相关系数 γ 的数值大小表示了相关程度的好坏. γ 值总在 0 与 ±1 之间, 若 $\gamma=\pm1$, 表

示变量 x、y 完全线性相关,拟合直线通过全部实验点;若$|\gamma|<1$,则实验点之间的相关性不好,$|\gamma|$越小相关性越差;$\gamma=0$ 表示 x 与 y 完全不相关,必须用其他函数重新试探.$\gamma>0$,回归直线的斜率为正,称为正相关;$\gamma<0$,回归直线的斜率为负,称为负相关(图 9).

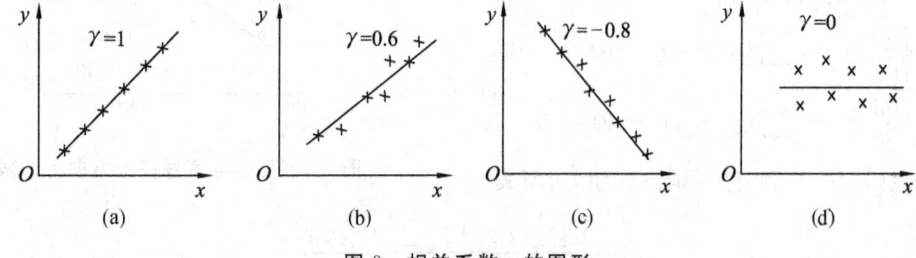

图 9　相关系数 γ 的图形

这里需要说明的一点是:用最小二乘法作线性拟合时,并不总是能取得最佳效果的.比如在测量时某一实验点偏离正常值过远,用人工拟合曲线时,通常可把这一明显不合理的实验点剔除;但用最小二乘法处理时,会将所有数据都包括进去,因此有可能反而加大了处理误差.这点在运用最小二乘法时需加以注意.

第七节　用 Excel 软件进行数据处理

Excel 是一个功能较强的电子表格软件,可帮助我们进行数据处理、分析数据、产生图表.Excel 软件操作便捷,容易掌握.用 Excel 对实验数据进行处理非常方便.下面简单介绍其处理实验数据的方法.

一、启动 Excel

单击"开始"按钮,选择"所有程序",在"所有程序"菜单上单击"Microsoft Office"→"Microsoft Excel 2010",即启动 Excel 的应用窗口,如图 10 所示.

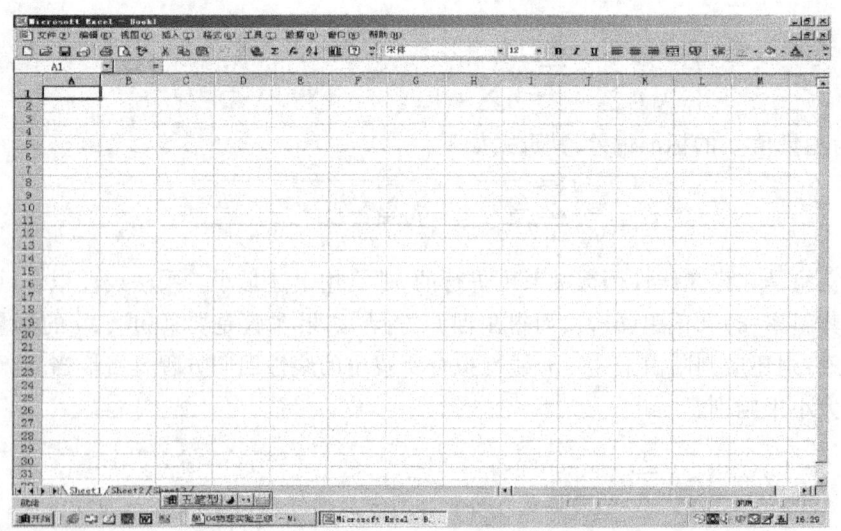

图 10　Excel 窗口界面

二、工作表、工作簿、单元格、区域

1. 工作表.

启动 Excel 后,系统将打开一张空白的工作表.工作表中的列用字母命名,行用数字命名.

2. 工作簿.

一个 Excel 文件称为一个工作簿,一个新工作簿最初有 3 张工作表,标识为 Sheet1、Sheet2、Sheet3.白色标签即为当前工作表,单击某标签即可使之成为当前工作表.

3. 单元格.

工作表行与列交叉的小方格是单元格.Excel 单元格的地址来自它所在的行和列的地址,如第 C 列和第 3 行的交叉处是单元格 C3,单元格地址称为单元格引用.单击一个单元格就使它变为活动单元格,在单元格中可输入数据,编辑数据、公式.

4. 表格区域.

表格区域是指工作中的若干矩形块.

指定区域用左上角和右下角的单元格坐标来表示,中间用":"隔开.如 A3:E6 为相对区域,\$A\$3:\$E\$6 为绝对区域,\$A3:\$E6 或 A\$3:E\$6 为混合区域.

三、工作表中内容的输入

1. 输入文本.

文本可以是数字、空格和非数字字符的组合,如"1234""12ab""中国"等.单击需输入文本的单元格,输入后,按"←""→""↑""↓"或回车键结束输入.

2. 输入数字.

在 Excel 中数字只可为下列字符:0、1、2、3、4、5、6、7、8、9、+、-、(、)、/、\$、%、.、E、±.

输入负数时,应在数字前冠以减号(-),或将其置于括号中;输入分数时,应在分数前冠以 0,如键入 0 1/2;数字长度超过单元格宽度时,以科学记数(7.89E+08)的形式表示.

3. 输入公式.

单击活动单元格,输入等号(=),表示此时对单元格的输入内容是一条公式,最后在等式后面输入公式的内容即可.例如,"=55+B5"表示 55 和单元格 B5 的数值的和;"=4*B5"表示 4 乘单元格 B5 的数值的积;"=B4+B5"表示单元格 B4 和 B5 的数值的和;"=SUM(A1:A3)"表示区域 A1:A3 所有数值的和.

4. 输入函数.

Excel 包含许多预定义的,或称内置的公式,它们被称为函数.单击"f_x"按钮,打开相应的对话框,选择函数进行简单的计算或将函数组合后进行复杂的运算,还可以在单元格中直接输入函数进行计算.在实验中用其进行数据处理非常方便,现介绍一部分函数以供参考.

(1) 求和函数 SUM.

功能:返回参数表中所有参数的和.

如"=SUM(B1,B2,B3)"或"=SUM(B1:B3)",表示求 B1、B2、B3 的和.

(2) 求平均值函数 AVERAGE.

功能:返回参数表中所有参数的平均值.

如"＝AVERAGE(B1:B3)",表示求 B1、B2、B3 的平均值.

(3) 求最大值函数 MAX.

功能：返回一组参数中的最大值.

如"＝MAX(B1:B3)",表示求 B1、B2、B3 中的最大值.

(4) 求最小值函数 MIN.

功能：返回一组参数中的最小值.

如"＝MIN(B1:B3)",表示求 B1、B2、B3 中的最小值.

(5) 求标准偏差 STDEV.

功能：估算基于给定样本的标准偏差 S.

如"＝STDEV(B1:B5)",表示求 B1、B2、B3、B4、B5 的标准偏差 S.

(6) 计算函数 COUNT.

功能：计算参数表中数字参数和包含数字的单元格的个数.

(7) 直线方程的斜率函数 SLOPE.

功能：返回经过给定数据点的线性回归拟合线方程的斜率.

(8) 直线方程的截距函数 INTERCEPT.

功能：返回线性回归拟合线方程的截距.

(9) 直线方程的预测值函数 FORECAST.

功能：通过一条线性回归拟合线返回一个预测值.

(10) 取整函数 INT.

功能：将数值向下取整为最接近的整数.

(11) 近似函数.

ROUND：按指定的位数对数值四舍五入.

ROUNDDOWN：按指定的位数向下舍去数字.

ROUNDUP：按指定的位数向上舍入数字.

(12) 部分数学函数.

部分数学函数有：SIN(正弦)、COS(余弦)、TAN(正切)、SQRT(平方根)、POWET(乘幂)、LN(自然对数)、LOG10(常用对数)、EXP(e 的乘幂)、DEGREES(弧度转角度)、RASIANS(角度转弧度)、PI(π 值)、MINVERSE(逆矩阵 $K \rightarrow K^{-1}$)、MMULT(两矩阵的乘积).

在单元格中函数的输入方法如下：

(a) 单击将要在其中输入公式的单元格；

(b) 单击工具栏中的函数"f_x"；

(c) 在弹出的"粘贴函数"对话框中选择需要的函数；

(d) 单击"确定"按钮,在弹出的函数对话框中按要求输入内容；

(e) 单击"确定"按钮,得到运算结果.

四、图表功能

Excel 的图表功能为实验数据处理的作图、拟合直线、拟合曲线、拟合方程和相关数平方的数值讨论带来了极大的方便.

其操作步骤如下：

(1) 先选定数据表中包含所需数据的所有单元格．

(2) 单击工具栏中的"图表向导"按钮，进入"图表向导—4步骤之1"对话框，选出希望得到的图表类型，如XY散点图；再单击"下一步"按钮，按其要求完成对话框内容的输入；最后单击"完成"按钮，便可得到图表．

(3) 选中图表并单击"图表"主菜单，单击"添加趋势线"命令．

(4) 单击"类型"标签，选择"线性"等类型中的一个．

(5) 单击"选项"标签，可选中"显示公式""显示R平方值"复选框，单击"确定"按钮，便可得到拟合直线或曲线、拟合方程和相关系数平方的数值．

Excel功能非常强大，以上只介绍了其中很少一部分功能，以便于为实验数据处理提供方便．

练 习 题

注意：做实验练习题本身并不是目的，而是要通过这一过程掌握进行科学实验方法中的各主要环节．因此，在做每一道习题之前，必须先看清题意要求，再看教材中有关内容，然后在有关原理、规则的指导下完成各习题．理解与习题有关的基本原理比得到一个正确的答案要重要得多．

1. 测读实验数据．

(1) 指出下列各量为几位有效数字，再将各量改取为三位有效数字，并写成标准式．

① 1.0850cm；② 2575.0g；③ 3.1415926s；④ 0.86429m；⑤ 0.0301kg；

⑥ 979.436cm·s^{-2}．

(2) 按照不确定度理论和有效数字运算规则，改正以下错误：

① 0.30m等于30cm等于300mm．

② 有人说0.1230是五位有效数字，有人说是三位有效数字，请改正并说明原因．

③ 某组测量结果表示为：$d_1=(10.800\pm0.02)$cm，$d_2=(10.800\pm0.123)$cm，$d_3=(10.8\pm0.002)$cm，$d_4=(10.8\pm0.12)$cm．试正确表示每次测量结果，计算各次测量值的相对不确定度．

2. 有效数字的运算．

(1) 试完成下列测量值的有效数字运算：① $\sin 20°6'$；② $\lg 480.3$；③ $e^{3.250}$．

(2) 某间接测量的函数关系为$y=x_1+x_2$，x_1、x_2为实验值．若

① $x_1=(1.1\pm0.1)$cm，$x_2=(2.387\pm0.001)$cm．

② $x_1=(37.13\pm0.02)$mm，$x_2=(0.623\pm0.001)$mm．

试计算出y的测量结果．

(3) $Z=\alpha+\beta+2\gamma$．其中$\alpha=(1.218\pm0.002)\Omega$，$\beta=(2.11\pm0.03)\Omega$，$\gamma=(2.13\pm0.02)\Omega$，试计算出$Z$的实验结果．

(4) $U=IR$，今测得$I=(1.218\pm0.002)$A，$R=(1.00\pm0.03)\Omega$，试算出U的实验结果．

(5) 试利用有效数字运算法则，计算下列各式的结果(应写出第一步简化的情况)：

① $\dfrac{76.000}{40.00-2.0} = $ _____ .

② $\dfrac{50.00\times(18.30-16.3)}{(103-3.0)(1.00+0.001)} = $ _____ .

③ $\dfrac{100.0\times(5.6+4.412)}{(78.00-77.0)\times10.000} + 110.0 = $ _____ .

3. 实验结果表示.

(1) 用 1m 的钢卷尺通过自准法测某凸透镜的焦距 f 值 8 次,得 116.5mm、116.8mm、116.5mm、116.4mm、116.6mm、116.7mm、116.2mm、116.3 mm,试计算并表示出该凸透镜焦距的实验结果.

(2) 用精密三级天平称一物体的质量 M,共称六次,结果分别为 3.6127g、3.6122g、3.6121g、3.6120g、3.6123g 和 3.6125g,试正确表示实验结果.

(3) 有人用停表测量单摆周期,测一个周期为 1.9s,连续测 10 个周期为 19.3s,连续测 100 个周期为 192.8s.在分析周期的误差时,他认为用的是同一只停表,又都是单次测量,而一般停表的误差为 0.1s,因此把各次测得的周期的误差均取为 0.2s.你的意见如何?理由是什么?如连续 10 次测 10 个周期,10 次各为 19.3s、19.2s、19.4s、19.5s、19.3s、19.1s、19.2s、19.5s、19.4s、19.5s,该组数据的实验结果应为多少?

4. 用单摆法测重力加速度 g,得如下实测值:

摆长 L/cm	61.5	71.2	81.0	89.5	95.5
周期 T/s	1.571	1.696	1.806	1.902	1.965

请按作图规则作 L-T 图线和 L-T^2 图线,并求出 g 值.

5. 对某实验样品(液体)的温度重复测量 10 次,得如下数据:

$t(℃) = $ 20.42、20.43、20.40、20.43、20.42、20.43、20.39、19.20、20.40、20.43,试计算平均值,并判断其中有无疏失误差存在.

6. 试指出下列实验结果表示中的错处,并写出正确的表达式:

(1) $a = 8.524\text{m} \pm 50\text{cm}$;   (2) $t = 3.75\text{h} \pm 15\text{min}$;

(3) $g = 9.812 \pm 14\times10^{-2}$ (m/s²);   (4) $s = 25.400 \pm 1/30$ (mm).

7. 用伏安法测量电阻值,在不同的电压下得相应的电流值如下表所示,试用毫米方格纸作伏安特性曲线,求它的电阻值,并与直接计算电阻值的平均值做比较.

U/V	0.200	0.400	0.600	0.800	1.000	1.200	1.400	1.600
$I/(10^{-3}\text{A})$	5.2	10.4	15.5	23.5	25.6	30.5	35.5	40.2

第二章

基础训练实验

实验一 胶片密度的测定

本实验通过对胶片密度的测定,学习常用仪器的使用方法,培养学生正确使用仪器的习惯和素养,并且了解仪器误差限及其估算方法.

【实验目的与要求】

1. 掌握用钢尺、游标卡尺、螺旋测微器、读数显微镜等仪器测量长度的方法,掌握电子天平的调节和使用方法.
2. 会根据不同的测量对象和测量要求,选择合适的测量工具.
3. 进一步理解误差、有效数字的基本概念及误差处理的过程,并能正确表示测量结果.

【实验原理】

根据密度的定义 $\rho = \dfrac{m}{V}$(其中 m 为物体的质量,V 为物体的体积)可知,具有规则形状的固体只要测量出物体的外观尺寸,计算出该固体的体积,再用天平测出质量,即可求得该固体的密度(如是液体,可将其注入规则的容器中,从而测量它的体积).

【实验仪器】

钢尺、游标卡尺、螺旋测微器、读数显微镜、电子天平.

一、钢尺

在实验室中进行一般的长度测量,使用的是温度系数小、受环境条件(湿度、压力等)影响小、由不锈钢或铁镍铬合金等材料制成的直尺,即钢尺. 它的量程有 15cm、30cm、100cm 等多种规格,其最小分度值一般为 1mm. 测量长度时常估读 $\dfrac{1}{10}$ 分度(0.1mm)或 $\dfrac{1}{5}$ 分度(0.2mm).

由于钢尺有一定的厚度,为避免测量者从不同角度观测时造成读数的错误,应将钢尺的刻度线紧贴在待测物体上,方可读数.

在测量时,一般不用钢尺的端边作为测量起点,而选择某一刻度(图 1-1 中以 10cm 刻线)作为起点,以免由于边缘磨损而引起测量误差.

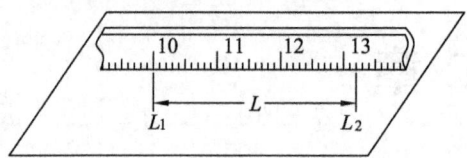

图 1-1　用钢尺进行测量的示意图

在测量垂直的或水平悬空长度时，由于钢尺自重而造成的钢尺弯曲变形会影响测量结果，因此要注意保持钢尺尽量不变形，同时可适当将测量不确定度估计得大一些(如取 $\frac{1}{2}$ 分度，即 0.5mm).

二、游标卡尺

游标卡尺是一种利用游标提高精度的长度测量仪器，其构造如图 1-2 所示．在标准米尺(主尺，最小分度为 1mm)上附有一个可以沿主尺尺身滑动的标尺，称为游标．游标上的刻度间距 x 比主尺上的刻度间距 y 略小一点，一般游标上的 n 个刻度间距等于主尺上的 $(n-1)$ 个刻度间距，即 $nx=(n-1)y$. 由此可知，游标上的刻度间距与主尺上的刻度间距相差 $\frac{1}{n}$ mm，这就是游标的精度. 如图 1-2 所示的游标卡尺的精度为 $\frac{1}{50}$，即主尺上 49mm 与游标上 50 格同长，如图 1-3 所示．这样，游标上 50 格比主尺上 50 格(50mm)少一格(1mm)，即游标上每格长度比主尺上每格少 $\frac{1}{50}$ mm＝0.02mm，所以该游标卡尺的精度为 0.02mm.

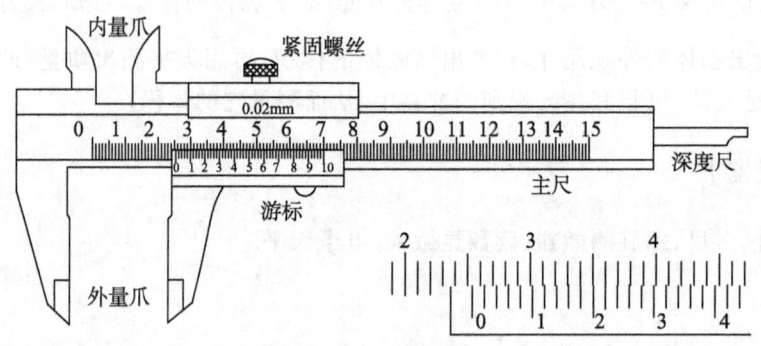

图 1-2　游标卡尺

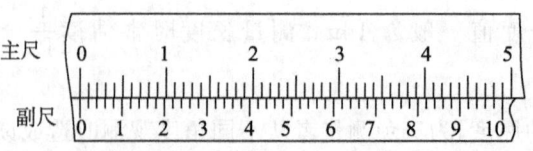

图 1-3　0.02mm 游标卡尺的刻线原理

游标卡尺的读数方法分三步(以图 1-2 游标卡尺上的读数为例)：
首先从主尺上读得游标上"0"刻度线所在的整数分度值(25mm)；再到游标上找与主尺

刻度线准确对齐的游标刻线(2后第一根刻线,即 2.2×5＝11 根刻线),求得游标的值为 $11×\frac{1}{50}$mm＝0.22mm;最后得到测量值为(25＋0.22)mm＝25.22mm.由于使用游标卡尺时没有估读,只是判断刻线的对齐与否,因此其测量不确定度即为游标卡尺的精度值.上例中 Δ_B＝0.02mm.

使用游标卡尺时,一手拿待测物体,一手持主尺,将物体轻轻卡住,即可读数.注意保护量爪不被磨损,决不允许被量物体在量爪中挪动.游标卡尺的外量爪用来测量厚度或外径,内量爪用来测量内径,深度尺用来测量槽或筒的深度,紧固螺丝用来固定读数.

三、螺旋测微器

螺旋测微器又称千分尺,它是把测微螺杆的角位移转变为直线位移来测量微小长度的长度测量仪器.如图1-4所示,在固定套管D上套有一个活动套筒C(微分筒),两者由高精度螺纹紧密咬合,活动套筒与测量轴A相连,转动活动套筒可带动测量轴伸出与缩进,活动套筒转动一周(360°),测量轴伸出或缩进1个螺距.因此,可根据活动套筒转动的角度求得测量轴移动的距离,这就是所谓的"机械放大".在活动套筒的尾端装有一个棘轮K,它转动时可带动活动套筒C旋转,但阻力过大时,棘轮会空转,即不带套筒旋转.这保证了待测物体在砧台E与测量轴A间不会被夹得太紧而变形,从而影响测量结果.固定套管D与砧台E以一个弓形支架G相连,在弓形支架上还装有一个锁紧手柄F,把它向左扳动,可锁住测量轴.

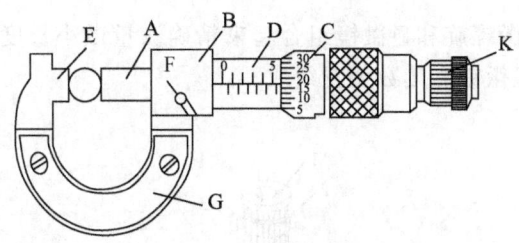

图 1-4　螺旋测微器

图1-4是螺距为0.5mm的螺旋测微器,活动套筒C的周界被等分为50格,故活动套筒转动1格,测量轴相应地移动$\frac{0.5}{50}$mm＝0.01mm,再加上估读,其测量精度可达到0.001mm.固定套管D上刻有主尺,主尺上有一条横线(主尺准线),横线上面刻有表示毫米数的刻线,横线下面刻有表示半毫米数的刻线.读数时,先读固定套管D上主尺的数值,再加上活动套筒C上标尺的数值.在判断主尺准线上某一刻线(毫米刻线或半毫线)是否出现时,要特别注意活动套筒C上读数是否过0,若过0则该刻线已出现,不过0则该刻线还未出现.

在图1-5中,图1-5(a)中读数为5.653mm,图1-5(b)中读数为1.976mm.实验室常用螺旋测微器的仪器误差限一般为0.004mm.使用螺旋测微器时应注意:(1)在测量轴A向砧台E靠近快夹住待测物时,必须使用棘轮K而不能直接转动活动套筒C,听到"咯、咯"声即表示已经夹住待测物体,棘轮K在空转,这时应停止转动棘轮K,进行读数,不要将被测物拉出,以免磨损砧台E和测量轴A.(2)应做零点校正.在砧台E和测量轴A间无被测物时,旋转棘轮K到听到"咯、咯"声为止.此时的读数叫零点读数,以后的测量读数要减去此

"零点读数",才是真正的长度测量值.图 1-6(a)的零点读数为 0.000mm,图 1-6(b)的零点读数为 0.050mm,图 1-6(c)的零点读数为－0.050mm.

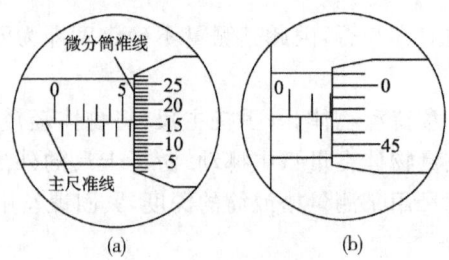

图 1-5 螺旋测微器的读数

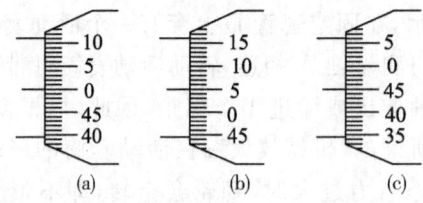

图 1-6 螺旋测微器的零点读数

四、读数显微镜

读数显微镜是将测微螺旋和显微镜组合起来精确测量微小长度的光学仪器,它的结构如图 1-7 所示,主要由显微镜和读数装置组成.

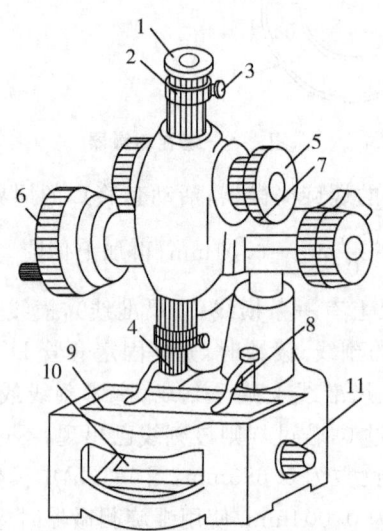

1—目镜;2—锁紧圈;3—锁紧螺钉;4—物镜;5—调焦手轮;
6—测微鼓轮;7—标尺和读数准线;8—弹簧压片;9—载物台;
10—反光镜;11—反光镜调节手轮

图 1-7 读数显微镜结构图

在使用读数显微镜读数前,应先仔细调节显微镜,消除视差.光学测量仪器的视差是由被测物的像与进行度量的标尺(或标线)不处在同一平面引起的,因此当观察者的眼睛移动时,像与标尺之间会产生相对位移.读数显微镜由物镜和目镜组成,它的标线(通常称十字准线)位于物镜与目镜之间.为消除视差,应先调节(旋转)目镜,使十字准线像清晰;再调节升降旋钮,使被测物的像也清晰.移动眼睛,如被测物的像与十字准线的像没有相对位移,则表明它们已处于同一成像面.

读数显微镜的读数装置与螺旋测微器类似,也应用了螺旋测微的原理.它的主尺量程是 50mm,最小分度是 1mm.鼓轮上有 100 个分度,鼓轮转动一周,整个显微镜水平移动 1mm,即鼓轮上 1 个分度对应 0.01mm,其仪器误差限是 0.02mm.由于任何螺旋测量装置的内螺纹与外螺纹之间必有间隙,故不同旋转方向所对应的读数必有差别,这种差别称为螺距误差.因此,在用读数显微镜进行长度测量时应使十字准线沿同一个方向前进,与被测物两端对齐,中途不要倒退,从而消除螺距误差.

五、电子天平

实验室常用的电子天平如图 1-8 所示.在使用电子天平时,按下开关,先进行半小时左右的预热,在测量前要先调节天平水平:调节天平立脚的高低,观察水平泡的位置;当水平泡位于中央时,天平即已调水平.称量前应先清零.

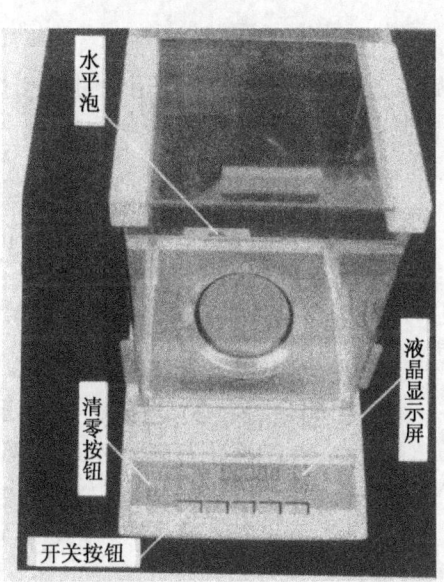

图 1-8 电子天平

使用电子天平称量时应注意:(1)所称物体不得超过天平的最大称量(实验室给出);(2)电子天平应在无风、防震的环境中使用;(3)不能用电子天平直接称量具有腐蚀性的物品;(4)防止任何液体渗漏进电子天平的内部.

【实验内容】

一、必做内容——测量已曝光并显影、定影的胶片（黑色）的密度

1. 调节电子天平的水平，待天平稳定后，即可测量照相胶片的质量 1 次.（注意天平的清零）
2. 用钢尺测量照相胶片的长度一次.（注意记录初读数和末读数）
3. 用游标卡尺测量照相胶片不同部位的宽度 6 次.
4. 测量螺旋测微器的零点读数 6 次.
5. 用螺旋测微器测量照相胶片不同部位的厚度 6 次.
6. 用读数显微镜测量照相胶片齿孔的长和宽各 6 次.（计算面积时按长方形计算，再加上实验室给出的面积修正量即可.注意消除视差和螺距误差）
7. 计算照相胶片的平均密度及其不确定度.

二、选做内容

分别用螺旋测微器和读数显微镜测量头发丝的直径（表格自拟），并对结果做分析比较.

【预习题】

1. 简述游标卡尺、螺旋测微器的测量原理及使用时的注意事项.
2. 为什么胶片长度只需测量一次？

【思考题】

1. 量角器的最小刻度是 30′.为了提高此量角器的精度，在量角器上附加一个角游标，使游标 30 分度正好与量角器的 29 分度等弧长.求该角游标的精度（即可读出的最小角度），并读出如图 1-9 所示的角度.

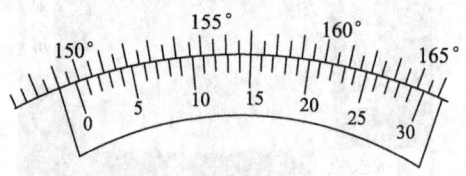

图 1-9 量角器和角游标

2. 用螺旋测微器进行测量时要考虑螺距误差吗？
3. 设计一种修正齿孔面积的方案.

【实验数据记录】

表 1-1 仪器误差限(Δ_{ins})

	钢尺 /cm	游标卡尺 /cm	螺旋测微器 /mm	读数显微镜 /mm	电子天平 /g
仪器误差限					

单次测量极限误差:钢尺 $\Delta_l =$ _____ cm;电子天平 $\Delta_m =$ _____ g.

表 1-2 胶片密度的测量

质量 $m =$ _____ g,长度 $l =$ _____ cm,胶片齿孔数 $a =$ _____,胶片齿孔面积修正量 $\Delta S = (\overline{\Delta S} \pm U_{\Delta S})\,\text{mm}^2 =$ _____ mm^2.

		1	2	3	4	5	6	平均值
螺旋测微器的零点读数 d_0/cm								
胶片厚度 d'/cm								
胶片宽度 h/cm								
胶片齿孔的长度 x/mm	x_1							
	x_2							
	$x=\|x_1-x_2\|$							
胶片齿孔的宽度 y/mm	y_1							
	y_2							
	$y=\|y_1-y_2\|$							

教师签字:_____

实验日期:_____

【数据处理与分析】

（要有计算过程）

$$d = \overline{d'} - \overline{d_0} = \underline{\qquad\qquad}$$

$$\overline{\rho} = \frac{m}{[\overline{l} \cdot \overline{h} - a(\overline{x} \cdot \overline{y} - \Delta S)]\overline{d}} = \underline{\qquad\qquad}$$

令 $B_1 = l \cdot h$, $B_2 = x \cdot y$, $B = B_1 - a(B_2 - \Delta S)$，则

$$U_m = \Delta_m = \underline{\qquad\qquad}, \quad U_l = \Delta_l = \underline{\qquad\qquad}$$

$n = 6$，查表得

$$\frac{t}{\sqrt{n}} = \underline{\qquad\qquad}, \quad S_h = \sqrt{\frac{\sum_{i=1}^{n}(h_i - \overline{h})^2}{n-1}} = \underline{\qquad\qquad}$$

$$U_h = \sqrt{\left(\frac{t}{\sqrt{n}} S_h\right)^2 + \Delta_B^2} = \underline{\qquad\qquad}$$

$$\frac{U_{B_1}}{\overline{B_1}} = \sqrt{\left(\frac{U_l}{\overline{l}}\right)^2 + \left(\frac{U_h}{\overline{h}}\right)^2} = \underline{\qquad\qquad}$$

$$U_{B_1} = \underline{\qquad\qquad}, \quad S_x = \sqrt{\frac{\sum_{i=1}^{n}(x_i - \overline{x})^2}{n-1}} = \underline{\qquad\qquad}$$

$$U_x = \sqrt{\left(\frac{t}{\sqrt{n}} S_x\right)^2 + \Delta_B^2} = \underline{\qquad\qquad}$$

$$S_y = \sqrt{\frac{\sum_{i=1}^{n}(y_i - \overline{y})^2}{n-1}} = \underline{\qquad\qquad}$$

$$U_y = \sqrt{\left(\frac{t}{\sqrt{n}} S_y\right)^2 + \Delta_B^2} = \underline{\qquad\qquad}$$

$$\frac{U_{B_2}}{\overline{B_2}} = \sqrt{\left(\frac{U_x}{\overline{x}}\right)^2 + \left(\frac{U_y}{\overline{y}}\right)^2} = \underline{\qquad\qquad}$$

$$U_{B_2} = \underline{\qquad\qquad}$$

$$U_B = \sqrt{U_{B_1}^2 + a^2 U_{B_2}^2 + a^2 U_{\Delta S}^2} = \underline{\qquad\qquad}$$

$$S_d = \sqrt{\frac{\sum_{i=1}^{n}(d_i' - \overline{d'})^2}{n-1}} = \underline{\qquad\qquad}$$

$$U_d = \sqrt{\left(\frac{t}{\sqrt{n}} S_d\right)^2 + \Delta_B^2} = \underline{\qquad\qquad}$$

$$E_r = \frac{U_\rho}{\overline{\rho}} = \sqrt{\left(\frac{U_m}{\overline{m}}\right)^2 + \left(\frac{U_d}{\overline{d}}\right)^2 + \left(\frac{U_B}{\overline{B}}\right)^2} = \underline{\qquad\qquad}$$

$$U_\rho = \overline{\rho} \times \frac{U_\rho}{\overline{\rho}} = \underline{\qquad\qquad}, \quad \begin{cases} \rho = \overline{\rho} \pm U_\rho = \underline{\qquad\qquad} \\ E_r = \dfrac{U_\rho}{\overline{\rho}} \times 100\% = \underline{\qquad\qquad} \end{cases}$$

实验二 电阻的测量和伏安特性的研究

电阻是电磁学中的重要物理量,各种电子元件的电阻特性大致可分为线性电阻和非线性电阻两种.为了全面了解电子元件的电阻特性,常需测量元件上电压与电流的函数关系——伏安特性曲线.本实验通过对非线性电阻的伏安特性的测量,掌握常用电学仪器的基本性能和使用方法,了解实验测量中先定性后定量的原则和不同大小电阻的测量方法.

【实验目的与要求】

1. 学习电学常用仪器的基本性能和使用方法.
2. 理解限流和分压原理,并学会用滑动变阻器进行限流和分压.
3. 学习和训练看图接线的技能.
4. 测绘非线性电阻的伏安特性曲线.
5. 掌握四端接线法测量低电阻的原理和方法.

【实验原理】

当一个元件两端加上直流电压,元件内有电流通过时,电压 U 与电流 I 之比称为该元件的电阻 R,即

$$R = \frac{U}{I} \qquad (2\text{-}1)$$

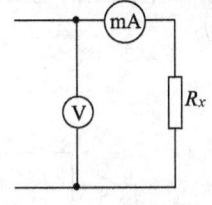

图 2-1 电流表内接法

上式即欧姆定律,电压 U 和电流 I 可分别用电压表和电流表测量.

用伏安法测量电阻的电路中,常有两种接法,图 2-1 为电流表内接法,图 2-2 为电流表外接法.电压表和电流表都有一定的内阻(分别设为 R_V 和 R_A),简化处理时可直接用电压表读数 U 除以电流表读数 I,得到被测电阻值 R,即 $R = \frac{U}{I}$,但这样会引进一定的系统误差.

1. 电流表内接法.

电流表内接时(图 2-1),电压表读数 U 包含了电流表上的电压降 U_A,即测得的阻值为

$$R = \frac{U}{I} = \frac{U_x + U_A}{I} = R_x + R_A = \left(1 + \frac{R_A}{R_x}\right) R_x$$

此方法测得的电阻比实际电阻 R_x 偏大,由电流表引入的误差可由下式修正:

$$R_x = R\left(1 - \frac{R_A}{R}\right) \qquad (2\text{-}2)$$

由式(2-2)知,当 $R_x \gg R_A$ 时,$R_x \approx R$,即电阻阻值较大时,可采用电流表内接法测量.

2. 电流表外接法.

在电流表外接时(图 2-2),电流表上的读数包含了从电压表上流过的电流 I_V,即测得的电阻为

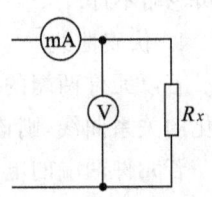

图 2-2 电流表外接法

$$R=\frac{U}{I}=\frac{U_x}{I_x+I_V}=\frac{U_x}{I_x\left(1+\dfrac{I_V}{I_x}\right)}$$

用二项式展开,当 $I_V \ll I_x$ 时,有

$$R=R_x\left(1-\frac{R_x}{R_V}\right) \tag{2-3}$$

此方法测得的电阻比实际电阻 R_x 偏小,由电压表引入的误差可用下式修正:

$$R_x=R\left(1+\frac{R}{R_V}\right) \tag{2-4}$$

由式(2-4)知,当 $R_x \ll R_V$ 时,$R_x \approx R$,即电阻阻值较小时,可采用电流表外接法测量.

3. 四端接线法测电阻.

对于低值电阻(10Ω 以下),由于接触电阻和引线电阻的存在(大小在 $10^{-2}\Omega$ 以下),使得一般测量方法测出的电阻失去其正确性,因此,对于低值电阻,须采用可消除接触电阻和引线电阻的测量方法——四端接线法(Four Probe Method)进行测量. 四端接线法是国际上通用的测量低值电阻的标准方法之一. 图 2-3 为四端接线法原理图,图中 R_x 是待测低值电阻,R_n 是标准电阻. 四端接线法的基本原理是: 如果已知流过待测电阻的电流 I(可通过测量标准电阻上的电压 U_n 获得),当测量得到了待测电阻 R_x 上的电压 U_x,则待测电阻 R_x 的值为

$$R_x=\frac{U_x}{I}=\frac{U_x}{U_n}R_n \tag{2-5}$$

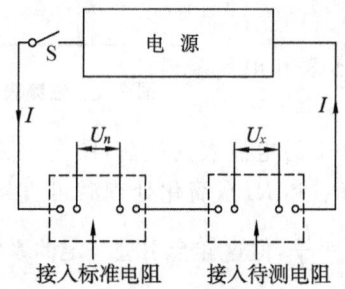

图 2-3 四电极测量电路原理图

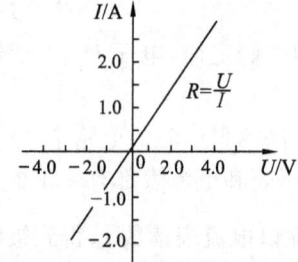

图 2-4 线性电阻伏安特性曲线

四端接线法的基本特点是:电源通过两个电流引线极将电流供给待测低值电阻,而数字电压表则通过电压引线极来测量由电源所供电流在待测低值电阻上所形成的电位差 U_x. 由于两个电流引线极在两个电压引线极之外,因此可排除电流引线的接触电阻和引线电阻对测量的影响;又由于数字电压表的输入阻抗很高,电压引线极接触电阻和引线电阻对测量的影响可忽略不计.

4. 伏安曲线.

若以元件两端的电压 U 为横坐标,流经元件的电流 I 为纵坐标,作出电流 I 随电压 U 变化的关系曲线,则该曲线称为元件的伏安特性曲线.

若元件两端的电压与通过它的电流成正比,则元件的伏安特性曲线为一直线,这类元件称为线性元件. 一般金属导体的电阻是线性电阻,其阻值等于直线斜率的倒数,如图 2-4 所示.

若元件两端的电压与通过它的电流的比值不是常数,这类元件称为非线性元件.常用的晶体二极管就是一种非线性元件.其阻值与外加电压的大小、方向都有关.

晶体二极管是由N型半导体和P型半导体结合而成的P-N结构成的.示意图和其符号如图2-5所示.它有正、负两个极,正极由P型半导体引出,负极由N型半导体引出,P-N结具有单向导电的特性,即晶体二极管正向电阻较小(电流沿P-N结正向流过),而反向电阻很大(电流沿N-P流过).

图2-5 晶体二极管的P-N结和表示符号

若在二极管两端加正向电压(即P端接高电势,N端接低电势),当电压大于正向导通电压(锗管为0.2~0.3V,硅管为0.6~0.8V)时,电流随电压成指数规律变化(图2-6上部).注意:电流不能超过额定电流I_M(I_M是二极管的一个重要指标),否则二极管会有被烧毁的可能.若在二极管的两端加反向电压(即P端接低电势,N端接高电势),当电压在较大范围内变化时,电流变化很小且很微弱(图2-6下部),当电压达到反向击穿电压U_B(U_B也是二极管的一个重要指标)后,反向电流随电压的增加而迅速增加,P-N结被击穿.

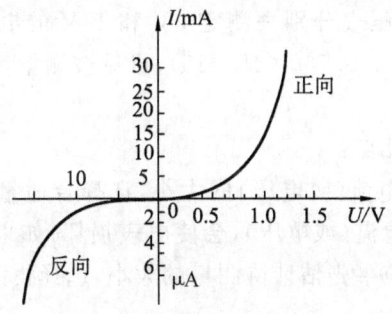

图2-6 晶体二极管的伏安特性

【实验仪器】

电流表、电压表、滑动变阻器、电阻箱、直流稳压电源、数字电压表、开关等.

一、直流稳压电源

目前实验室普遍采用晶体管稳压电源,这种电源稳定性高,内阻小,输出连续可调,使用方便.它的主要规格是最大输出电压和最大输出电流.例如,WYJ-30型直流稳压电源最大输出电压为30V,最大输出电流为2A.

二、电表

1. 电压表.

电压表用来测量电路中任意两点之间的电压.根据量程,可分为伏特表、毫伏表和微伏表,分别用"V""mV""μV"来表示. 使用时应将它与待测元件两端并联.

2. 电流表.

电流表用来测量电流强度的大小. 根据量程,可分为安培表、毫安表和微安表,分别用符号"A""mA""μA"来表示. 使用时应把它串联在电路中,并注意电流表的量程范围、正负极性和内阻大小.

电表的主要规格如下:

① 量程:即指针偏转满刻度时的电压(流)值. 例如,电压表量程为 3V,表示在电表两端加上 3V 电压时,指针偏转满刻度.

② 内阻:即电表两端间的电阻. 同一电表的不同量程,其内阻不同. 例如,某种 3V/6V 的电压表,它的两个量程的内阻分别为 3000Ω 和 6000Ω. 但是,由于各量程的每伏欧姆数都是 1000Ω/V,所以电压表的内阻一般用 Ω/V 统一表示,量程的内阻可用下式计算:

$$内阻 = 量程 \times 每伏欧姆数$$

在使用同一量程时,尽管所测的电压不同,但其内阻都一样.

一般电流表的内阻都在 0.1Ω 以下,毫安表、微安表的内阻可达几十欧姆到上千欧姆.

③ 准确度等级:用电表的基本误差的百分数值表示电表的准确度等级. 电表的准确度等级分为七级:0.1、0.2、0.5、1.0、1.5、2.5、5.0 级. 例如,一个 0.5 级的电表其基本误差为 ±0.5%. 由电表的准确度等级 α 及电表量程 A_m 可以求出电表的最大允许误差(即仪器误差限)$\Delta_{ins} = \alpha\% \times A_m$,电表的标度尺上所有分度线的基本误差(示值误差限)都不超过 Δ_{ins}. 若用 0.5 级量程为 15V 的电压表分别去测定 3V 和 15V 的电压,测量的相对误差分别为 2.5%(0.5%×15÷3) 和 0.5%(0.5%×15÷15),可见被测量量越接近电表的量程,其相对误差就越小.

使用电表时应注意以下几点:

① 选择电表. 根据待测电流(或电压)的大小,选择合适量程的电流表(或电压表). 如果选择的量程小于电路中的电流(或电压),会使电表损坏;如果选择的量程太大,指针偏转角度太小,误差较大. 使用时应事先估计待测量的大小,选择稍大的量程试测一下,再根据试测值选用合适的量程,一般要尽可能使电表的指针偏转在量程的 $\frac{2}{3}$ 以上位置.

② 电流方向. 直流电表指针的偏转方向与所通过的电流方向有关,所以接线时必须注意电表上接线柱的"+""-"标记. 电流应从标有"+"号的接线柱流入,从标有"-"号的接线柱流出. 切不可把极性接错,以免损坏指针.

③ 视差问题. 读数时,必须使视线垂直于刻度表面. 精密电表的表面刻度尺下附有平面镜,当指针在镜中的像与指针重合时,所对准的刻度才是电表的准确读数.

④ 要正确放置电表,表盘上一般都标有放置方式,如用"—"或"⊓"表示平放;用"↑"或"⊥"表示立放;用"∠"表示斜放,不按要求放置将影响其测量精度.

⑤ 使用前电表的指针应指零,若不指零,需要调零.

三、可变电阻

常用的可变电阻有滑动变阻器、旋转式电阻箱等,是用来改变电路中电流和电压的,而电阻箱主要用于需要知道电阻值的电路中.

选用滑动变阻器和电阻箱时,首先要注意两点:一是电阻值的大小是否合适;二是允许通过的最大电流(或功率)是否满足要求.这些都标在滑动变阻器和电阻箱上,只要留心即可.

1. 滑动变阻器.

滑动变阻器根据在线路中的接法不同,可用来控制电路中的电压和电流,其在电路中表示为图 2-7. 移动接触器可以改变 A、C 及 B、C 之间的电阻.

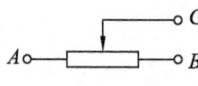

图 2-7 滑动变阻器在电路中的符号

变阻器的规格如下:

① 全电阻:即 A、B 之间的电阻.

② 额定电流:即变阻器允许通过的最大电流.

滑动变阻器有两种用法.

(1) 用于限流电路.

如图 2-8 所示,当滑动 C 时,整个电路的电阻改变了,因此,回路中电流也改变了,所以称为限流电路.当 C 滑到 B 时,变阻器全部的电阻串入回路.R_{AC} 最大,这时回路中电流最小.当 C 滑动至 A 端时,$R_{AC}=0$,回路中电流最大.这种起限流作用的滑动变阻器常被称为限流器.

在接通电源前,一般应使 C 滑到 B 端,使 R_{AC} 最大,电流最小,以确保安全.以后逐步调节限流器电阻,使电流增大至所需值.

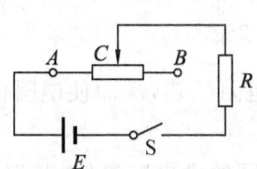 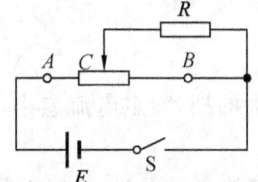

图 2-8 滑动变阻器的限流电路　　　图 2-9 滑动变阻器的分压电路

(2) 用于分压电路.

如图 2-9 所示,接通电源后,$U_{AB}=U_{AC}+U_{CB}$.加在电阻 R 上的输出电压 U_{CB} 可以看作 U_{AB} 的一部分,它随着滑动端 C 的位置改变而改变.当 C 滑至 B 端时,$U_{CB}=0$,输出电压为零;当 C 滑至 A 端时,$U_{CB}=U_{AB}$,输出电压最大.输出电压 U_{CB} 可以在零到电源的路端电压间任意调节.这种起分压作用的滑动变阻器常被称为分压器.

在接通电源前,一般应使 C 滑到 B 端,使 R 两端电压最小,以确保安全.以后逐步调节分压器电阻,使 R 两端电压增大至所需值.

2. 电阻箱.

旋转式电阻箱面板图如图 2-10 所示.它的内部有一套由锰铜丝绕成的标准电阻.通过旋转电阻箱上的旋钮,可以得到不同的电阻值.例如,当"×10000"挡指 4;"×1000"挡指 3;"×100"挡指 2;"×10"挡指 2;"×1"挡指 9;"×0.1"挡指 1,这时总电阻为:$(4×10000+3×1000+2×100+2×10+9×1+1×0.1)Ω=43229.1Ω$.

对于 ZX21 型来说,四个接线柱旁分别标有 0、$0.9Ω$、$9.9Ω$、$99999.9Ω$ 等字样,0 与 $0.9Ω$ 两接线柱之间的电阻值的调节范围为 $0\sim0.9Ω$;0 与 $9.9Ω$ 两接线柱之间的电阻值的调节范

围为 $0\sim9.9\Omega$；0 与 99999.9Ω 两接线柱之间的电阻值的调节范围为 $0\sim99999.9\Omega$．在使用时，如果只需要在 $0\sim0.9\Omega$ 或 $0\sim9.9\Omega$ 范围内改变阻值，则可选用 0 与 0.9Ω 或 0 与 9.9Ω 接线柱．这样接法，可以避免电阻箱其余部分的接触电阻和导线电阻给低电阻带来的影响．

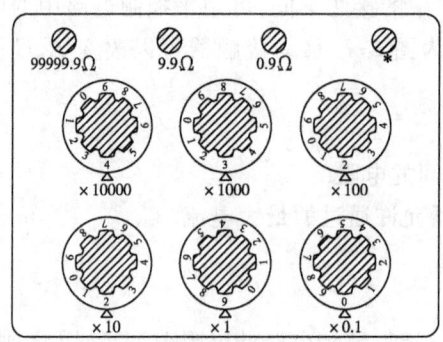

图 2-10 旋转式电阻箱面板图

电阻箱的参数有：
(1) 总电阻，即最大电阻．常用电阻箱的总电阻为 99999.9Ω．
(2) 额定功率，指电阻箱中每只电阻的功率额定值．一般电阻箱的额定功率为 0.25W，可以由它计算额定电流．例如，用 100Ω 挡的电阻时，允许通过的电流为

$$I=\sqrt{\frac{P}{R}}=\sqrt{\frac{0.25}{100}}\text{A}=0.05\text{A}$$

电阻值愈大的挡，额定电流愈小，过大的电流会使电阻变热，从而使电阻值不准确，甚至烧毁电阻．
(3) 电阻箱的仪器误差．一般电阻箱的不同挡有不同的准确度等级，其误差限为

$$\Delta_{仪}=\sum(\alpha_i\%\times R_i)+R'$$

式中 α_i 为电阻箱各示值盘的准确度等级，R_i 为各示值盘的示值，R' 为残余电阻(即电阻箱示值为零时的电阻).

例如，"×10000"挡 $\alpha_i=0.02$，"×1000"挡 $\alpha_i=0.05$，"×100"挡 $\alpha_i=0.1$，"×10"挡 $\alpha_i=0.1$，"×1"挡 $\alpha_i=1$，"×0.1"挡 $\alpha_i=1$，残余电阻 $R'=1.125\Omega$．若测得一电阻值 $R=4523.6\Omega$，则其误差为

$$\begin{aligned}\Delta_{仪}=&(0\times0.02\%+4000\times0.05\%+500\times0.1\%+20\times0.1\%+3\times1\%\\&+0.6\times1\%+1.125)\Omega\\=&3.681\Omega\end{aligned}$$

不同级别的电阻箱，规定允许的接触电阻标准也不同．例如，0.1 级电阻箱规定每个旋钮的接触电阻不得大于 0.002Ω．基本误差和接触电阻误差之和就是电阻箱的误差．

四、开关

现将常用的各种开关列表如下：

名 称	单刀单掷	单刀双掷	双刀双掷	换向开关
符号				
用途	接通或断开电路	改变电路的回路	改变电路的回路	改变回路中电流方向

【实验内容】

一、必做内容

1. 用电流表外接法测二极管的正向特性(小电阻),按图 2-11 所示电路接线.图中 R 为二极管的限流电阻,电压表的量程取 750mV,电流表的量程可先选择大一点,调节滑动变阻器 C 端,使电压从零缓慢地增加,观察电流表指针偏转情况,改变电流表的量程,使电压为 700mV 左右时电流表指针达到满偏.根据电压、电流变化情况,适当选择测量点,记录电流表、电压表指针所指格数(这一实验过程称为先定性观察后定量测量).

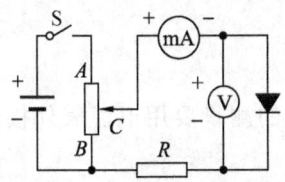
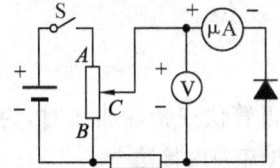

图 2-11　测晶体二极管正向　　　图 2-12　测晶体二极管反向
　　伏安特性的电路图　　　　　　　伏安特性的电路图

2. 用电流表内接法测二极管的反向特性(大电阻),按图 2-12 所示电路接线.电压表的量程取 3V 左右,电流表改用微安表,电压从零缓慢地增加,观察电流随电压变化情况,适当选择测量点,记录电表读数.

3. 将电表读数(格数)换算成相应的电流值和电压值(注意仪器误差限对测量结果的影响).以电压 U 为横坐标、电流 I 为纵坐标,按作图规则用坐标纸分别作出二极管的正、反向 I-U 图线,并进行比较.

二、选做内容

利用四端接线法测量一段电阻丝电阻.参照图 2-13 所示电路接线(将标准电阻外侧接线柱接入电流回路),标准电阻 $R_n=1\Omega$,改变电源输出值,测量对应的 U_x 和 U_n,自拟数据表格填入.由式(2-5)求出电阻丝电阻,并求其平均值.

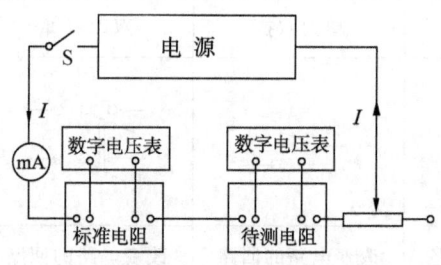

图 2-13　四端接线法测量低值电阻电路图

【注意事项】

1. 电表的正负极及二极管的 P、N 极不能接反. 测量二极管正向伏安特性时, 毫安表读数不得超过二极管允许通过的最大正向电流值 (即 I_M, 该值由实验室给出). 测量反向伏安特性时, 电压表读数不得超过二极管允许通过的反向击穿电压 (即 U_B, 该值由实验室给出).

2. 接通电路前, 接线前先将电源输出电压调至最小, 滑动变阻器的分压电阻调到最小值. 线路接好并检查无误后才能合上开关, 接通电源.

3. 采用四端接线法测量电阻丝电阻时, 电路中电流不得超过标准电阻的额定值 (由毫安表监控).

【预习题】

1. 测量二极管伏安特性曲线时, 为什么正向曲线的测量要用电流表外接法, 而反向曲线的测量要用电流表内接法？

2. 电源、电表、滑动变阻器接到电路中要注意什么？

【思考题】

1. 滑动变阻器主要有哪几种用途？如何使用？结合本次实验分别给予说明.

2. 在实验中, 若电源电压为 6V, 被测电阻约为 50Ω, 电流表 (毫安表) 的量程为 150/300mA, 150mA 挡的内阻约为 0.4Ω, 电压表的量限为 1.5/3.0/7.5V, 每伏特电压的内阻约为 200Ω. 如何选用电表量程, 电表采用何种接法比较好？

【实验数据记录】

1. 非线性电阻正向特性.

　　　　　　电压表：量程_____mV,满偏_____格,级别_____级

　　　　　　电流表：量程_____mA,满偏_____格,级别_____级

U/格							
I/格							
U/格							
I/格							

2. 非线性电阻反向特性.

　　　　　　电压表：量程_____V,满偏_____格,级别_____级

　　　　　　电流表：量程_____μA,满偏_____格,级别_____级

U/格							
I/格							
U/格							
I/格							

教师签字：_____

实验日期：_____

【数据处理与分析】

1. 非线性电阻正向特性.

仪器误差限：$\Delta_{U\text{ins}} = U_m \times a\% = $ _____，$\Delta_{I\text{ins}} = I_m \times a\% = $ _____，

不确定度：$U_U = $ _____，$U_I = $ _____．

U/mV								
I/mA								

2. 非线性电阻反向特性.

仪器误差限：$\Delta_{U\text{ins}} = U_m \times a\% = $ _____，$\Delta_{I\text{ins}} = I_m \times a\% = $ _____．

不确定度：$U_U = $ _____，$U_I = $ _____．

U/V								
$I/\mu\text{A}$								

3. 作出非线性电阻的正、反向伏安特性图（I-V）．正向特性曲线和反向特性曲线应作在同一张坐标纸上．

图名：_____

实验三 电表的改装和校正

常用的直流电流表和电压表都是由微安表改装而成的,因此直流电表中的微安表是电表的核心,电表的准确度主要决定于微安表.微安表一般只能测量很小的电流和电压,在实际使用时,如果测量较大的电流或电压,就必须对它进行改装,以扩大其量程,并用标准表对改装表进行校准.若配以整流电路将交流变为直流,则改装表还可以测量交流电压等有关量,因此掌握将电流表改装成所需的电表的原理和技术对灵活使用直流电表十分重要.

【实验目的与要求】

1. 学习用比较法测微安表内阻.
2. 学习将微安表改装成电流表、电压表的原理和方法.
3. 了解对电表的校正方法,绘制校正曲线.

【实验原理】

一、将微安表改装成电流表

小量程的微安表(或未经改装的表头)能够测量的最大电流(即其量程)很小.在实际使用中,为了用它测量较大的电流,须扩大微安表的量程,方法是:在微安表两端并联一合适的分流电阻,使部分被测电流从分流电阻上流过,而通过微安表的电流仍不超过原来的量程.

图 3-1 为改装原理图,虚线框内即为改装后的电流表,由微安表与分流电阻 R_S 并联构成.在改装表的表盘上重新标上电流值,就可以用它测量较大的电流.

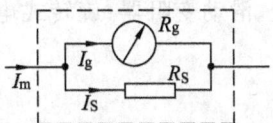

图 3-1 微安表改装成电流表

设微安表所允许通过的最大电流为 I_g,其内阻为 R_g,改装后的电流表的量程为 I_m,当微安表指针偏转为满刻度时,由图 3-1 可得

$$I_m = I_g + I_S \tag{3-1}$$

因分流电阻 R_S 与微安表内阻并联,故有

$$I_S R_S = I_g R_g \tag{3-2}$$

由式(3-1)、式(3-2)得

$$R_S = \frac{R_g}{\frac{I_m}{I_g} - 1} \tag{3-3}$$

式中，$\dfrac{I_m}{I_g}$ 就是改装后电流表量程扩大的倍数，设为 n，则分流电阻

$$R_S = \dfrac{R_g}{n-1} \tag{3-4}$$

二、将微安表改装成电压表

我们知道，未经改装的微安表不但可以用来测量微小的电流，还可以用来测量电压。不过用它所能测量的电压是很小的，它的量程为 $I_g R_g$。在实际使用中，为了用它来测量较高的电压，必须对它进行改装。方法是：把一分压电阻 R_H 与微安表串联，让被测电压的一部分降落在分压电阻上，而微安表上降落的电压仍不超过原来微安表的电压量程 $I_g R_g$。

图 3-2 为改装原理图，虚线框内即为改装后的电压表，由微安表与分压电阻串联构成，而分压电阻的大小与所改装电压表的量程有关。在改装表的表盘上重新标上电压值，就可以用它测量较大的电压。

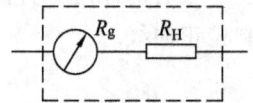

图 3-2　微安表改装成电压表

设改装后的电压表量程为 U_m，当被测电压为 U_m 时，微安表上所通过的电流仍为原来的量程 I_g。根据欧姆定律，有

$$U_m = I_g(R_g + R_H)$$

则分压电阻为

$$R_H = \dfrac{U_m}{I_g} - R_g \tag{3-5}$$

【实验仪器】

微安表（2只）、毫安表、毫伏表、滑动变阻器、旋转式电阻箱（2只）、直流稳压电源、单刀单掷开关、双刀双掷开关。

【实验内容】

一、用比较法测微安表的内阻

1. 按图 3-3 接好线路，保护电阻一开始调至 9999.9Ω，并将分压器的分压电阻（BC 段）调到最小，比较表也使用与被测表一样的量程。

2. 合上开关 S_1，将双刀双掷开关 S_2 接到被测表上，调节分压器触头 C（必要时可减小保护电阻），使两表指针均指向满刻度的 $\dfrac{2}{3}$ 以上，待稳定后记下比较表指针所指的刻度值。

3. 把 S_2 接到测量电阻箱上，保持分压器阻值及保护电阻阻值不变，调节测量电阻箱的电阻，使比较表指针所指向的刻度值与步骤 2 相同。再把 S_2 接到被测表上，观察比较表指针所指向的刻度值有无改变，若有改变，重复步骤 3，直到双刀双掷开关接到两边而比较表读

数保持不变为止.此时测量电阻箱的电阻值就是被测微安表的内阻 R_g.

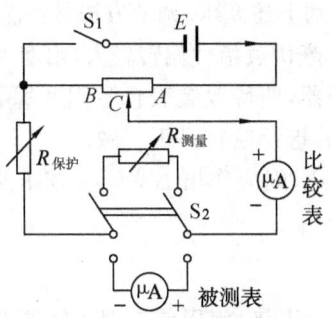

图 3-3　表头内阻的测量

二、把量程为 100μA 的微安表改装成量程为 100mA 的毫安表并进行校正

1. 按图 3-4 连接线路,将分压器的分压电阻调到最小,保护电阻一开始调至 9999.9Ω.
2. 由放大倍数 n 和所测微安表内阻 R_g,根据式(3-4)算出分流电阻 R_S 的理论值,并把电阻箱 R_S 拨到相应大小.
3. 接通电源,调节分压器和电阻箱 R_S(必要时要减小保护电阻),使作为标准的毫安表和待改装的微安表接近双满偏.此时,电阻箱 R_S 的阻值即为把量程为 100μA 的微安表改装成量程为 100mA 的毫安表所需并联的电阻的实验值.由于流过两电表及电阻箱 R_S 的电流互相影响,故应反复调节分压器(包括保护电阻)和电阻箱 R_S 才能达到上述要求.调节方法是:若两电表同时超过或同时不足满量程,调节分压器及保护电阻;若微安表相对于毫安表指针偏转较大,则减小 R_S,反之,增大 R_S.
4. 保持 R_S 不变,调节分压器,使待改装表自零刻度每隔一定的格数与标准表的刻度进行比较,直至满刻度为止.观察两表的指针偏转是否一致.
5. 若两表的指针偏转不一致,则应作出 ΔI-$I_{改装}$ 校正曲线(校正曲线是一折线图,相邻两点以直线相连).

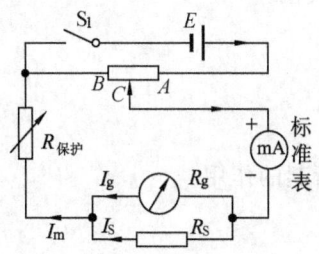

图 3-4　微安表改装成电流表接线图

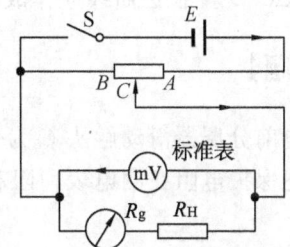

图 3-5　微安表改装成电压表接线图

三、将量程为 100μA 的微安表改装成量程为 1V 的电压表并进行校正

1. 按图 3-5 连接线路,将分压器的分压电阻调到最小.
2. 按式(3-5)算出分流电阻 R_H 的理论值,并把电阻箱 R_H 拨到相应大小.
3. 接通电源,仔细反复调节分压器和电阻箱 R_H,使作为标准的毫伏表和待改装的微安表接近双满偏.此时,电阻箱 R_H 的阻值即为把量程为 100μA 的微安表改装成量程为 1V 的电压表所需串联的电阻的实验值.由于流过两电表及电阻箱 R_H 的电流互相影响,故应反复调节分压器和电阻箱 R_H 才能达到上述要求.调节方法是:若两电表同时超过或同时不到满量程,调节分压器;若微安表相对于毫伏表指针偏转较大,则增大 R_H,反之,减小 R_H.

4. 保持 R_H 不变,调节分压器,使待改装表自零刻度每隔一定的格数与标准表的刻度进行比较,直至满刻度.观察两表的指针偏转是否一致.

5. 若两表的指针偏转不一致,则应作出 ΔU-$U_{改装}$ 校正曲线.

【注意事项】

1. 电表在使用时应注意摆放姿势,使用前应把指针调至 0 刻度线处.

2. 在测量微安表内阻及改装电表时,要缓慢改变分压电阻,防止通过微安表的电流过大.

3. 改装电流表的分流电阻 R_S 一旦断开(电阻箱内部或导线不通时),流过微安表的电流将大大增加,甚至烧坏微安表.为此,保护电阻一开始应放在一个恰当的初始值上(建议放在 9999.9Ω).

4. 不要把待改装表与测量内阻时用的比较表搞混.

【预习题】

1. ① 为了利用表头(量程为 I_g,内阻为 R_g)去测最大为 I_m($I_m > I_g$)的电流,需要在表头两端串联还是并联一只电阻 R_S? ② 其理论值为多大? ③ 在线路中需要接上一只保护电阻吗?试简述原因.④ 画出利用表头(量程为 I_g,内阻为 R_g)测量大电流($I_m > I_g$)的线路图.

2. ① 为了利用表头(量程为 I_g,内阻为 R_g)去测最大为 U_m($U_m > I_g R_g$)的电压,需要在表头两端串联还是并联一只电阻 R_H? ② 其理论值为多大? ③ 在线路中需要接上一只保护电阻吗?试简述原因.④ 画出利用表头(量程为 I_g,内阻为 R_g)测量大电压($U_m > I_g R_g$)的线路图.⑤ ΔU-$U_{改装}$ 校正曲线应作成一个什么样的曲线图?

【思考题】

1. 通电前分压器滑动触头 C 为何要调至 B 端?

2. 简述保护电阻在测电表内阻和改装电流表时所起的作用.

【实验数据记录】

1. 微安表内阻的测定.

微安表量程 $I_g=$ _____ μA,满偏格数_____格,准确度等级_____级,内阻 $R_g=$ _____ Ω.

2. 电流表的改装与校正.

改装后电流表的量程 $I_m=$ _____ mA,$R_{S理论}=$ _____ Ω,$R_{S实验}=$ _____ Ω.标准电流表的量程 $I_m=$ _____ mA,满偏格数_____格(读到0.1格),准确度等级 $\alpha=$ _____级.

$I_{改装}$/格	0.0	10.0	20.0	30.0	40.0	50.0	60.0	70.0	80.0	90.0	100.0
$I_{标准}$/格											

3. 电压表的改装与校正.

改装后电压表的量程 $U_m=$ _____ mV,$R_{H理论}=$ _____ Ω,$R_{H实验}=$ _____ Ω.标准电压表的量程 $U_m=$ _____ mV,满偏格数_____格(读到0.1格),准确度等级 $\alpha=$ _____级.

$U_{改装}$/格	0.0	10.0	20.0	30.0	40.0	50.0	60.0	70.0	80.0	90.0	100.0
$U_{标准}$/格											

教师签字:_____

实验日期:_____

【数据处理与分析】

1. 电流表的改装与校正.

仪器误差限：$\Delta I_m = I_m \times \alpha\% =$ _____ mA.

单位：mA

$I_{改装}$										
$I_{标准}$										
$\Delta I = I_{改装} - I_{标准}$										

2. 电压表的改装与校正.

仪器误差限：$\Delta U_m = U_m \times \alpha\% =$ _____ mV.

单位：mV

$U_{改装}$										
$U_{标准}$										
$\Delta U = U_{改装} - U_{标准}$										

3. 用坐标纸按作图规则作出 $\Delta I\text{-}I_{改装}$ 和 $\Delta U\text{-}U_{改装}$ 校正曲线（折线图）.

图名：_____

实验四 薄透镜焦距的测定

光学仪器不仅在科技领域和生产部门已经得到了广泛的应用,甚至在日常生活中也成为不可缺少的工具.光学仪器的种类繁多,但是几乎所有的光学仪器中,透镜是最基本的光学元件,而透镜的焦距又是反映透镜特性的基本参数.对于正确选用光学仪器,透镜的焦距这一基本参数是必不可少的.测量透镜焦距的方法很多,本实验采用最简便、最常用的方法测量凸、凹透镜的焦距.

【实验目的与要求】

1. 学会测量薄透镜焦距的几种方法.
2. 掌握在光具座上对光学元件的共轴调整技术.

【实验原理】

一、自准法测凸透镜的焦距

如图 4-1 所示,位于凸透镜焦平面上的物体发出的光,经过凸透镜折射后,变成平行光线.此时,如果在透镜的后面放一平面镜,使平行光反射回来,再经凸透镜折射而成像于原物所在的焦平面上,物与凸透镜间的距离即为凸透镜的焦距.

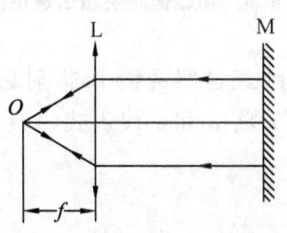

L—凸透镜;M—平面镜

图 4-1 自准法测凸透镜的焦距

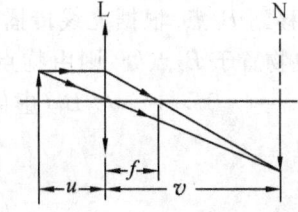

L—凸透镜;N—屏

图 4-2 物距像距法测凸透镜的焦距

二、物距像距法测凸透镜的焦距

如图 4-2 所示,在薄透镜成像时,物距 u、像距 v 和焦距 f 之间的关系为

$$\frac{1}{u}+\frac{1}{v}=\frac{1}{f} \qquad (4-1)$$

在上式中,测出物距 u 和像距 v,即可计算出凸透镜的焦距 f.

三、共轭法测凸透镜的焦距

如图 4-3 所示,当物与像屏之间的距离 D 大于 4 倍凸透镜焦距 $f(D>4f)$ 时,移动

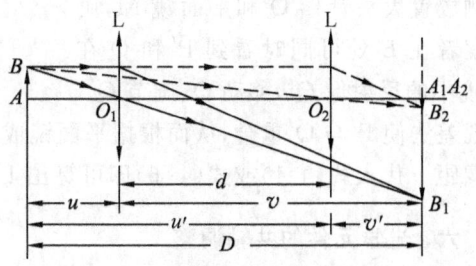

图 4-3 共轭法测凸透镜的焦距

放置其中间的凸透镜,可以找到两个位置使物成像于屏上,当凸透镜L在位置O_1时,屏上出现一放大的清晰的像;当凸透镜L在位置O_2时,屏上出现一缩小的清晰的像.

设$d=O_1O_2$,按照透镜成像公式(4-1),当凸透镜在O_1处时,有

$$\frac{1}{u}+\frac{1}{D-u}=\frac{1}{f} \quad (4-2)$$

当凸透镜在O_2处时,有

$$\frac{1}{u+d}+\frac{1}{D-u-d}=\frac{1}{f} \quad (4-3)$$

由式(4-2)和式(4-3),可解得

$$u=\frac{D-d}{2} \quad (4-4)$$

将式(4-4)代入式(4-2),可得

$$f=\frac{D^2-d^2}{4D} \quad (4-5)$$

根据上式,测出D和d,即可计算出凸透镜的焦距f.

四、物距像距法测凹透镜的焦距

凹透镜是发散透镜,它不能使物成实像,为此我们借助于一凸透镜L_1,使物点A成像于B_1点,如图4-4所示.然后把凹透镜L_2放于凸透镜L_1和B_1之间,这时光的实际会聚点将移到B_2点.根据光线传播

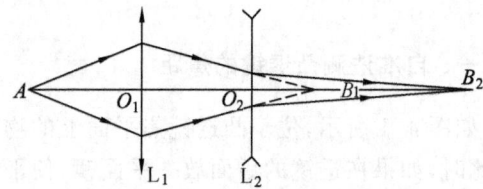

图4-4 物距像距法测凹透镜的焦距

的可逆性,如果将物置于B_2点处,则由物点发出的光线经过凹透镜L_2折射后,所成的虚像将在B_1点.此时,$u=O_2B_2$,$v=-O_2B_1$(虚像v取负值).将u和v代入式(4-1),可求得凹透镜L_2的焦距f为

$$f=\frac{uv}{u+v} \quad (4-6)$$

应当指出,由于是凹透镜,所以求出的f是负值.

五、视差法测凹透镜的焦距

如图4-5所示,物P经待测发散透镜L成正立的虚像于P'处.若在L右侧放置大头针棒Q和平面镜M,则观察者在E处可同时看到P'和Q在M镜中的反射像Q',移动Q、调节Q',

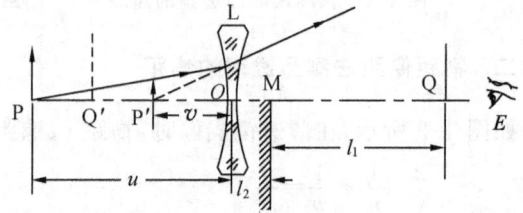

图4-5 视差法测凹透镜的焦距

用视差法使P'与Q'重合,从而根据平面镜成像的对称性求出虚像的像距$v=l_1-l_2$,将物距u、像距v代入式(4-1)或式(4-6)即可算出L的焦距.

六、光学元件的共轴调整

构成透镜的两个球面的中心的连线称为透镜的主光轴.为了准确地进行测量,透镜的主

光轴应该与光具座的导轨平行.如果用多个透镜做实验,各个透镜应调节到有共同的主光轴,并且该主光轴应与导轨平行.这种调节统称为共轴调整.调节方法如下:

1. 粗调.

把物、透镜、屏等用光具夹夹好后,先将它们靠拢,用眼睛观察,调节高低与左右,使光源、物的中心、透镜中心、屏幕中心大致在一条和导轨平行的直线上,且使物、透镜、屏的平面互相平行并垂直于导轨.

2. 细调.

按图 4-3 放置物、透镜和像屏,使 $D>4f$,然后固定物和像屏.当移动透镜到 O_1 和 O_2 两处时,屏上分别得到放大和缩小的像.由图 4-3 可见,当物点处于主光轴上(如 A 点),则它的两次成像位置重合;当物点不在主光轴上,则它的两次成像位置分开(如 B 点).若物点在主光轴上方,放大的像 B_1 在缩小的像 B_2 的下方,此时透镜应向上调节.反之,若物点在主光轴下方,则放大的像在缩小的像的上方,透镜应向下调节.直至两次成像位置重合,就达到了物点与透镜共轴等高.

如果系统中有两个及两个以上的透镜,应先调节包含一个透镜在内的系统共轴等高,然后再加入另一个透镜,调节该透镜与原系统共轴等高.切不可同时调节两个透镜.

【实验仪器】

光具座、光源、凸透镜(2 块)、凹透镜、平面镜、物屏、像屏、大头针棒.

【实验内容】

一、必做内容

1. 用自准法测凸透镜的焦距.
(1) 在光具座上依次放好光源、凸透镜和平面镜,打开光源,照亮物屏.
(2) 调节各元件使之共轴等高.
(3) 沿导轨移动透镜,使平面镜反射回来的光经透镜在物屏上的"1"字附近成一清晰的像,这时透镜到物屏的距离就是焦距 f.记下透镜和物屏的位置,重复测量三次(自拟表格).

2. 用物距像距法测凸透镜的焦距.
(1) 用像屏代替平面镜,调节各元件使之共轴等高.
(2) 沿导轨移动透镜,直至屏上成清晰的像为止.
(3) 读出物屏、透镜和像屏的位置,求出物距 u 和像距 v,按式(4-1)计算出透镜的焦距 f.
(4) 改变物屏和像屏的位置,重复测量三次(自拟表格).

3. 用共轭法测凸透镜的焦距.
(1) 取物屏和像屏间的距离 $D>f$,在实验过程中保持不变.沿导轨移动透镜,使在屏上能先后出现放大和缩小的清晰的像.
(2) 记下物屏的位置、像屏的位置和先后两次成像时透镜所处的位置,求得 D 和 d,代入式(4-5),计算出焦距 f.
(3) 改变物屏与像屏间的距离 D,重复测量三次(自拟表格).

二、选做内容

1. 用物距像距法测凹透镜的焦距.

(1) 调节凸透镜和像屏的位置,使在屏上出现一清晰的像,记下物屏、凸透镜和像屏的位置.

(2) 在凸透镜和像屏之间放一待测焦距的凹透镜.调节其光轴位置,使之与原系统共轴等高(此时物屏、凸透镜的位置不可移动).

(3) 移动像屏,直到在像屏上看见清晰的像为止.记下凹透镜和像屏的位置,求出物距 u 和像距 v,算出焦距 f.

(4) 改变物屏和凸透镜之间的距离,重复测量三次(自拟表格).

2. 用视差法测凹透镜的焦距.

(1) 按图 4-5 所示,在光具座上放置物屏 P、凹透镜 L、平面反射镜 M 和大头针棒 Q.(注意 M 应放在透镜光轴的下方)

(2) 眼睛在 E 处同时找到 P 经 L 所成的虚像 P' 和 Q 经 M 所成的虚像 Q'.调节平面镜 M 的方位,使两虚像 P' 和 Q' 重合.

(3) 左右移动眼睛,看两虚像 P' 与 Q' 是否有相对运动.若有相对运动,说明 P' 与 Q' 不共面.移动大头针棒 Q,直至 P' 与 Q' 之间无视差,即当观察者眼睛左右移动时,P' 与 Q' 无相对运动,这时 P' 与 Q' 共面.

(4) 测出物屏 P'、凹透镜 L、平面反射镜 M 和大头针棒 Q 的位置,求出物距 u、像距 $v=l_1-l_2$,代入式(4-1)或式(4-6)算出焦距 f.

(5) 物距不变,调节 Q,重复测量像距三次(自拟表格),算出焦距 f.

【注意事项】

1. 注意保护透镜,不要用手指或其他东西接触透镜的光学表面.
2. 每次实验都要认真调节光学元件的共轴等高.

【预习题】

1. 什么是共轴调整?共轴调整的要求是什么?达不到这些要求对测量有什么影响?
2. 用物距像距法测凹透镜焦距的实验中,对第一次凸透镜所成的像有什么要求?

【思考题】

物屏与像屏间的距离 $D=4f$ 和 $D<4f$ 时,分别会出现什么现象?试用数学表达式说明之.

【数据处理与分析】

1. 用自准法测凸透镜的焦距,计算焦距的平均值及其不确定度,写出测量结果.
2. 用物距像距法测凸透镜的焦距,计算焦距的平均值.
3. 用共轭法测凸透镜的焦距,计算焦距的平均值.
4. 用物距像距法测凹透镜的焦距,计算焦距的平均值.
5. 用视差法测凹透镜的焦距,计算焦距的平均值.

实验五 液体黏滞系数的测定

黏滞系数是反映流体层内摩擦作用的物理量,是工程实践中的一个重要物理量.测定黏滞系数通常有三种方法:一是通过液体在毛细管里的流出速度来测定液体的黏度;二是通过小圆球在液体中下落的速度来测定液体的黏度;三是通过液体在同轴圆柱体间对转动的阻碍来测定液体的黏度.本实验采用第二种方法——落球法测定液体的黏滞系数.

【实验目的与要求】

1. 用落球法测定液体的黏滞系数.
2. 进一步掌握基本测量仪器的使用方法.

【实验原理】

当小球在液体中运动时,小球将会受到与运动方向相反的摩擦阻力的作用,这种阻力称为黏滞阻力.黏滞阻力并不是小球与液体间的摩擦力,而是由小球表面的液层与邻近液层间的摩擦而产生的.根据斯托克斯定律,光滑的小球在无限广延的液体中运动时,当液体的黏滞性较大,小球半径很小,且在运动过程中不产生旋涡,那么小球所受到的黏滞阻力 f 为

$$f = 6\pi r \eta v \tag{5-1}$$

式中,r 为小球的半径;v 为小球相对于液体的运动速度;η 为液体的黏滞系数,它与液体的种类及液体的温度有关.

本实验应用落球法来测量液体的黏滞系数.设一质量为 m 的小球在黏滞液体中自由下落,小球落入液体后,受到三个力的作用,即重力 mg、浮力 $\rho_0 g V$(ρ_0 为液体的密度,V 为小球的体积)和黏滞阻力 f.在运动开始时,由于重力大于黏滞阻力和浮力,所以小球做加速运动.由于黏滞阻力随小球运动速度的增大而逐渐增加,当小球所受的合外力为零时,小球的运动速度达到 v_0(图5-1).此时有

$$mg = 6\pi r \eta v_0 + \rho_0 g V \tag{5-2}$$

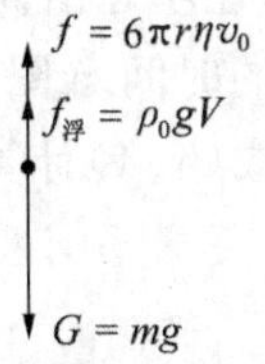

图 5-1 小球受力图

以后,小球以速度 v_0 匀速下降,此速度称为收尾速度.将 $V = \frac{4}{3}\pi r^3$ 代入上式,可得

$$\eta = \frac{\left(m - \frac{4}{3}\pi r^3 \rho_0\right)g}{6\pi r v_0} \tag{5-3}$$

小球的质量为 $\frac{4}{3}\pi r^3 \rho$，ρ 为小球的密度，d 为小球的直径，则上式可化为

$$\eta = \frac{(\rho - \rho_0)gd^2}{18 v_0} \tag{5-3'}$$

由于本实验不是在无限广延的液体中进行的，而是放在量筒中测量的，因此要对式（5-3'）进行修正，修正式为

$$\eta = \frac{(\rho - \rho_0)gd^2}{18 v_0 \left(1 + 2.4 \dfrac{d}{D}\right)} \tag{5-4}$$

式中，D 为量筒的内直径。

由上式可见，只要测量小球的质量 m、小球的直径 d、液体的密度 ρ_0、量筒的内直径 D 和收尾速度 v_0，就可算出被测液体的黏滞系数。而收尾速度 v_0 是通过测量小球做匀速直线运动所走过的路程 s 和通过该路程所用的时间 t 求得的，即 $v_0 = \dfrac{s}{t}$。

在国际单位制中，黏滞系数的单位为帕斯卡·秒，记为 Pa·s。

【实验仪器】

量筒、螺旋测微器、电子天平、游标卡尺、米尺、秒表、密度计、温度计、镊子、小钢球。

【实验内容】

一、室温测量

1. 将 100 个小钢球用布擦干净，用电子天平测量其总质量（表 5-2）。
2. 取 6 个小钢球并编上号，用螺旋测微器测量每个小钢球的直径，并求其平均值，然后将小球浸在有被测液体的容器中待用。
3. 用密度计测量液体的密度 ρ_0。
4. 用游标卡尺测量量筒的内直径 D，用米尺测量两标线间的距离 s。
5. 用镊子夹起小球，放入量筒中央，让小球沿筒中心下落，并用电子秒表测量每个小球通过距离 s 所用的时间 t（图 5-2）。
6. 根据每个小球所测量的数据，由式（5-4）计算 η，并求出 η 的平均值（表 5-3）。

二、变温测量

1. 调节样品管铅直，用米尺测量两标线间的距离 s。
2. 在室温以上每隔 5℃ 左右（所取温度要能在表 5-1 中查到该温度下的黏滞系数的公认值）用秒表测量小球（五个）通过距离 s 所用的时间 t_0。
3. 计算不同温度下的黏滞系数并与公认值比较，计算其百分误差。

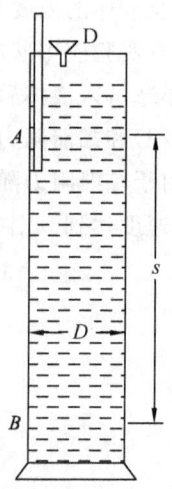

图 5-2　落球法测液体黏滞系数实验装置图

【注意事项】

1. 测量时间 t 时,眼睛应与小球处于水平位置,手眼要配合好.
2. 量筒内的液体应无气泡,小球应光滑无油污,测量过程中液体的温度应保持不变,因为液体的黏滞系数是与温度有关的.
3. 选定上标线 A 时(图 5-2),应使小球通过标线时已达到收尾速度(参见附录的推导).
4. 机械秒表读到 0.1s,电子秒表读到 0.01s.
5. 变温测量时,通电前应保证水位指示在水位上限,若水位指示低于水位下限,严禁开启电源,必须先用漏斗加水.

【预习题】

1. 在一定的液体中,若减小小球直径,它下落的收尾速度怎样变化? 减小小球密度呢?
2. 试分析实验中造成误差的主要原因是什么? 若要减小实验误差,应对实验中哪些量的测量方法进行改进?

【思考题】

1. 什么叫黏滞阻力?
2. 什么叫收尾速度?
3. 在实验中如何确定 A、B 两标线?

【附录】

一、小球在达到平衡速度之前所经路程 L 的推导

由牛顿运动定律及黏滞阻力的表达式,可列出小球在达到平衡速度之前的运动方程:

$$m\frac{\mathrm{d}v}{\mathrm{d}t} = \left(m - \frac{4}{3}\pi r^3 \rho_0\right)g - 6\pi r \eta v \tag{5-5}$$

式中,ρ 为小钢球的密度,r 表示小钢球的半径,整理后得

$$\frac{\mathrm{d}v}{\mathrm{d}t} + \frac{6\pi r \eta}{m}v = \left(1 - \frac{4\pi r^3}{3m}\rho_0\right)g \tag{5-6}$$

这是一阶线性微分方程,其通解为

$$v = \left(1 - \frac{4\pi r^3}{3m}\rho_0\right)g \cdot \frac{m}{6\pi r \eta} + Ce^{-\frac{6\pi r \eta}{m}t} \tag{5-7}$$

设小球以零初速放入液体中,代入初始条件($t=0$,$v=0$),定出常数 C,整理后得

$$v = \frac{g}{6\pi r \eta}\left(m - \frac{4}{3}\pi r^3 \rho_0\right) \cdot (1 - e^{-\frac{6\pi r \eta}{m}t}) \tag{5-8}$$

随着时间增大,式(5-8)中的负指数项迅速趋近于 0,由此得平衡速度为

$$v_0 = \frac{g}{6\pi r \eta}\left(m - \frac{4}{3}\pi r^3 \rho_0\right) = \frac{g}{3\pi d \eta}\left(m - \frac{1}{6}\pi d^3 \rho_0\right) \tag{5-9}$$

式中，d 为小钢球的直径．式(5-9)与式(5-7)是等价的，平衡速度与黏滞系数成反比．设从速度为 0 到速度达到平衡速度的 99.9% 这段时间为平衡时间 t_0，即令

$$e^{-\frac{3\pi d\eta}{m}t_0}=0.001 \tag{5-10}$$

由式(5-10)可计算平衡时间．

若钢球直径为 0.002m，代入钢球的质量 m、蓖麻油的密度 ρ_0 及 40℃时蓖麻油的黏滞系数 $\eta=0.23\mathrm{Pa\cdot s}$，可得此时的平衡速度约为 $v_0=0.072\mathrm{m/s}$，平衡时间约为 $t_0=0.057\mathrm{s}$．

平衡距离 L 小于平衡速度与平衡时间的乘积，在我们的实验条件下，约为 4mm，基本可认为小球进入液体后就达到了平衡速度．

二、不同温度下蓖麻油的黏滞系数

不同温度下蓖麻油的黏滞系数如表 5-1 所示．

表 5-1 不同温度下蓖麻油的黏滞系数

T/℃	η/(Pa·s)	T/℃	η/(Pa·s)	T/℃	η/(Pa·s)	T/℃	η/(Pa·s)	T/℃	η/(Pa·s)
4.5	4.00	13.0	1.87	18.0	1.17	23.0	0.75	30.0	0.45
6.0	3.46	13.5	1.79	18.5	1.13	23.5	0.71	31.0	0.42
7.5	3.03	14.0	1.71	19.0	1.08	24.0	0.69	32.0	0.40
9.5	2.53	14.5	1.63	19.5	1.04	24.5	0.64	33.5	0.35
10.0	2.41	15.0	1.56	20.0	0.99	25.0	0.60	35.5	0.30
10.5	2.32	15.5	1.49	20.5	0.94	25.5	0.58	39.0	0.25
11.0	2.23	16.0	1.40	21.0	0.90	26.0	0.57	42.0	0.20
11.5	2.14	16.5	1.34	21.5	0.86	27.0	0.53	45.0	0.15
12.0	2.05	17.0	1.27	22.0	0.83	28.0	0.49	48.0	0.10
12.5	1.97	17.5	1.23	22.5	0.79	29.0	0.47	50.0	0.06

【实验数据记录】

1. 室温测量.

被测液体的温度 $T=$ _____,螺旋测微器零点读数 $x_0=$ _____,

量筒的内直径 $D=$ _____,螺旋测微器误差限 $=$ _____,

两标线间距离 $s=$ _____,游标卡尺误差限 $=$ _____,

液体密度 $\rho_0=$ _____,米尺最小格值 $=$ _____,

秒表误差限 _____,电子天平误差限 $=$ _____.

表 5-2　实验数据(室温)

小球编号	小球直径 d'/mm	下落时间 t/s	100 个小球总质量/kg
1			
2			
3			
4			
5			
6			

2. 变温测量.

量筒内直径 $D=$ _____,两标线间距离 $s=$ _____,

液体密度 $\rho_0=$ _____,小钢球密度 $\rho=$ _____,

小钢球直径 $d=$ _____,扬州地区重力加速度 $g=$ _____.

表 5-3　实验数据(变温)

时间	温度				
1					
2					
3					
4					
5					
平均时间 $\bar{t}$					

教师签字:_____

实验日期:_____

【数据处理与分析】

表 5-4 液体黏滞系数的测定（室温）

平均质量 $\overline{m}/\text{kg}$	小球直径 $(\overline{d}=\overline{d'}-x_0)/\text{m}$	平均下落时间 $\overline{t}/\text{s}$	收尾速度 $\overline{v_0}/(\text{m}\cdot\text{s}^{-1})$	黏滞系数 $\eta/(\text{Pa}\cdot\text{s})$

$$\eta=\frac{\left(\overline{m}-\dfrac{1}{6}\pi\overline{d}^{3}\rho_0\right)g}{3\pi\overline{d}\,\overline{v_0}\left(1+2.4\dfrac{\overline{d}}{\overline{D}}\right)}=\underline{\qquad}$$

表 5-5 液体黏滞系数的测定（变温）

温度				
收尾速度 $v_0/(\text{m}\cdot\text{s}^{-1})$				
黏滞系数（实验值） $\eta/(\text{Pa}\cdot\text{s})$				
黏滞系数（公认值） $\eta/(\text{Pa}\cdot\text{s})$				
百分误差 B				

$$\eta=\frac{(\rho-\rho_0)gd^2}{18v_0}$$

实验六 模拟法描绘静电场

电磁场理论指出：静电场和稳恒电流场具有相同形式的数学方程式，因而具有相同形式的解，即电流场分布与静电场分布完全相似，为此我们可以用稳恒电流场来模拟静电场，且测量探针的引入不会造成模拟场的畸变．用电流场来测定静电场是研究静电场的实验方法之一．

利用原型和模型遵从相同的数学规律而进行的模拟称为数学模拟．这种模拟法可以广泛地用于对电缆、电子管、示波管、电子显微镜等内部电场分布情况的研究．

【实验目的与要求】

1. 学习用模拟法测绘静电场的原理和方法．
2. 加深对电场强度和电势概念的理解．

【实验原理】

除了少数几种规则带电体的电场分布可用数学解析式表达外，大多数情况下必须借助于实验的方法进行测定．先测出电场等位面的分布，再根据电场线与等位面处处正交的关系，画出电场线的分布，从而获得完整的电场分布图像．但是，直接测量静电场的电场分布会遇到很大困难，这不仅是因为要使用较复杂的测试仪器，而且当仪器的探针置入电场后会发生感应或极化，从而严重改变了待测电场的分布情况．为了克服直接测量静电场的困难，我们可以仿造一个与静电场分布完全一样的电流场，用容易直接测量的电流场模拟静电场．模拟法在科学实验中有极广泛的应用，其本质上是用一种易于实现、便于测量的物理状态或过程的研究，代替不易于实现、不便于测量的状态或过程的研究．

静电场与稳恒电流场本是不同场，但是它们都遵守高斯定理 $\oint_S \boldsymbol{E} \cdot \mathrm{d}\boldsymbol{S} = 0$（无源区域）和环流定理 $\oint_l \boldsymbol{E} \cdot \mathrm{d}\boldsymbol{l} = 0$，它们都可以引入电势 U，而且电场强度与电势之间都存在 $\boldsymbol{E} = -\nabla U$，因此，只要保证两种场具有相同的边界条件，就完全可以用稳恒电流场替代静电场．而前者的测量要比后者容易实现得多．

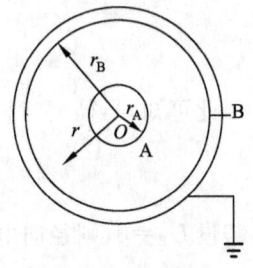

图 6-1 两无限长、带等量异号电荷的同轴圆柱电场的模拟模型（一）

要使得两种场具有相同的边界条件，只要保证电极形状一定，电极电势不变，空间介质均匀．在任何一个考察点，均应有 $U' = U$ 或 $\boldsymbol{E}' = \boldsymbol{E}$．下面以两无限长、带等量异号电荷的同轴圆柱电场和相应的模拟场——"稳恒电流场"来讨论这种等效性．如图 6-1 所示，在真空中有一半径为 r_A 的长圆柱导体 A 和一个内径为 r_B 的长圆筒导体 B，它们同轴放置，分别带等量异号电荷．由高斯定理可知，在垂直于轴线上的任一个截面 S 内，有均匀分布辐射状电场线，这是一个与坐标 z 无关的二维场．在二维场中电场强度 E 平行于 xOy 平面，方向垂直于轴线，其等位面为一簇同轴圆柱面．因此，只需研究任一垂直横截面上的电场强度分布即可．

由电磁学知识知,距轴心 O 为 r 的各点电场强度为

$$E = \frac{\lambda}{2\pi\varepsilon_0 r^2} r$$

式中,λ 为 A(或 B)的电荷线密度.其电势为

$$U_r = U_A - \int_{r_A}^{r} E \cdot dr = U_A - \frac{\lambda}{2\pi\varepsilon_0} \ln \frac{r}{r_A} \quad (6\text{-}1)$$

若 $r = r_B$ 时,$U_B = 0$,则有

$$\frac{\lambda}{2\pi\varepsilon_0} = \frac{U_A}{\ln \frac{r_B}{r_A}}$$

代入式(6-1)并化简,得

$$U_r = U_A \frac{\ln \frac{r_B}{r}}{\ln \frac{r_B}{r_A}} = \frac{U_A}{\ln \frac{r_B}{r_A}} (\ln r_B - \ln r) \quad (6\text{-}2)$$

距中心 r 处场强为

$$E_r = -\frac{dU_r}{dr} \frac{r}{r} = \frac{U_A}{\ln \frac{r_B}{r_A}} \cdot \frac{r}{r^2} \quad (6\text{-}3)$$

图 6-2 是两无限长、带等量异号电荷的同轴圆柱电场的模拟模型,图中 A、B 间不是真空,而是充满一种均匀的不良导体,且 A 和 B 分别与电源的正负极相连.在 A、B 间形成径向稳恒电流,建立了一个稳恒电流场 E_r',可以证明不良导体中的电场强度 E_r' 与无导体时在真空中的静电场 E_r 是相同的.

取厚度为 t 的圆柱形同轴不良导体来研究,材料的电阻率为 ρ,则半径为 r 的圆周到半径为 $(r+dr)$ 的圆周之间的不良导体薄块的电阻为

$$dR = \frac{\rho}{2\pi t} \cdot \frac{dr}{r} \quad (6\text{-}4)$$

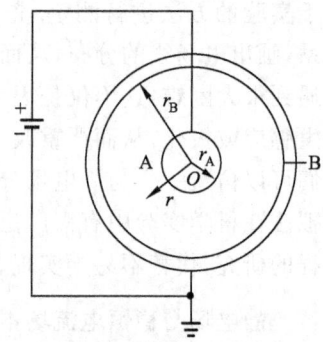

图 6-2 两无限长、带等量异号电荷的同轴圆柱电场的模拟模型(二)

半径 r 到 r_B 之间的圆柱片电阻为

$$R_{r,r_B} = \frac{\rho \int_r^{r_B} \frac{dr}{r}}{2\pi t} = \frac{\rho}{2\pi t} \ln \frac{r_B}{r} \quad (6\text{-}5)$$

由此可知,半径 r_A 到 r_B 之间圆柱片的电阻为

$$R_{r_A,r_B} = \frac{\rho}{2\pi t} \ln \frac{r_B}{r_A} \quad (6\text{-}6)$$

若设 $U_B = 0$,则径向电流为

$$I = \frac{U_A}{R_{r_A,r_B}} = \frac{2\pi t U_A}{\rho \ln \frac{r_B}{r_A}} \quad (6\text{-}7)$$

距中心 r 处的电势为

$$U_r = IR_{r,r_B} = U_A \frac{\ln \frac{r_B}{r}}{\ln \frac{r_B}{r_A}} = \frac{U_A}{\ln \frac{r_B}{r_A}}(\ln r_B - \ln r) \tag{6-8}$$

则稳恒电流场 E_r' 为

$$E_r' = -\frac{dU_r}{dr} = \frac{U_A}{\ln \frac{r_B}{r_A}} \cdot \frac{1}{r} \tag{6-9}$$

可见式(6-3)与式(6-9)具有相同形式,说明稳恒电流场与静电场分布函数完全相同.

实际上,并不是每种带电体的静电场及模拟场的电势分布函数都能计算出来,只有均匀的几何形状对称规则的特殊带电体的场分布才能用理论严格计算.上面只是通过一个特例,证明了用稳恒电流场模拟静电场的可行性.

必须强调的是,模拟方法的使用有一定的条件和范围,不能随意推广,否则将会得到荒谬的结论.用稳恒电流场模拟静电场的条件可归纳为几点:

(1)稳恒场中电极形状与被模拟的静电场的带电体几何形状相同.

(2)稳恒场中的导电介质应是不良导体且电阻率分布均匀,电流场中的电极(良导体)的表面也近似是一个等位面.

(3)模拟所用电极系统与被模拟电极系统的边界条件相同.

从实验测量来讲,测定电势比测定场强容易实现,所以可先测绘等势线,然后根据电场线与等势线正交原理,画出电场线.这样就可由等势线的间距、电场线的疏密和指向,将抽象的电场形象地反映出来.

【实验仪器】

双层静电场描绘仪、稳压电源、电压表、检流计、滑动变阻器、开关、游标卡尺.

静电场描绘仪采用双层式结构,上层放记录纸,下层装电极(图6-3).电极已直接固定在导电纸上,并将电极引线接出到外接线柱上.用导电纸作为导电介质(导电纸的导电率各向均匀),在导电纸上和记录纸上方各有一

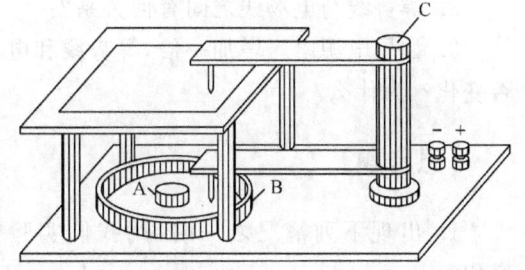

图 6-3 双层静电场描绘仪

探针,通过弹簧片探针臂把两探针固定在同一手柄座上,两探针始终保持在同一铅垂线上.移动手柄座时,可保证两探针的运动轨迹是一样的.由导电纸上的探针找到待测点后,按一下记录纸上方的探针,扎孔为记,根据孔的分布描绘出等势线.

【实验内容】

描绘同轴电缆的静电场分布,步骤如下:

1. 按图6-4接好电路,在测绘仪上层装好坐标纸.调节探针位置,使下探针与石墨导电纸接触良好,上探针与坐标纸相距1~2mm.

2. 接通电源,调节稳压电源的输出电压,使电极A的电势为15V(设电极B的电势

为零).

3. 调节滑动变阻器,使电压表 V_2 的读数为 2V,移动探针位置,使检流计 G 指针为零,则该点的电势为 2V,用上探针扎孔为记,再找出另外 7 个电势为 2V 的点(8 个点在同一等势线上均匀分布,表 6-1).

4. 测绘等势线簇,要求相邻两等势线间的电势差为 2V,共测 4 条等势线.以每条等势线到原点的平均距离 r 为半径画出等势线的同心圆簇.

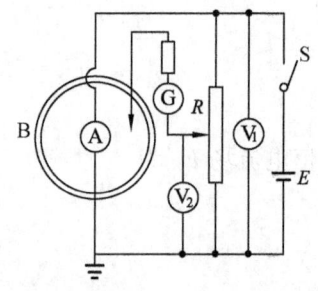

图 6-4 描绘静电场实验仪器接线图

5. 用游标卡尺分别测量电极 A 和电极 B 的半径 r_A 和 r_B,并在坐标纸上画出 r_A 和 r_B 处等势线(共绘出 6 条等势线).

6. 根据电场线与等势线正交原理,画出电场线,得到一张完整的电场分布图,指出电场强度的方向,并粘贴于实验数据记录处.

7. 以表 6-2 中 $\ln \bar{r}$ 为横坐标,U_r 为纵坐标,在坐标纸上作出 U_r-$\ln \bar{r}$ 关系的实验曲线.

【注意事项】

1. 电极与石墨导电纸保持良好接触.
2. 测量中应使下探针与导电纸接触良好,上探针与坐标纸相距 1~2mm.

【预习题】

1. 用二维稳恒电流场模拟静电场,对实验条件有哪些要求?
2. 等势线与电场线之间有何关系?
3. 如果电源电压增加一倍,等势线和电场线的形状是否变化?电场强度和电势分布是否变化?为什么?

【思考题】

1. 出现下列情况之一时,用我们实验中所用装置画出的等势面和电场线形状有无变化?
 (1) 电源电压提高一倍;
 (2) 导电纸上的导电材料的导电率相同但厚度不同;
 (3) 电压表读数有比实际值大 10% 的系统性误差;
 (4) 电极边缘和导电纸接触不良;
 (5) 测量时电源电压不稳定,在缓慢增加.
2. 怎样由测得的等势线描绘电场线?电场线的疏密和方向如何确定?将极间电压的正负极交换一下,实验得到的等势线会有变化吗?

【实验数据记录】

$U_{AB}=$ _____ , $r_A=$ _____ , $r_B=$ _____ .

用静电场测绘仪打出 2V、4V、6V、8V 四条等势线的实验点.

教师签字：_____

实验日期：_____

【数据处理与分析】

1. 数据处理.

表 6-1 各电势所对应的等势线半径

电势/V \ 半径/cm	1	2	3	4	5	6	7	8	$\bar{r}$

表 6-2 模拟法描绘静电场

U_r	0.00				15.00
$\bar{r}$/cm	5.00				1.00
$\ln\bar{r}$					

2. 在静电场测绘仪打出的实验点的基础上描绘出等势线,并画出电场线.
3. 以 $\ln\bar{r}$ 为横坐标,U_r 为纵坐标,在坐标纸上作出 U_r-$\ln\bar{r}$ 关系的实验曲线.

图名:_____

第三章 基本实验

实验七　用直流电桥测量电阻

电桥是一种比较式仪器,测量时将被测量量与已知量进行比较,从而获得测量结果,所以用电桥测量准确度高.利用电桥可以测量电阻、电容、电感、频率,还可通过传感器的转换测量压力、温度、湿度、重量以及微小位移等非电量.电桥分直流电桥和交流电桥.

直流电桥主要用于测量电阻,根据其线路结构分为单臂电桥(惠斯通电桥)和双臂电桥(开尔文电桥)两种.前者适用于测量 $1\sim10^5\Omega$ 的中值电阻,后者适用于测量 $10^{-6}\sim1\Omega$ 的低值电阻.电桥的种类繁多,但直流电桥是最基本的一种,它是学习其他电桥的基础.本实验采用直流电桥测量未知电阻.

【实验目的与要求】

1. 掌握单臂电桥的原理和特点.
2. 学会使用单臂电桥测电阻的方法.
3. 了解电桥灵敏度及其测量方法.
*4. 了解双臂电桥测低电阻的原理和方法.

【实验原理】

单臂电桥是英国物理学家惠斯通在 1843 年首先发明的,它的线路如图 7-1 所示.图中 R_1、R_2、R_0、R_x 四只电阻联成一个四边形,称为电桥的四个臂.其中一个臂为被测电阻 R_x,其

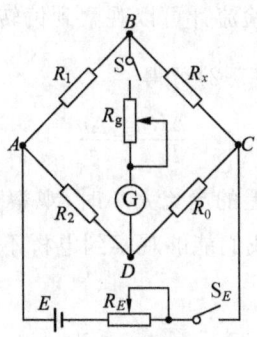

图 7-1　单臂电桥原理图

他三个臂为可调的标准电阻,在电桥的对角线 AC 上接直流电源 E,另一对角线 BD 上接入一检流计 G. 线路中接入检流计的对角线称为"桥",用以比较这两点的电位. 当 B、D 两点电位相等时,检流计中无电流通过(即 $I_g=0$),这时电桥处于平衡状态,于是有

$$R_x = \frac{R_1}{R_2} R_0 \tag{7-1}$$

上式就是电桥的平衡条件. 通常称 R_1、R_2 为"比例臂"(或称倍率),R_0 为比较臂.

一、电桥的灵敏度

在电桥测量过程中,当检流计无偏转时,并不能认为通过检流计的电流 I_g 绝对为零,只是 I_g 小到检测不出来. 为了定量地描述由于检流计灵敏度的限制给电桥测量带来的误差,我们引入电桥灵敏度,定义如下:

$$\xi = \frac{\Delta n}{\frac{\Delta R_x}{R_x}} \tag{7-2}$$

式中,ΔR_x 是 R_x 在电桥平衡后的一个微小改变量;Δn 是由 R_x 改变了 ΔR_x 后,电桥失去平衡检流计偏转的格数. 检流计偏转的格数 Δn 越大,表示电桥的灵敏度越高,给测量结果带来的误差越小. 例如,当 R_x 的相对改变量 $\frac{\Delta R_x}{R_x} = 1\%$,检流计偏转为一小格,则 $\xi = 100$ 格,通常检流计可以分辨出 0.1 格的偏转. 也就是说,该电桥平衡后,只要 R_x 改变 0.1%,就可以分辨出来. 这样由于电桥灵敏度的限制所带来的误差肯定小于 0.1%.

由于 R_x 是电桥四臂中任意指定的一个桥臂,可以证明电桥灵敏度 ξ 对任意一臂都是一样的,即

$$\xi = \frac{\Delta n}{\frac{\Delta R_x}{R_x}} = \frac{\Delta n}{\frac{\Delta R_1}{R_1}} = \frac{\Delta n}{\frac{\Delta R_2}{R_2}} = \frac{\Delta n}{\frac{\Delta R_0}{R_0}} \tag{7-3}$$

在实验过程中 R_x 是不能改变的,可通过改变 R_0 来测量电桥的灵敏度.

二、自组装电桥测量的不确定度

1. 电桥灵敏度的限制引入的不确定度.

电桥由平衡调节到不平衡(即检流计可以观察到偏转),电阻的相对改变量为 $\frac{\Delta R_0}{R_0}$,由式(7-3)可求出电桥的灵敏度 ξ,由式(7-2)可得

$$\frac{\Delta R_x}{R_x} = \frac{\Delta n}{\xi} \tag{7-4}$$

由于受电桥灵敏度的限制,当桥路上的电流太小时,观察不到检流计指针的偏转. 一般认为检流计偏转格数 $\Delta n_灵 = 0.1$ 格时,我们能够观察到电桥不平衡. 由此可计算出电桥的灵敏度引起的误差限为

$$\Delta_灵 = R_x \frac{\Delta n_灵}{\xi} \tag{7-5}$$

若为单次测量,由电桥灵敏度引入的不确定度为

$$U_{灵,R_x} = \Delta_{灵} \tag{7-6}$$

2. 桥臂元件——电阻箱的仪器误差引入的不确定度.

电阻箱的仪器误差为

$$\Delta_{仪} = \sum (\alpha_i \% \times R_i) + R' \tag{7-7}$$

式中,α_i 为电阻箱各示值盘的准确度等级,R_i 为各示值盘的示值,R' 为残余电阻(见实验二【实验仪器】中的电阻箱).

在实际测量中,为减小误差常采用换臂测量,即在选定比例臂的倍率 $\dfrac{R_1}{R_2}$ 后,调节 R_0 使电桥平衡,得 $R_x = \dfrac{R_1}{R_2} R_0$,将 R_0、R_x 交换后,再调 R_0 为 R_0',则 $R_x = \dfrac{R_2}{R_1} R_0'$,由两式得 $R_x = \sqrt{R_0 R_0'}$.因此,由电阻箱的误差引入的不确定度为

$$U_{仪,R_x} = R_x \times \sqrt{\left(\dfrac{1}{2} \times \dfrac{U_{仪,R_0}}{R_0}\right)^2 + \left(\dfrac{1}{2} \times \dfrac{U_{仪,R_0'}}{R_0'}\right)^2} \tag{7-8}$$

3. 测量结果的合成不确定度为

$$U_{R_x} = \sqrt{U_{仪,R_x}^2 + U_{灵,R_x}^2} \tag{7-9}$$

所以测量结果为 $R = (R_x \pm U_{R_x})\Omega$.

【实验仪器】

直流稳压电流、电阻箱(三只)、滑动变阻器(两只)、检流计、待测电阻(阻值差异较大的三只)、开关和导线若干.

【实验内容】

一、必做内容——用自组装的单臂电桥测电阻

1. 自组装电桥电路.

按图 7-1 所示将电阻箱、指针式检流计、直流稳压电源等仪器组装成单臂电桥电路. ZX36 型电阻箱作 R_0,240Ω 滑动变阻器作 R_E,560Ω 滑动变阻器作 R_g,R_2 固定为 500Ω (ZX21 型电阻箱),根据待测电阻阻值的不同,选取适当倍率.根据倍率确定 R_1(ZX21 型电阻箱).

2. 测量电阻.

R_x 为待测电阻.粗测时,为保护检流计,R_g 和 R_E 应置于最大,调节 R_0 使电桥平衡;然后将 R_g、R_E 置于零进行精测,再调节 R_0 使电桥平衡,记下 R_0 值(表 7-1).再将 R_0、R_x 交换后测量,记下 R_0',则 $R_x = \sqrt{R_0 R_0'}$.

二、选做内容

1. 测电桥的相对灵敏度 ξ.

在上述每只待测电阻测量的同时进行.

粗测时,调节 R_0 使电桥平衡后,再微调 R_0 使检流计指针偏转约 5 格,记下 R_0 以及相应的偏转格数 Δn,则 $\xi_{粗} = \dfrac{\Delta n}{\Delta R_0 / R_0}$. 精测时,调 R_0 电桥平衡后,同样可测出 $\xi_{细}$.(同一待测电阻,交换 R_0、R_x 桥臂再测时,不要测 ξ)

2. 计算所测电阻的不确定度.

通过电阻箱级别及电桥相对灵敏度,利用式(7-5)、式(7-6)、式(7-7)、式(7-8)、式(7-9) 计算测量不确定度.

【预习题】

怎样消除比例臂两只电阻不准确相等所造成的系统误差?

【思考题】

1. 改变电源极性对测量结果有什么影响?
2. 影响单臂电桥测量误差的因素有哪些?

【实验数据记录】

表 7-1　自组装单臂电桥测电阻　　　　　　　　　　$R_2 = 500\Omega$

R_x 标称值/Ω	R_1/R_2	粗测	精测			换臂精测
		R_0/Ω	R_0/Ω	$\Delta R_0/\Omega$	Δn/格	R_0'/Ω

表 7-2　各电阻箱的仪器误差限　　　　　　　　　　单位：Ω

α_i		$\Delta_{仪,R_0}$			$\Delta_{仪,R_0'}$		
×10000 挡							
×1000 挡							
×100 挡							
×10 挡							
×1 挡							
×0.1 挡							
R'							

教师签字：_____

实验日期：_____

【数据处理与分析】

（要有计算过程）

1. 被测电阻：

$$R_x = \sqrt{R_0 R_0'} = \underline{\qquad}$$

2. 精测电桥灵敏度：

$$\xi_{精} = \frac{\Delta n}{\Delta R_0 / R_0} = \underline{\qquad}$$

3. 测量不确定度：

$$U_{灵} = \Delta_{灵} = R_x \frac{\Delta n_{灵}}{\xi} = \underline{\qquad}$$

$$U_{仪, R_0} = \Delta_{仪, R_0} = \sum(\alpha_i\% \times R_i) + R' = \underline{\qquad}$$

$$U_{仪, R_0'} = \Delta_{仪, R_0'} = \sum(\alpha_i\% \times R_i) + R' = \underline{\qquad}$$

$$U_{仪, R_x} = R_x \times \sqrt{\left(\frac{1}{2} \times \frac{U_{仪, R_0}}{R_0}\right)^2 + \left(\frac{1}{2} \times \frac{U_{仪, R_0'}}{R_0'}\right)^2} = \underline{\qquad}$$

$$U_{R_x} = \sqrt{U_{仪, R_x}^2 + U_{灵, R_x}^2} = \underline{\qquad}$$

$$\begin{cases} R = (R_x \pm U_{R_x}) = \underline{\qquad} \\ E_r = \dfrac{U_{R_x}}{R_x} \times 100\% = \underline{\qquad} \end{cases}$$

实验八　拉伸法测金属丝的杨氏弹性模量

杨氏弹性模量(简称杨氏模量)是物体受纵向应力时其伸长模量(或压缩模量),它是衡量材料受力后形变能力大小的参数之一.或者说是描述材料抵抗弹性形变能力的一个重要的物理量,它是生产、科研中选择合适材料的重要依据,也是工程技术设计中常用的参数.常用金属材料的杨氏弹性模量的数量级为 $10^{11}\mathrm{N}\cdot\mathrm{m}^{-2}$.

本实验采用静态拉伸法测定钢丝的杨氏弹性模量.

【实验目的与要求】

1. 学会用伸长法测量金属丝的杨氏弹性模量.
2. 掌握用光杠杆法测量微小长度变化的原理和方法.
3. 学会用逐差法处理数据.

【实验原理】

任何固体在外力作用下都要产生形变,如果外力较小,当外力停止作用,形变随之消失,这种形变称为弹性形变.若外力超过一定的限度,以致在外力作用停止时,形变并不完全消失,出现了剩余形变,此限度称为弹性限度.在本实验中,只研究弹性形变,为此应当控制外力的大小,以保证此外力去掉后物体能恢复原状.

胡克定律:在弹性限度内,材料的应力和应变成正比,该比值称为该材料的弹性模量.对于不同的材料,其比例系数是不同的.

杨氏模量:物体受纵向应力时其伸长模量(或压缩模量).

一根均匀的金属丝,长度为 L,截面积为 S,在受到沿长度方向的外力 F 的作用时发生形变,伸长 ΔL.根据胡克定律,有

$$\frac{F}{S}=Y\frac{\Delta L}{L} \tag{8-1}$$

式中,Y 称为该金属丝的杨氏(弹性)模量,它只取决于材料的性质,而与长度 L、截面积 S 无关.

本实验采用静态拉伸法测定钢丝的杨氏模量.由于钢丝的改变量 ΔL 很小,测量中采用了光杠杆,它是一种应用光学转换放大原理测量微小长度变化的装置,它的特点是直观、简便、精度高.为了消除实验时由于金属丝弹性形变的滞后效应带来的系统误差,在用砝码加载时采用正反向测量取平均的办法.

如图 8-1 所示,实验开始时,平面镜 M 的法线方向水平,望远镜中观察到标尺刻度 x_0 在平面镜中的像.当钢丝因悬挂重物而下降 ΔL 时,导致了平面镜 M 的法线方向改变了 α

角.设平面镜 M 的后支点到两个前支点连线的垂直距离为 b,则有 $\tan\alpha = \dfrac{\Delta L}{b}$.而此时由 O 点反射进望远镜中标尺位置为 x,它与原刻度 x_0 对 O 点的张角为 2α(图 8-1).设镜面到尺子的距离为 D,由于 α 角很小,因此有

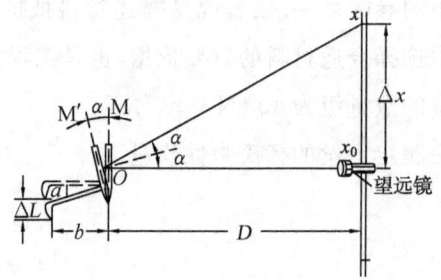

图 8-1　光杠杆原理图

$$\Delta L = \dfrac{b}{2D}(x - x_0) \qquad (8\text{-}2)$$

光杠杆的放大倍数取决于 b 和 D 的比值.

设金属丝的直径为 d,则截面积

$$S = \dfrac{\pi d^2}{4}$$

其杨氏模量

$$Y = \dfrac{4FL}{\pi d^2 \Delta L} \qquad (8\text{-}3)$$

式中 F、L、d 用一般测量方法即可得到,ΔL 由于变化很小,不能用米尺或游标卡尺进行测量.由式(8-2)、式(8-3)得

$$Y = \dfrac{8FLD}{\pi d^2 b \Delta x} \qquad (8\text{-}4)$$

式中,L 为金属丝被拉伸部分的长度,d 为金属丝的直径,D 为平面镜到直尺间的距离,b 为光杠杆后足至前两足直线的垂直距离,F 为增加一个砝码的重量(mg),Δx 是增加一个砝码后由于金属丝伸长在望远镜中刻度的变化量.用逐差法处理数据时 $\overline{\Delta x}$ 是增加四个砝码后金属丝的平均伸长量,所以式中 $\overline{F}$ 是四个砝码的重量.

【实验仪器】

杨氏模量测量仪(图 8-2)、光杠杆装置、望远镜、水准仪、游标卡尺、螺旋测微器.

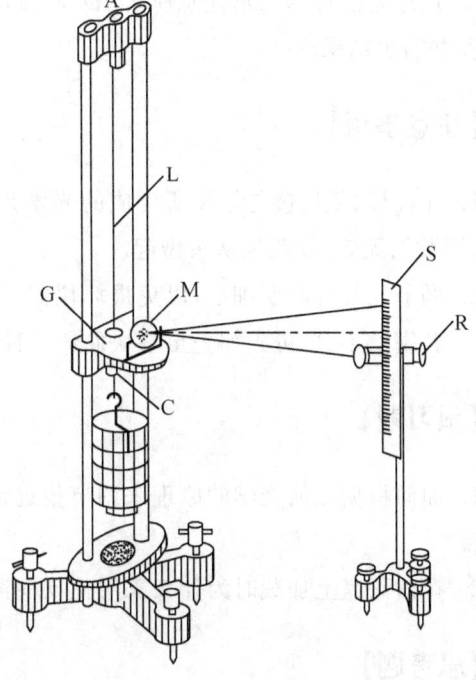

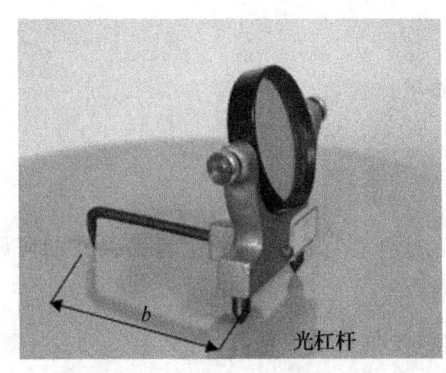

L—被测金属丝;C—小圆柱;G—固定平台;M—光杠杆;R—望远镜;S—标尺

图 8-2　杨氏模量测量仪

【实验内容】

1. 调节杨氏弹性模量仪底脚螺丝,使平台 G 上的水准仪气泡居中.

2. 将金属丝上端固定,下端砝码盘上加一块砝码作初始负载(连钩总重 19.6N),使金属丝拉直,并使平台 G 与钢丝夹头 C 的上端面在同一高度上.

3. 将光杠杆后尖足放在钢丝夹头 C 的上端面上,两前尖足放在平台前方的沟槽内,并使镜面大致与平台垂直.

4. 调整望远镜的高度,使之与光杠杆的镜面等高;移动望远镜的位置,使之能够沿着望远镜的镜筒可以看到光杠杆镜面中的标尺像.

5. 先调节望远镜的目镜,使十字叉丝清晰(共有上、中、下三组叉丝).再调节望远镜的调焦手轮,使标尺的像清晰,本步骤应反复做几次,以消除视差.

6. 记录十字叉丝初始读数 x_0,依次增加一个砝码,记录相应的读数 $x_1, x_2, \cdots, x_6, x_7$.

7. 再加一块砝码,不记录其读数,稍后,逐个减少砝码,记录相应的读数 $x_7', x_6', \cdots, x_1'$, x_0'.计算两次的平均值,填入表 8-3 中.

8. 用千分尺测金属丝的直径 d,分别在金属丝的上、中、下部相互垂直的方向各测一次.用钢卷尺测金属丝的长度 L 三次,测量标尺到光杠杆镜面的距离 D 三次.用游标卡尺测量光杠杆长 b 三次(采用压足印).

9. 用逐差法计算 Δx（注意所求 Δx 是加几块砝码的伸长量），求出其杨氏模量，计算不确定度并写出结果.

【注意事项】

1. 光杠杆、望远镜与标尺所构成的光学系统一经调节好后，在实验过程中就不可再移动. 否则数据无效，实验须从头做起.

2. 调节光杠杆时要细心，以免损坏仪器.

3. 若钢丝不直，可先加一至两块砝码于砝码盘上.

【预习题】

1. 如何根据几何光学的原理来调节望远镜、光杠杆和标尺之间的位置关系？如何调节望远镜？

2. 在砝码盘上加载时为什么采用正反向测量取平均值的办法？

【思考题】

1. 光杠杆有什么优点？怎样提高光杠杆测量微小长度变化的灵敏度？

2. 若实验中操作无误，得到的前一两个数据偏大，这可能是由什么原因造成的，如何避免？

3. 如何避免测量过程中标尺读数超出望远镜视场范围？

【实验数据记录】

米尺误差限＝_____，螺旋测微器误差限＝_____，游标卡尺误差限＝_____，螺旋测微器零点读数 d_0 ＝_____．

表 8-1　测量金属丝的直径

次数	上		中		下		平均值
	1	2	1	2	1	2	
金属丝直径 d/mm							

表 8-2　测量金属丝长度、光杠杆长度和平面镜与标尺的距离

次数	1	2	3	平均值
金属丝长度 L/cm				
光杠杆长度 b/cm				
平面镜与标尺的距离 D/cm				

表 8-3　测金属丝的杨氏模量

砝码重/N	标尺读数/cm		
	加砝码时	减砝码时	平均值
19.6（扬州 19.625）	x_0＝	x'_0＝	$\overline{x_0}$＝
29.4	x_1＝	x'_1＝	$\overline{x_1}$＝
39.2	x_2＝	x'_2＝	$\overline{x_2}$＝
49.0	x_3＝	x'_3＝	$\overline{x_3}$＝
58.8	x_4＝	x'_4＝	$\overline{x_4}$＝
68.6	x_5＝	x'_5＝	$\overline{x_5}$＝
78.4	x_6＝	x'_6＝	$\overline{x_6}$＝
88.2	x_7＝	x'_7＝	$\overline{x_7}$＝

教师签字：_____

实验日期：_____

【数据处理与分析】

$\overline{d'} =$ _____ , $\overline{d} = \overline{d'} - d_0 =$ _____

$S_d = \sqrt{\dfrac{\sum\limits_{i=1}^{n}(d_i' - \overline{d'})^2}{n-1}} =$ _____

$\Delta_A = \dfrac{t}{\sqrt{n}} S_d =$ _____ , $\Delta_B =$ _____

$U(d) = \sqrt{\Delta_A^2 + \Delta_B^2} =$ _____

$\overline{L} =$ _____ , $S_L = \sqrt{\dfrac{\sum\limits_{i=1}^{n}(L_i - \overline{L})^2}{n-1}} =$ _____

$\Delta_A = \dfrac{t}{\sqrt{n}} S_L =$ _____ , $\Delta_B =$ _____

$U_L = \sqrt{\Delta_A^2 + \Delta_B^2} =$ _____

$\overline{b} =$ _____ , $S_b = \sqrt{\dfrac{\sum\limits_{i=1}^{n}(b_i - \overline{b})^2}{n-1}} =$ _____

$\Delta_A = \dfrac{t}{\sqrt{n}} S_b =$ _____ , $\Delta_B =$ _____

$U_b = \sqrt{\Delta_A^2 + \Delta_B^2} =$ _____

$\overline{D} =$ _____ , $S_D = \sqrt{\dfrac{\sum\limits_{i=1}^{n}(D_i - \overline{D})^2}{n-1}} =$ _____

$\Delta_A = \dfrac{t}{\sqrt{n}} S_D =$ _____ , $\Delta_B =$ _____

$U_D = \sqrt{\Delta_A^2 + \Delta_B^2} =$ _____

$\overline{\Delta x} = \dfrac{|\overline{x_4} - \overline{x_0}| + |\overline{x_5} - \overline{x_1}| + |\overline{x_6} - \overline{x_2}| + |\overline{x_7} - \overline{x_3}|}{4} =$ _____

$S_{\Delta x} = \sqrt{\dfrac{\sum\limits_{i=1}^{4}(\Delta x_i - \overline{\Delta x})^2}{4-1}} =$ _____

$\Delta_A = \dfrac{t}{\sqrt{n}} S_{\Delta x} =$ _____ , $\Delta_B =$ _____

$U_{\Delta x} = \sqrt{\Delta_A^2 + \Delta_B^2} =$ _____

$F =$ _____ , $\overline{Y} = \dfrac{8F\overline{L}\,\overline{D}}{\pi \overline{d}^2 \overline{b}\, \overline{\Delta x}} =$ _____

$E_r = \dfrac{U_Y}{\overline{Y}} = \sqrt{\left(\dfrac{U_L}{\overline{L}}\right)^2 + \left(\dfrac{2U_d}{\overline{d}}\right)^2 + \left(\dfrac{U_b}{\overline{b}}\right)^2 + \left(\dfrac{U_{\Delta x}}{\overline{\Delta x}}\right)^2 + \left(\dfrac{U_D}{\overline{D}}\right)^2} =$ _____

$U_Y = \dfrac{U_Y}{\overline{Y}} \overline{Y} = E_r \overline{Y} =$ _____ , $\begin{cases} Y = \overline{Y} \pm U_Y = \text{_____} \\ E_r = \dfrac{U_Y}{\overline{Y}} = \text{_____} \end{cases}$

实验九 液体表面张力系数的测定

液体表面层分子所处的环境与内部分子所处的环境不同,液体表面层有如紧张的弹性薄膜,具有尽量缩小其表面积的趋势,即存在表面张力.表面张力能说明液态物质所特有的许多现象,如泡沫的形成、润湿和毛细现象等.本实验通过对液体的表面张力的测定,了解液体表面性质相关的知识.

【实验目的与要求】

1. 了解液体表面的性质,用拉脱法测定液体的表面张力系数.
2. 学习焦利氏秤的使用方法.
3. 了解用毛细管法(选做)测定液体的表面张力系数.
4. 学会用逐差法处理数据.

【实验原理】

液体表面的厚度约为 10^{-9} m. 如果想象在液体表面层有一条分界线 MN,分液面为 A、B 两部分.这两部分表面层中的分子存在相互作用的引力 f_1 和 f_2. 此二力大小相等,方向相反,垂直于分界线 MN,沿着液体表面分别作用在表面层相互接触部分.这一对力叫做液体的表面张力,它正比于表面层分界线的长度,即

$$f = \alpha l$$

式中,比例系数 α 是表征表面张力特性的物理量,称为表面张力系数,数值上等于沿液体表面作用在单位长度上的力,单位为牛顿/米($N \cdot m^{-1}$). 它是反映液体特性的一个重要的物理量,与液体的成分、纯度及温度等有关.对于水而言,随温度 t 升高,α 值减小,符合线性规律:

$$\alpha = (75.49 - 0.148t) \times 10^{-3} \, N \cdot m^{-1}$$

从医学上讲,正常液体的表面张力有着重要的生理作用,在临床中对 α 改变量的测试和分析有着实际的应用价值.

一、拉脱法

常用的测定液体表面张力系数的方法有拉脱法、毛细管升高法、液滴测量法和最大气泡压力法等.其中拉脱法就是一种直接测量法:直接测出液面绷在矩形金属框上的长度确定的边界上的表面张力,具体方法简述如下:

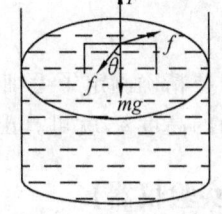

图 9-1 拉脱法测液体表面张力

将一个矩形金属框垂直悬吊浸于液体之中(图 9-1),徐徐提起形成一张液膜(厚度约为 10^{-5} m).如果提拉缓慢匀速,则知以下三个力处于平衡状态,即向上的拉力 F、方向向下的金属框(片)的重力 mg 以及液体的表面张力 f. 考虑到实际上有两个液面,则有

$$F = 2f\cos\theta + mg$$

当液膜在金属框提拉过程中,提拉力 F 增大到一定程度,使接触角 $\theta=0$ 时便会脱离. 此时便可由上式经过移项,得到表面张力为

$$f=\frac{1}{2}(F-mg) \tag{9-1}$$

如果我们用测力计测定出 F 和 mg,用游标卡尺测出液膜拉脱时的周边长(由图 9-1 可看出为金属框长度),则表面张力系数为

$$\alpha=\frac{F-mg}{2l} \tag{9-2}$$

二、毛细管升高法

将毛细管插入润湿的液体中,由于管内液体与管壁接触角为锐角,液面形成凹液面,凹液面产生负的附加压强,即凹液面下的附加压强小于大气压,这样液面上升.

如图 9-2 所示,设毛细管的截面为圆形,半径为 r,凹液面近似于半径为 R 的球面,其附加压强的大小为 $p_s=\dfrac{2\alpha}{R}$,管内液柱高为 h,当液柱不再上升时,有

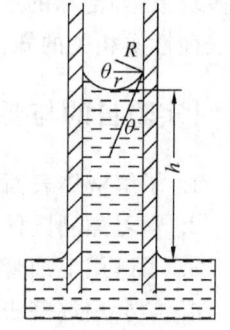

图 9-2 毛细管升高法测液体表面张力

$$\rho h g=\frac{2\alpha}{R} \tag{9-3}$$

式中,ρ 为液体的密度. 又由图中几何关系 $R=\dfrac{r}{\cos\theta}$(θ 为接触角),得到

$$h=\frac{2\alpha\cos\theta}{\rho g r} \tag{9-4}$$

则

$$\alpha=\frac{\rho g h r}{2\cos\theta} \tag{9-5}$$

若用毛细管内径 d 表示,则

$$\alpha=\frac{\rho g h d}{4\cos\theta} \tag{9-6}$$

由于本实验中用的是玻璃毛细管,液体是蒸馏水,而蒸馏水与干净玻璃的接触角 $\theta=0$,所以

$$\alpha=\frac{\rho g h d}{4} \tag{9-7}$$

只要精确测定了毛细管的内径 d 和凹球形液面下端至容器内液面的高度 h,就可算出表面张力系数 α.

【实验仪器】

焦利氏秤、金属框、游标卡尺、读数显微镜、烧杯、温度计.

焦利氏秤是一个结构特殊的精细弹簧秤(图 9-3). 它的主要部件有中空立管 A 和带有米尺刻度的圆柱 B,调节旋钮 P 可使 B 在 A 管内上下移动. A 管上附有游标 V,并装有刻着水平线 D 的玻璃管和可移动的平台 E. B 上端的横梁上挂一细弹簧 L,其下

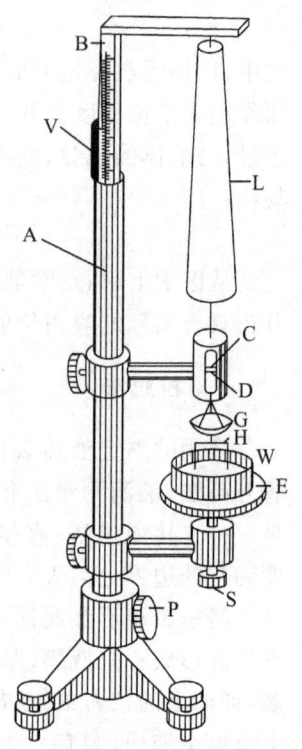

图 9-3 焦利氏秤

端悬挂的小镜面上有一标线 C. 实验时，使玻璃管的刻线 D 及其在平面镜中的像 D′以及镜面标线三者重合，这样可保持 C 线位置不变.

值得注意的是，普通弹簧秤是上端固定，加负载后向下伸长. 而焦利氏秤是控制弹簧的下端(C 线)的位置不变，加负载后，向上拉伸，由标尺和游标确定其伸长量，再根据胡克定律求其拉力，即

$$F = k\Delta x \tag{9-8}$$

【实验内容】

一、必做内容

1. 测量弹簧的劲度系数.

（1）挂好弹簧、小镜和砝码盘，使小镜穿过玻璃管并恰好在管中部.

（2）调节三足底座上的底脚螺丝，使立管 A 处于铅直状态.

（3）调节升降旋钮 P，使玻璃管的刻线 D 及其在平面镜中的像 D′以及小镜面标线 C 三者重合，从游标上读出未加砝码的位置坐标 x_0.

（4）在砝码盘内逐次添加相同的小砝码 Δm，每添加一只砝码都要调节升降旋钮 P，使焦利氏秤重新达到"三线对齐"，再分别将其位置 x_i 坐标记入表 9-1 中.

（5）用逐差法处理所测数据，求出弹簧的劲度系数的平均值.

2. 测量水的表面张力系数 α.

（1）用清水洗涤烧杯，然后盛入少量待测液体（先测蒸馏水）荡涤 1～2 次后，装上适量待测液体置于平台上.

（2）用酒精把金属丝框擦净，用镊子将金属丝框挂在小镜下端的挂钩上. 注意调节平台升降旋钮 S，使金属框的上底边和杯中液面平行并在液面下方 1～2mm.

（3）调节升降旋钮 P，使焦利氏秤达到"三线对齐"，从游标上读出初始位置坐标 x_0.

（4）调节升降旋钮 P，使金属丝框缓缓上升，同时调节 S 使液面下降，整个过程保持三线合一，当液膜刚被拉脱时，记下游标所示的坐标位置 x (表 9-2).

（5）重复上述步骤 5 次，求出弹簧的伸长量 $x - x_0$ 和平均伸长量 $\overline{x - x_0}$，则

$$\overline{F - mg} = \overline{k} \cdot \overline{x - x_0}$$

（6）用游标卡尺测量金属丝框的底边长 l 五次，用温度计测出水温 t，按式(9-2)计算出该温度下水的表面张力的平均值 $\overline{\alpha}$ 值，计算实验值的百分误差.

二、选做内容

1. 用读数显微镜测量毛细管的内径. 将毛细管放在显微镜下，先将物镜旋转到最低点，然后缓慢上升，寻找毛细管的像（约离毛细管上端 2～5cm 处），使其最清晰. 如果毛细管不是放在物镜最低点的下面，则在旋转时很可能磨损甚至碰破镜头. 调节显微镜镜筒，使其十字叉丝的横丝正好沿着毛细管的直径移动，使竖直叉丝先后分别与孔的圆周两侧相切（图 9-4），在两个相切点上的读数之差即为毛细管的内径，转动毛细管，在不同

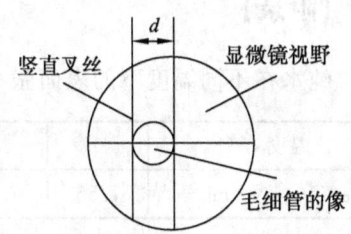

图 9-4 用读数显微镜测量毛细管的内径

方向测量三次孔径,以其平均值作为毛细管的内径 d.

2. 测量毛细管内水柱高 h. 将毛细管洗净后,竖直插入盛净水的容器中,用游标卡尺(深度尺)测量毛细管内水的弯月面最低处到容器内水面间的竖直距离 h. 将毛细管取出,甩出其内的水,再插入水中重复上述测量两次,求出上升高度的平均值,记入表格.

3. 更换另外两根不同直径的毛细管,重复步骤 1 和 2.

4. 将温度计插入水中,记下水温.

5. 根据实验数据求出水的表面张力系数的实验平均值.

6. 自拟数据表格.

【注意事项】

1. 注意保持焦利氏秤垂直于桌面,确保小镜悬于玻璃管中央与四周无摩擦.

2. 拉液膜时,注意保持金属框底面水平,两手动作要轻缓、协调,不能在振动不稳定的情况下测量.

3. 弹簧、烧杯和温度计易损,砝码易丢失,请小心使用.

4. 注意保持容器清洁,以保证待测液的纯度,否则将影响实验结果.

5. 焦利氏秤弹簧是精密元件,应轻拿轻放,不能任意拉动,防止损坏,避免水和其他物质粘于其上.

6. 测量金属框宽度时,应平放于纸上,以防止变形.

【预习题】

1. 如何装配及使用焦利氏秤?

2. 如何正确测量毛细管中液体的高度?

【思考题】

1. 为什么在拉液膜的过程中要始终保持"三线合一"?

2. 测金属丝框的宽度 L 时,应测它的内宽还是外宽?为什么?

3. 若中空立管不垂直,对测量有什么影响?试做定量分析.(假定小平面镜与玻璃管不接触)

4. 毛细管中水面为什么能上升?如果将毛细管插入盛有水银的器皿中,水银液面是否上升?能否用这种方法测量水银的表面张力系数?

【附录】

纯水在不同温度下的表面张力系数如下表所示:

温度 $t/℃$	0	5	10	15	20	25	30	40
$\alpha/(10^{-2} \text{N} \cdot \text{m}^{-1})$	7.56	7.49	7.42	7.35	7.28	7.20	7.12	6.96

【实验数据记录】

拉脱法测量液体的表面张力.

表 9-1 测量弹簧的劲度系数

i	F_i /(10^{-2}N)	x_i /(10^{-2}m)	$i+5$	F_{i+5} /(10^{-2}N)	x_{i+5} /(10^{-2}m)	$(x_{i+5}-x_i)$ /(10^{-2}m)	$\overline{x_{i+5}-x_i}$ /(10^{-2}m)
0			5				
1			6				
2			7				
3			8				
4			9				

弹簧的劲度系数 $\overline{k}=$ _____ N·m^{-1}.

表 9-2 测量水的表面张力系数

游标卡尺最大允差 $\Delta_{\text{ins}}=$ _____,温度 $t=$ _____ ℃

次数	x_0 /(10^{-2}m)	x /(10^{-2}m)	$(x-x_0)$ /(10^{-2}m)	$\overline{x-x_0}$ /(10^{-2}m)	l /(10^{-2}m)	$\overline{l}$ /(10^{-2}m)
1						
2						
3						
4						
5						

教师签字：_____

实验日期：_____

【数据处理与分析】

$\overline{F-mg} = \overline{k} \cdot \overline{x-x_0} =$ _____ N.

水的表面张力系数 $\overline{\alpha} = \dfrac{\overline{F-mg}}{2\overline{l}}$ _____ N·m^{-1}.

由 $\alpha = (75.49 - 0.148t) \times 10^{-3}$ N·m^{-1}，求得

温度 $t =$ _____ ℃，公认值 $\alpha_0 =$ _____ N·m^{-1}，

百分误差 $B = \dfrac{|\alpha_0 - \overline{\alpha}|}{\alpha_0} \times 100\% =$ _____.

实验十　光的等厚干涉——牛顿环和劈尖干涉

光的干涉现象表明了光的波动性,干涉现象在科学研究与计量技术中有着广泛的应用.利用光的等厚干涉现象可以测量光的波长,精确测量长度、角度,测量微小形变及研究受力构件的应力分布,检验表面的平整度、球面度、光洁度等.

【实验目的与要求】

1. 观察光的等厚干涉现象,加深对干涉原理的理解.
2. 掌握用牛顿环测量平凸透镜曲率半径的方法.
3. 掌握用劈尖测量细丝直径的方法.
4. 熟悉读数显微镜的使用方法.

【实验原理】

一、用牛顿环测量平凸透镜的曲率半径

如图 10-1 所示,将曲率半径很大(1m 以上)的平凸透镜的凸面放在一光学玻璃上,在透镜和平面玻璃间形成一个以接触点向四周逐渐增厚的空气膜层,当单色光垂直入射时,在空气膜层的上、下两表面反射的光发生干涉. 由于空气膜层的等厚轨迹是以接触点为圆心的一系列同心圆(图 10-1),所以干涉条纹是以接触点为圆心的一系列明暗相间的同心圆条纹. 这一现象是由牛顿发现的,故称这些环纹为牛顿环.

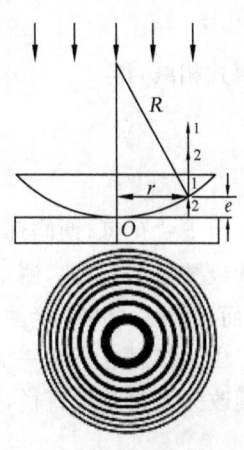

图 10-1　牛顿环的形成

在图 10-1 中,设 R 为平凸透镜的曲率半径,r 为牛顿环某环的半径,e 为该环相对应的空气膜层的厚度. 由光的干涉原理,并考虑到光从空气膜层到平面玻璃上表面反射时,是从光疏介质到光密介质,有附加光程差 $\frac{\lambda}{2}$,所以在空气膜层上下表面反射的两反射光的光程差 δ 为

$$\delta = 2e + \frac{\lambda}{2} \tag{10-1}$$

在图 10-1 的直角三角形中,有

$$R^2 = (R-e)^2 + r^2, \quad e = \frac{r^2}{2R-e}$$

由于 $e \ll R$,所以有

$$e = \frac{r^2}{2R} \tag{10-2}$$

将式(10-2)代入式(10-1),得

$$\delta = \frac{r^2}{R} + \frac{\lambda}{2}$$

根据光的干涉加强和减弱的条件,有

$$\delta = k\lambda \quad (k=1,2,\cdots) \quad 明纹$$

$$\delta = (2k+1)\frac{\lambda}{2} \quad (k=0,1,2,\cdots) \quad 暗纹$$

可得明环半径为

$$r = \sqrt{\frac{(2k-1)R\lambda}{2}} \quad (k=1,2,\cdots) \tag{10-3}$$

暗环半径为

$$r = \sqrt{kR\lambda} \quad (k=0,1,2,\cdots) \tag{10-4}$$

由上式可见,$r=0$ 时为暗环条件中的 $k=0$,所以接触点为暗点.此外,明环和暗环的半径都随着 k 的增大而增加得愈来愈慢,也就是说条纹将愈来愈密.

因暗纹比较清晰,本实验在光波波长已知的情况下,测量暗环的半径及其级数,从而计算出透镜的曲率半径.但是,由于接触点处的压力引起玻璃的弹性形变,以及接触点处不十分干净,因此接触点不可能是一个理想的点,而是一个明暗不清的模糊圆斑.它的边缘所对应的级数无法确定,每一暗环对应的级数也无法确定.为此我们采用测量两条相距一定距离暗环的半径来计算 R.

设第 m 条、第 n 条暗环的半径分别为 r_m 和 r_n,根据式(10-4),有

$$r_m^2 = mR\lambda, \quad r_n^2 = nR\lambda$$

将两式相减,得

$$r_m^2 - r_n^2 = (m-n)R\lambda$$

或

$$R = \frac{r_m^2 - r_n^2}{(m-n)\lambda} \tag{10-5}$$

由上式可见,两暗环半径的平方差只与它们相隔暗环的数目 $(m-n)$ 有关,而与它们各自的级数无关.因此,测量时就可用环数代替级数.用这种方法不但解决了级数无法确定的困难,而且消除了由于接触点形变及微小灰尘产生的附加光程差.

由于接触点不是一个理想的点,环心不易确定,直接测量 r_m、r_n 会产生较大误差,因此我们改为测量暗环直径,式(10-5)改写成

$$R = \frac{d_m^2 - d_n^2}{4(m-n)\lambda} \tag{10-6}$$

这就是用牛顿环测量平凸透镜的曲率半径 R 的计算公式.

二、劈尖干涉测细丝直径

如图 10-2 所示,有两片叠在一起的玻璃片,在它们一端夹一待测细丝(或薄片),于是两玻璃片间形成空气劈尖,当单色光垂直入射时会产生干涉现象.由于空气膜层的等厚点的轨迹是平行于两玻璃片交线(劈棱)的直线,因此我们观察到的等厚干涉条纹是一系列明暗相间的平行于劈棱的等间距的直条纹(图 10-3).若入射光的波长为 λ,则第 k 条暗纹厚度为

$$d = k\frac{\lambda}{2}$$

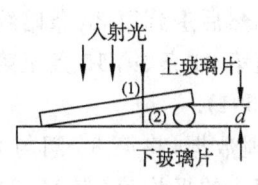
图 10-2 劈尖

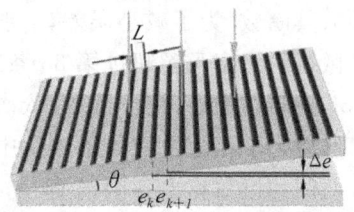
图 10-3 劈尖干涉图样

若 $k=0$,则 $d=0$,即两玻璃片交线(劈棱)处为零级暗纹.测量时,只要测出单位长度上的条纹数 n,求出劈棱至细丝处的总长 L,而劈棱至细丝处总条纹数 $N=Ln$,则待测细丝直径为

$$d = N\frac{\lambda}{2} = Ln\frac{\lambda}{2} \tag{10-7}$$

【实验仪器】

钠光灯、读数显微镜、牛顿环装置、劈尖装置.

【实验内容】

一、必做内容——利用牛顿环测量平凸透镜的曲率半径

1. 调整测量装置.

(1) 借助室内灯光,用眼睛直接观察牛顿环装置,调节框上的螺钉,使牛顿环呈圆形,并位于透镜的中心,但要注意螺钉不可旋得太紧.

(2) 将牛顿环装置 C 放在显微镜正下方,点亮钠光灯,使发出的钠光($\lambda=589.3\text{nm}$)射到与水平面成 $45°$角的玻璃上,经反射后,垂直入射到牛顿环装置上,如图 10-4 所示.

(3) 调节读数显微镜目镜,能清楚地看到十字叉丝像.

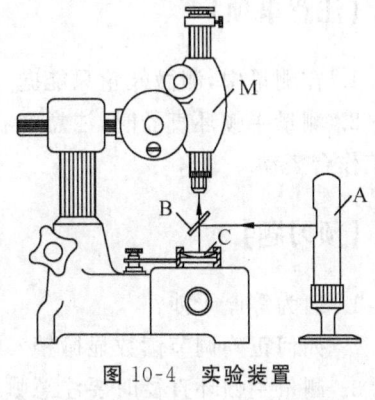
图 10-4 实验装置

(4) 调节 $45°$玻璃片,使显微镜中看到的视场亮度最大.

(5) 先将显微镜降到靠近牛顿环装置附近,然后慢慢而又小心地自下而上调节镜筒,直至看到清晰的牛顿环为止.

(6) 转动螺旋测微鼓轮,或使牛顿环装置移动,使目镜中的十字叉丝与牛顿环中心大致重合.

观察牛顿环中心斑点的明暗,对条纹的形状、条纹间距、圆斑纹的模糊不清等做出解释.

2. 测量牛顿环的直径.

转动测微鼓轮,使显微镜移动,观察十字叉丝的纵丝是否与镜筒移动方向垂直,水平丝是否与镜筒移动方向平行,若不符合要求,则适当转动目镜,使之达到上面所说的状态.

由于牛顿环靠近中心几圈通常较模糊,不易测准,所以靠近中心的一些环纹的直径可以

不测,但必须数其圈数.为了减小误差,一般取 $m-n=20$,转动测微鼓轮向右侧(或向左侧)移动,先将显微镜的十字叉丝超过第 35 条暗纹(到 40 条),然后退到第 35 条暗纹,并使十字叉丝对准第 35 条暗纹中心,记下读数.依次测量第 34 条至第 31 条、第 15 条至第 11 条暗纹中心的位置,然后记下相应左侧各条暗纹中心的读数(表 10-1).

由左、右两侧的读数算出各圈的直径,采用逐差法处理数据,将第 35 圈与第 15 圈、第 34 圈与第 14 圈……第 31 圈与第 11 圈组合,求出 $d_m^2 - d_n^2$ 的平均值(表 10-2).最后代入式(10-6),求出平凸透镜的曲率半径 R 和不确定度,给出实验结果.

二、选做内容——测量细丝直径

1. 观察劈尖干涉条纹.

将劈尖装置放在显微镜正下方,并调节到清晰的干涉条纹,观察干涉条纹、形状、间距等,并与牛顿环比较.

2. 测量.

(1) 调整劈尖位置,使镜筒移动方向与条纹垂直,并注意整个劈尖位于读数显微镜移测范围内.

(2) 测出 20 条条纹的长度 ΔL,测量三次,求其平均值.(自拟数据表格)

(3) 测量劈棱到细丝处的总长 L,测三次求其平均值.

(4) 由式(10-7)求出金属细丝的直径.

【注意事项】

1. 在测量中,测微鼓轮只能向一个方向旋转,否则会产生空程误差.

2. 测量牛顿环直径时,注意左右两侧环纹不要数错,且十字叉丝纵丝对准暗纹中心,防止工作台震动.

【预习题】

1. 何为等厚干涉?
2. 如何正确调节读数显微镜?在测量中怎样避免空程误差?
3. 测量牛顿环直径时要注意哪些问题?

【思考题】

1. 若把牛顿环倒过来放置,干涉图形是否变化?
2. 在测量牛顿环直径时,若实际测量的是弦,而不是牛顿环直径,对结果有何影响?
3. 实验中如何使十字叉丝的水平丝与镜筒移动方向平行?若与镜筒移动方向不平行,对测量结果有何影响?
4. 牛顿环和劈尖干涉条纹有何相同和不同之处?为什么?
5. 用什么方法来鉴别待测光学面为平面、球面和柱面?球面是凸球面还是凹球面?

【实验数据记录】

1. 牛顿环直径的测量.

读数显微镜的误差限 $\Delta_{\text{ins}}=$ _____.

表 10-1　牛顿环直径的测量　　　　　　单位：mm

圈　数	显微镜读数		直　径(d)
	左　方	右　方	
35			
34			
33			
32			
31			
15			
14			
13			
12			
11			

2. 细丝直径的测量.

自拟表格记录数据.

教师签字：_____

实验日期：_____

【数据处理与分析】

牛顿环直径的测量.

表 10-2 用逐差法计算透镜的曲率半径

组　合	$(d_m^2 - d_n^2)/\text{mm}^2$
35 与 15	
34 与 14	
33 与 13	
32 与 12	
31 与 11	
平均值	

$$\overline{R} = \frac{\overline{d_m^2 - d_n^2}}{4(m-n)\lambda} = \underline{\hspace{4cm}}.$$

实验十一　示波器的使用

示波器是一种用途较广的电子仪器,它可用来观察电压随时间变化的波形曲线,测量频率、相位等物理量.如果利用换能器还可以将应变、加速度、压力、温度、光强以及其他非电量转换成电压进行测量,因此,它是工程实践、医疗卫生、生产科研中最常用的仪器设备,是理、工、农、医各科学生必须掌握的通用仪器.

【实验目的与要求】

1. 了解示波器的结构和工作原理.
2. 掌握示波器的基本操作方法.
3. 利用示波器观察信号电压的波形,测量信号的频率及电压.
4. 用李萨如图形测量信号频率.

【实验原理】

一、示波器的工作原理

示波器是将电压信号的变化过程,即波形传送到示波管的荧光屏上显示出来,供我们观察、分析和研究的仪器.示波器的种类很多,性能和结构也大有差异,但其最基本的构成主要有:(1)示波管,(2)扫描发生器,(3)同步电路,(4)带衰减的 Y 轴(垂直)放大器,(5)带衰减的 X 轴(水平)放大器,(6)电源供给.工作流程如图 11-1 的方框图所示.

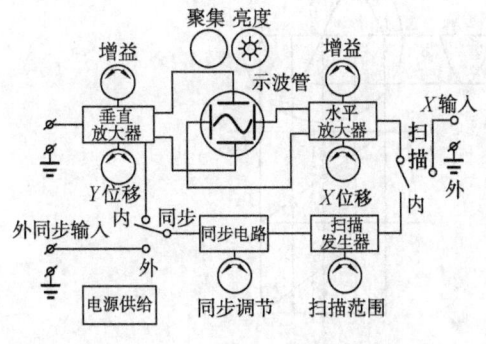

图 11-1　示波器工作流程图

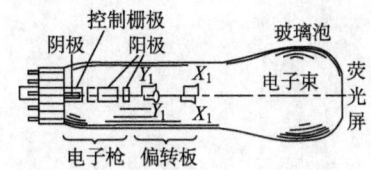

图 11-2　示波管的基本构造图

1. 示波管.

示波管是示波器进行图形显示的核心部分,在一个抽成真空的玻璃泡中,装有各种电极(图 11-2),按其功能分为三个部分.

(1)电子枪.用以产生定向运动的高速电子束.电子枪由热阴极、控制栅极、阳极组成.热阴极受其内部的灯丝加热而发射电子,控制栅极上加有比阴极还低的负电压,调节此电压的大小,可控制穿过栅极到达荧光屏的电子束强度(电流强度),使荧光屏上光点的亮度(辉度)发生变化,这就是示波器面板上的"辉度调节";穿过栅极的电子束被阳极的正高电压加速,同时阳极区的不均匀电场还能将散开的电子束聚焦,使之在荧光屏上形成一个细小的光点,调节阳极区的电压可以调节电子束的聚焦程度,这就是面板上的"聚焦调节".

(2) 偏转板.在电子枪和荧光屏之间装有两对相互垂直的平行板.其中靠电子枪附近的一对平行板,加上电压后能引起电子束上、下偏移,称 Y 轴偏转板.穿过 Y 轴偏转板的电子束,还要穿过一对垂直放置的偏转板,这一对偏转板上加上电压后能引起电子束左右偏转,称 X 轴偏转板.因此,只要调节偏转板上的直流电压,就能改变光点的位置.面板上的"Y 轴位移"和"X 轴位移"旋钮分别用来调节光点的上下和左右位置.偏转板除了直流电压外,还有待测物理信号电压,在信号电压的作用下,光点将随信号电压的变化而变化,形成一个反映信号电压的波形.

2. 示波器显示波形的原理.

光点在 X 轴和 Y 轴上的位移与所加的电压有关.在 X 轴偏转板上加一个随时间 t 按一定比例增加的电压 U_x,光点从 A 点向 B 点移动.如果光点到达 B 点后,U_x 降到零(图中坐标轴上的 2 点),那么光点就返回到 A 点.

若此后 U_x 再按上述相同规律变化(U_x 及 T_x 相同),光点会重新由 A 点移动到 B 点,这样 U_x 做周期性变化(此种变化称为锯齿波),并且由于发光物质的特性使光迹有一定的保留时间,于是就得到一条"扫描线",称为时间基线.

如果在 X 轴上加锯齿波扫描电压的同时,在 Y 轴上加一正弦变化的电压(图 11-3),则电子束受到水平电场和垂直电场的共同作用,光点轨迹呈现二维图形.为了得到可观察的图形,必须使电子束的偏转多次重叠出现,即重复扫描.

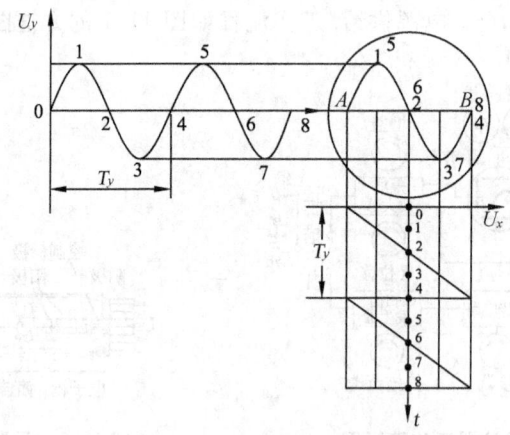

图 11-3 波形显示原理图

显然,为了得到清晰稳定的波形,上述扫描电压的周期 T_x(或频率 f_x)与被测信号的周期 T_y(或频率 f_y)必须满足

$$T_y = \frac{T_x}{n}, \ f_y = n f_x, \ n = 1, 2, \cdots \tag{11-1}$$

以保证 T_x 的起点始终与 Y 轴周期信号固定的一点相对应(称"同步"),波形才稳定.否则,波形就不稳定而无法观测.

由于扫描电压发生器的扫描频率 f_x 不会很稳定,因此,要保证式(11-1)始终成立,示波器需设置扫描电压同步电路,即触发电路.如图 11-1 所示,在电路上从 Y 通道取出被测信号注入锯齿波发生器,使锯齿波电压与被测信号电压的相位差为一固定值,或被测信号的频率是锯齿波频率的整数倍,这一触发称为内触发.示波器也可通过外接信号进行触发,即外触发.当触发信号大小达到由"电平"(LEVEL)旋钮所设定的触发电平时,示波器给出触发信号,扫描发生器开始扫描,这样保证了扫描发生器每次扫描时,信号的相位都是相同的,从而保证了所显示波形的稳定.

3. 放大系统.

(1) Y 轴放大系统.

示波管的偏转板只有加上足够的电压后才能使光点发生便于观察的偏移,而待测信号幅度往往很小,因此必须设置 Y 轴放大器,不失真地放大待测信号,同时保证示波器测量灵敏度这一指标的要求.示波器灵敏度单位为 V/div 或 mV/div(div 即 division,为荧光屏上一格的长度).但须注意,进行定量读数时"垂直灵敏度微调"电位器应顺时针拧到头,处于校准(CAL)位置.测量时,若垂直灵敏度旋钮在 α 处,待测电压波形在垂直方向的幅度是 A 格,则该波形实际的电压幅值为

$$U = \alpha A \tag{11-2}$$

Y 轴信号输入端与放大器之间设置一个衰减器,其作用是使过大的输入信号电压减小,以适应放大器的要求.

(2) X 轴放大系统.

扫描发生器产生频率连续可调的锯齿波信号,作为波形显示的时间基线.水平放大电路将上述的锯齿波信号放大,输送到 X 偏转板,以保证扫描基线有足够的宽度.ST-16 型示波器"时基选择"的单位为 ms/div 或 μm/div,但须注意,进行定量读数时"时基调节"电位器应处于"CAL"位置,观察波形时还可以读出波形的周期.测量时,若 X 轴扫描选择旋钮置于 β(s/div),而波形上两点之间的水平距离为 B 格,则对应的时间间隔为 $t = \beta B$.假设波形上一个周期之间的水平距离为 X_T 格,则被测电压的周期为 βX_T,其频率为

$$f = \frac{1}{T} = \frac{1}{\beta X_T} \tag{11-3}$$

另外,水平放大电路也可以直接放大外来信号,因此也带有一个衰减器,这样示波器可作为 X-Y 显示之用.

二、示波器的使用

1. 示波器在使用前应认真阅读仪器使用说明书,特别是技术性能、控制器功能以及使用方法等内容,这对正确掌握仪器使用范围和操作方法等方面会有很大帮助.

2. 示波器在使用前,一般都要求用自备的标准信号作校准,以确保测量的准确性.

3. 周期性电压信号的观察、其电压峰-峰值(即信号波形最高点与最低点的电位差)和周期的测量是通用示波器的基本用法,这些内容已在前面"放大系统"中介绍过.

4. 用李萨如图形测频率.

由运动合成原理知道，两个相互垂直的简谐运动的合成，其运动轨迹为李萨如图形. 示波器是演示李萨如图形的很好仪器. 将不同的信号分别输入到 X 轴和 Y 轴的输入端，当两个信号的频率满足一定的关系时，在荧光屏上将显示出李萨如图形，可用测量李萨如图形的相位参数或波形的切点数来判断信号的相位关系和测量信号的频率.

通过示波器面板上开关的控制，将 X 轴放大器和扫描发生器断开，而和外接的标准正弦信号（频率 f_x 已知，由信号发生器产生）相连，待测正弦电压（设频率为 f_y）接入 Y 轴输入端. 调节信号发生器的频率 f_x，当 f_x 和 f_y 成简单的整数比时，就可看到相对稳定的李萨如图形.

(1) 频率相同而振幅和相位不同时，设此两正弦电压分别为

$$x = A_1\cos(\omega t + \varphi_1)$$
$$y = A_2\cos(\omega t + \varphi_2)$$
(11-4)

消去 t，得到的轨迹方程为

$$\frac{x^2}{A_1^2} + \frac{y^2}{A_2^2} - \frac{2xy}{A_1 A_2}\cos(\varphi_2 - \varphi_1) = \sin^2(\varphi_2 - \varphi_1) \tag{11-5}$$

这是一个椭圆方程. 当两个正交电压的相位差为 $0 \sim 2\pi$ 间的不同值时，合成的图形如图 11-4 所示.

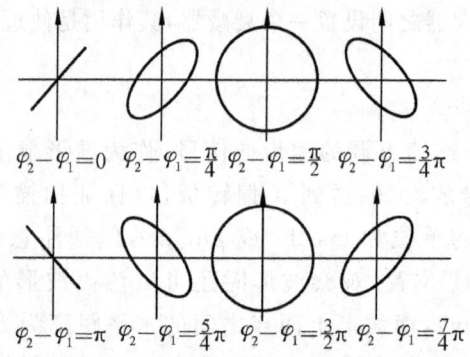

(2) 两正交正弦电压的相位差一定，频率比为整数比时，合成的是一条稳定的闭合曲线. 图 11-5 是几种频率比的李萨如图形. 频率比与图形的切点数之间的关系为

$$\frac{f_x}{f_y} = \frac{N_y(\text{图形与垂直线的切点数})}{N_x(\text{图形与水平线的切点数})} \tag{11-6}$$

当 f_x 已知时，由式(11-6)可求得 f_y.

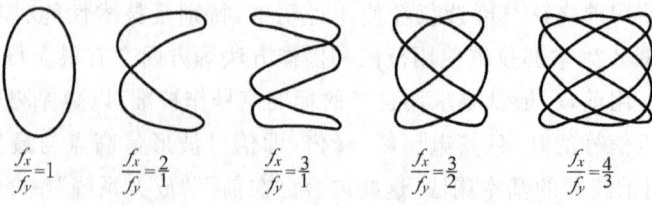

图 11-5　不同频率比的李萨如图形

【实验仪器】

ST-16 示波器(ST16B 示波器)、JXD-11 型低频信号发生器、XD_7 型信号发生器.

【实验内容】

1. 认真阅读本实验附录,对照仪器了解各个旋钮、开关的作用.
2. 观察信号波形,熟悉示波器面板上各旋钮的调节功能.

(1) 仪器通电后,将"耦合转换"开关置于"⊥","触发选择"开关置于"EXT"(外接),使荧光屏上出现一个亮点.用"辉度""聚焦"两个调节旋钮调出亮度适中、聚焦良好的光点,并旋动"垂直移位""水平移位"两个旋钮,观察光点在屏幕上移动的情况.信号发生器预热 10min.

(2) 用同轴电缆将 JXD-11 型信号发生器(或 HF-1 型简易信号发生器)的正弦波输出连接到"Y 轴输入"端,调节输出电压.同时将"耦合转换"开关置于"AC","触发选择"开关置于"INT"(内接),"触发信号极性"开关置于"+"或"-",调节"触发电平"旋钮和示波器上"V/div""t/div"及位移旋钮(反复交替调节),使荧光屏上出现幅度大小合适的 2~5 个完整的波形.然后,将信号发生器的波形选择为"方波"和"三角波",由"Y 轴输入"插口接入,观察其波形,记入表 11-1 中.

3. 根据式(11-2)测量信号发生器输出的正弦波信号的"峰—峰"值,并换算成电压的有效值,记入表 11-2 中.(注意:进行定量读数时"垂直灵敏度微调"电位器应顺时针拧到头,处于校准(CAL)位置)

4. 根据式(11-3)测量信号发生器输出的正弦波信号的周期及频率,记入表 11-3 中.(注意:进行定量读数时"时基调节"电位器应处于"CAL"位置)

5. 用李萨如图形测频率.

将 XD_7 型信号发生器(或 JXD-11 型低频信号发生器)的正弦波输出连接到"X 轴输入"端,将"触发信号极性"开关置于"X","触发信号源选择"开关置于"EXT",通过这些开关的控制,将 X 轴放大器和扫描发生器断开,而和外接的标准正弦信号(频率 f_x 已知且固定不变,由 XD_7 型信号发生器产生)相连,JXD-11 型信号发生器输出待测正弦波(设频率为 f_y),接入"Y 轴输入"端.调节信号发生器的频率 f_y,得出不同频率比的李萨如图形.将频率 f_y 和相应的李萨如图形记入表 11-4 中,由式(11-3)求出 f_y.

【注意事项】

1. 为了保护荧光屏不被灼伤,使用示波器时,光点亮度不能太强,而且也不能让光点长时间停在荧光屏的一点上.

2. 实验过程中,如果短时间不使用示波器,可将"辉度"旋钮逆时针旋至尽头,使光点消失.不要经常通断示波器的电源,以免缩短示波器的使用寿命.

【预习题】

1. 示波器为什么能把看不见的变化电压显示成看得见的图像?简述其原理.
2. 观察波形的几个重要步骤是什么?
3. 怎样用李萨如图形来测待测信号的频率?

【思考题】

在示波器的荧光屏上得到一李萨如图形,Y 轴、X 轴与图形相交时,交点数之比 $\dfrac{N_x}{N_y}=\dfrac{4}{3}$,已知 $f_x=100\,\text{Hz}$,求 f_y.

【附录】 ST-16 型示波器介绍

ST-16 型示波器面板如图 11-6 所示,各开关、旋钮功能说明如下:

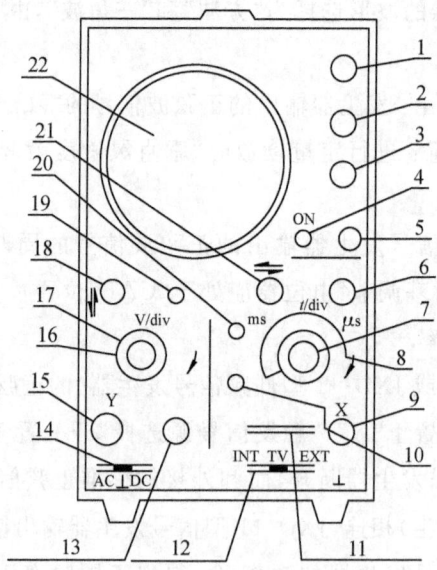

1—"辉度"旋钮;2—"聚焦"旋钮;3—"辅助聚焦"旋钮;4—电源开关;5—指示灯;6—"触发电平"旋钮;7—"扫描微调"旋钮;8—"扫描选择"开关;9—X 轴输入;10—扫描校准;11—"触发信号极性"开关;12—"触发信号源选择"开关;13—Y 增益校准;14—"耦合转换"开关;15—Y 轴输入;16—Y 灵敏度选择;17—"垂直微调"旋钮;18—"垂直位移"旋钮;19—Y 平衡调节;20—"稳定度"旋钮;21—"水平位移"旋钮;22—荧光屏

图 11-6 ST-16 型示波器面板图

1. "辉度"旋钮. 通过改变示波器栅极电势来改变辉度. 顺时针方向转动该旋钮,辉度加亮;反之减弱,直至亮度消失.

2. "聚焦"旋钮. 用以调节示波管中电子束的焦距,使其焦点恰好汇聚于屏幕上,此时显现的光点应成为清晰的圆点.

3. "辅助聚焦"旋钮. 与"聚焦"旋钮配合使用,用以控制光点在有效工作面内的任何位置上,以使散焦最小.

4. 电源开关. 当此开关扳向"开"时,指示灯便发出红光,经预热时间后,示波器即可正常工作.

5. 指示灯. 指示灯发光,表明电源开关已打开.

6. "触发电平"旋钮. 用以调节触发点的相应电平值,使在这一电平上启动扫描. 顺时针转动该旋钮,则趋向信号波形正向部分;反之,趋向信号波形负向部分.

7. "扫描微调"旋钮. 用以连续调节时基速度,当该旋钮顺时针旋至满度,即处于"校准"状态,此时扫描位于快端,微调扫描速度的调节范围快端能大于慢端2.5倍.

8. "扫描选择"开关. 通过此开关可获得不同的锯齿波扫描速度(频率),扫描速度的选择范围为 0.1~10ms/div,按 1、2、5 进位,分十六个挡级. 使用过程中,可根据被测信号频率的高低,选择适当的挡级. 当"扫描微调"旋钮处于"校准"状态时,t/div 挡级的标称值即可视为时基扫描速度.

9. X 轴输入. 此为水平信号或外触发信号的输入插座.

10. 扫描校准. 此为水平放大器增益的校准装置,用以对时基扫描速度进行校准. 在校准扫描速度时,可借助于 V/div 开关中"⊓"挡级 100mV 方波校准信号的周期,其周期的长短直接决定于仪器使用电源电网频率. 例如,电源电网频率 $f=50\text{Hz}$,则周期 $T=20\text{ms}$,此时可将 t/div 开关置于 2ms/div 挡级,并调节"扫描校准"电位器,使屏上显示一个完整的方波,周期在水平方向的宽度恰为 10div.

11. "触发信号极性"开关(+、−、X). 用以选择触发信号的上升或下降部分来触发扫描电路,促使扫描启动. 当开关置于 X,同时使"触发信号源选择"开关(12)置"外"时,使"X 轴输入"插座成为水平信号的输入端.

12. "触发信号源选择"(INT TV EXT)开关. 当此开关位于"INT"时,触发信号取自垂直放大器中引离出来的被测信号;当开关位于"TV"时,取自垂直放大器中的被测电视信号,通过积分电路,能使屏上显示的电视信号与场频同步;当开关位于"EXT"时,触发信号将来自"X 轴输入"插座输入的外加信号,它与垂直被测信号应当具有相应的时间关系.

13. Y 增益校准. 是用以校准垂直输入灵敏度的调节装置. 可借助于 V/div 开关中"⊓"挡级的 100mV 方波信号,对垂直放大器的增益予以校准. 当微调位于校准信号位置时,屏上显示的方波波形的幅度恰为 5div.

14. "耦合转换"开关. 当此开关处于"DC"时,用于观察各种缓慢变化的信号;当此开关处于"AC"时,用于观察交流信号;当此开关处于"⊥"时,即输入端接地,是为了确定输入为零电位时,光迹在屏上的基准位置.

15. Y 轴输入. 该插座是垂直方向被测信号的输入端,所观测的信号电压应从这里输入.

16. Y 灵敏度选择. 此开关的输入灵敏度为 $0.02 \sim 10$ V/div,按 1、2、5 进位分九个挡级,可根据被测信号的电压幅度,选择适当的挡级位置,以便于观测. 当微调旋钮位于校准信号位置时,V/div 挡级的标称值便可视为示波器的垂直灵敏度.

17. "垂直微调"旋钮. 此旋钮用于连续改变垂直放大器的增益. 当旋钮顺时针旋足,亦即处于校准位置时,增益为最大. 其微调范围为增益最大处大于等于最小处的 2.5 倍.

18. "垂直位移"旋钮. 用以调节屏幕上光点或信号波形在垂直方向的位置. 当顺时针转动该旋钮时,光点或信号波形向上移动;反之,则下移.

19. Y 平衡调节. 使 Y 轴输入信号在不同的垂直放大时,其波形均处于中央水平线对称位置.

20. "稳定度"旋钮. 顺时针旋转该旋钮,使屏上出现水平的扫描亮线;再小心缓慢地逆时针方向旋转该旋钮,使扫描线刚消失为一个光点,此时扫描电路便处于待触发状态.

21. "水平位移"旋钮. 用以调节屏上光点或信号波形在水平方向的位置. 当顺时针转动该旋钮时,光点或信号波形向右移动;反之,向左移动.

22. 荧光屏. 用以显示光点或各种信号.

【实验数据记录】

表 11-1 观察信号波形

信 号	波 形 图
正弦波	
方波	
三角波	

表 11-2 测量正弦波信号的电压

信号源输出电压/V				
Y 轴灵敏度 $a/(\text{V/div})$				
V_{P-P} 格/div				
V_{P-P} 值/V				
$V_{有} = \dfrac{\sqrt{2}V_{P-P}}{4}/V$				

表 11-3 测量正弦波信号的周期和频率

信号源输出频率/Hz				
X 轴扫描速度 $\beta/(\text{s/div})$				
n 个周期所占的格数				
周期 T/s				
频率 f/Hz				

表 11-4 利用李萨如图形测信号的频率

李萨如图形	f_x/Hz	N_x	N_y	f_y/Hz	f_y'/Hz（待测信号源读出值）
0					
8					
∞					
∞∞					

教师签字：_____

实验日期：_____

【数据处理与分析】

1. 测量正弦波信号的电压.

2. 测量正弦波信号的频率.

信号的周期 $T = \dfrac{t}{n} = \dfrac{\beta B}{n} =$ _____,

信号的频率 $f = \dfrac{1}{T} = \dfrac{n}{\beta B} =$ _____.

3. 利用李萨如图形测信号的频率.

$f_x =$ _____ Hz

李萨如图形	N_x	N_y	f'_y/Hz（待测信号源读出值）	$f_y = \dfrac{N_x}{N_y} f_x$/Hz	$\dfrac{f'_y}{f_y}$
○					
8					
∞					
∞∞					

实验十二 分光计的使用 用光栅测波长

分光计是用来精确地测量光线偏转角度的仪器.光学实验中测角的情况很多,如反射角、折射角、衍射角、三棱镜的顶角、最小偏向角等.分光计还可以测定其他一些光学量.例如,棱镜玻璃的折射率、光栅常数、光波的波长等.分光计在结构上与其他一些光学仪器如摄谱仪、单色仪等有很多相似之处,是这类光学仪器的典型代表.通过本实验的训练,能掌握这类光学仪器的调节和使用技能.

【实验目的与要求】

1. 了解分光计结构的基本原理,学习分光计的调节和使用方法.
2. 学会测量光栅常数和用光栅测波长.

【实验原理】

光栅是利用多缝衍射原理,使光发生色散的一种分光元件.透射式平面光栅由平行排列的许多等间距、等宽度的狭缝组成.狭缝的宽度为 a,相邻狭缝的距离为 b,则 $d=a+b$ 称为光栅常数.

若以单色平行光垂直照射在光栅平面上,则透过各狭缝的光线因衍射将向各个方向传播.经透镜会聚后相互干涉,在透镜的焦平面上形成一系列间距不等的明条纹,此即为该单色光的线光谱.根据光栅衍射理论,衍射光谱中明条纹的位置由下式决定:

$$d\sin\varphi_k = \pm k\lambda \quad (k=0,1,2,\cdots)$$

式中,d 为光栅常数,λ 为入射光波长,k 为明条纹(光谱线)级次,φ_k 为 k 级明条纹的衍射角.

如果入射光是复色光,不同波长的光其衍射角 φ_k 也各不相同,于是复色光将被分解.在中央 $k=0$,$\varphi_k=0$,各色光仍重叠在一起,组成中央明条纹.在中央明条纹两侧对称地分布着 $k=1,2,\cdots$ 级光谱,各级光谱都按波长大小的顺序依次排列成一组彩色谱线,称为光栅光谱,如图 12-1 所示.

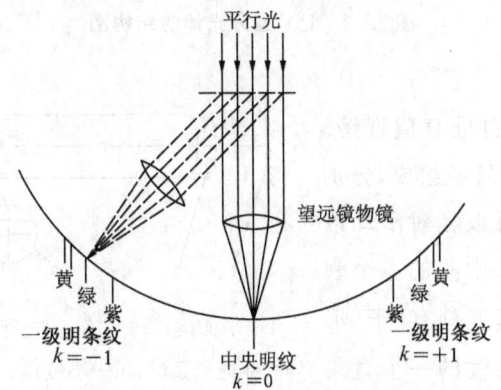

图 12-1 光栅衍射光谱示意图

如果已知入射的单色光的波长，用分光计测出 k 级明条纹的衍射角，由前面的公式可测得光栅常数 d. 同理，若已知光栅常数 d，也可求得该明条纹所对应的单色光的波长 λ.

【实验仪器】

JJY 型分光计、GP20 型汞灯、平面光栅.

如图 12-2 所示，分光计由底座、平行光管、载物台、望远镜和刻度盘五部分组成.

1. 底座.

它是分光计的基座. 中心轴线是分光计的转轴，望远镜、刻度盘、游标和载物台可绕中心轴转动，在一个底足的立柱上装有平行光管.

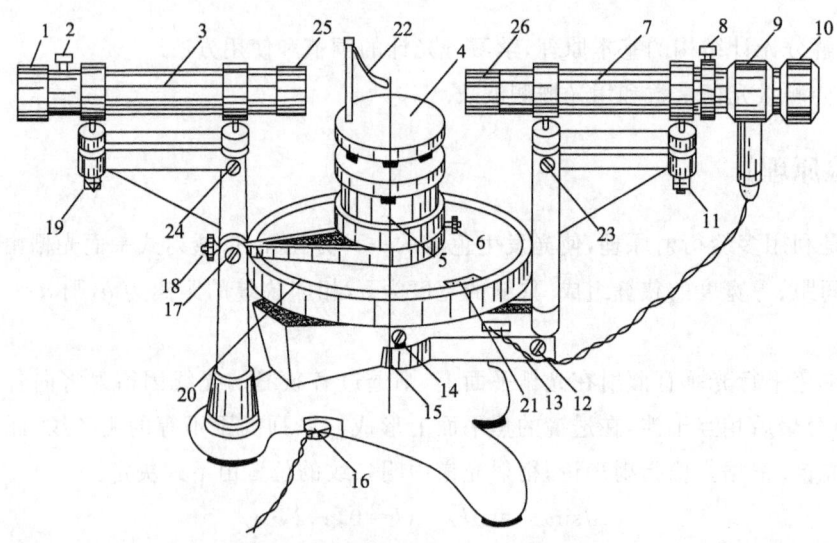

1—狭缝宽度调节手轮；2—狭缝装置锁紧螺钉；3—平行光管；4—载物台；5—载物台调平螺钉；
6—载物台锁紧螺钉；7—望远镜；8—目镜锁紧螺钉；9—自准直目镜；10—目镜调节手轮；
11—望远镜水平度调节螺钉；12—望远镜微调螺钉；13—小灯插座；14—望远镜与刻度盘连接螺钉；
15—锁紧螺钉（在另侧）；16—电源插座；17—游标盘微调螺钉；18—游标盘止动螺钉；
19—平行光管水平度调节螺钉；20—刻度盘；21—游标盘；22—夹持被测物的弹簧片；23—望远镜
左右偏斜度调节螺钉；24—平行光管左右偏斜度调节螺钉；25—平行光管物镜；26—望远镜物镜

图 12-2　JJY 型分光计的结构图

2. 望远镜.

分光计中采用的是自准直望远镜. 它由物镜、叉丝分划板和目镜组成，分别装在三个套管上，彼此可以相对滑动以便调节，如图 12-3 所示. 中间的一个套管里装有一块分划板，其上刻有"丰"形叉丝，分划板下方与小棱镜的一个直角紧贴着. 在这个直角面上刻有一个"十"

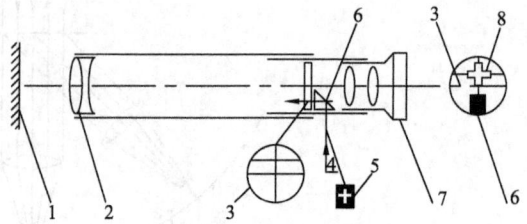

1—平面镜；2—物镜；3—丰形分划板；4—入射光；
5—十透光叉丝；6—小棱镜；7—目镜；8—十形反射像

图 12-3　自准直望远镜结构图

形透光的叉丝,套管上正对棱镜另一直角面处有小孔并装有一小灯.小灯的光进入小孔后经小棱镜照亮"十"形透光的叉丝.如果叉丝平面正好处在物镜的焦平面上,从叉丝发出的光经物镜后成一平行光束.如果前方有一平面镜将这束光反射回来,再经物镜成像于焦平面上,那么从目镜中可以同时看到"干"形叉丝与"十"形叉丝的反射像,并且不应有视差.这就是用自准法调节望远镜观察平行光的原理.如果望远镜光轴与平面镜的法线平行,在目镜里看到的"十"形叉丝像应与"干"形叉丝的上交点互相重合(为什么?注意分划板上"干"形叉丝的下横线在望远镜的中心轴线上,上横线与"十"形透光叉丝的横线相对于轴线处于对称的位置上).

当旋紧螺钉 14 时,望远镜的支架和刻度盘固定在一起,可绕分光计中心轴旋转,其角位置可从游标上读出.当松开螺钉 14 时,望远镜与刻度盘可以相对转动.如果旋紧螺钉 15,借助微调螺钉 12,可以对望远镜角位置进行微调.

望远镜的水平度可由螺钉 11 调节,左右偏斜度由螺钉 23 调节.望远镜的目镜 9 可以沿光轴移动和转动,它和分划板 M 的相对位置可由手轮 10 调节.

3. 载物台.

载物台是用来放置待测物体的圆盘.如图 12-2 所示,台上有夹持被测样品的弹簧片 22,台面下方装有三个调平螺钉 5,用于调节载物台的水平倾斜度.三个调平螺钉位于正三角形的三个顶点.当松开螺钉 6,载物台可单独绕分光计中心轴转动或升降.当拧紧螺钉 6,载物台可与游标盘固定在一起.螺钉 18 用以固定游标盘的位置,调节螺钉 17 能使之微动.

4. 平行光管.

平行光管的作用是产生平行光.在图 12-2 中平行光管 3 的一端装有消色差透镜组 25,管的另一端装有一个可伸缩的套筒,套筒末端有一狭缝.当狭缝恰好位于透镜组的焦平面上时,平行光管可产生平行光束.狭缝的宽度由调节手轮 1 调节.平行光管的水平度可由螺钉 19 来调节,左右偏斜度由螺钉 24 调节.

5. 刻度盘.

读数盘有内外两层,外层是主刻度盘,上面有 0~360° 的圆刻度,分度为 0.5°.内盘为游标盘,有两个相隔 180° 的角游标,分度值为 1′.望远镜的方位由刻度盘和游标确定.为了消除刻度盘中心与仪器转轴之间的偏心差,测量时,两个游标都应读数,然后算出每个游标两次读数的差,再取平均值.角游标的读数方法与游标卡尺的读数方法相似.如图 12-4 所示的位置,其读数为 $87°+30′+15′=87°45′$.

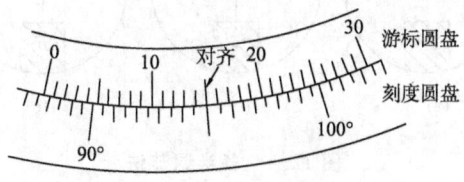

图 12-4 游标读数

【实验内容】

一、分光计的调节

分光计的调节要达到三个要求：
(1) 望远镜能接收平行光.
(2) 平行光管能发出平行光.
(3) 望远镜的光轴和平行光管的光轴与仪器的主轴垂直，载物台与仪器的主轴垂直.

调节前，应对照实物和结构图，熟悉仪器各个调节螺钉的作用.调节时要先粗调再细调.粗调(凭眼睛观察判断)应调节望远镜和平行光管的光轴，尽可能使它们与刻度盘平行，调节载物台，尽可能使它与刻度盘平行(即与主轴垂直).细调步骤如下：

1. 用自准法调节望远镜，使之能接收平行光.

(1) 目镜调焦：旋转目镜调节手轮10(调节目镜与叉丝的距离)，直至能看清分划板上"╪"形叉丝为止.

(2) 接通电源，将变压器输出端6.3V电源插头插在分光计底座的插座16上，将目镜小灯插头插在插座13上.

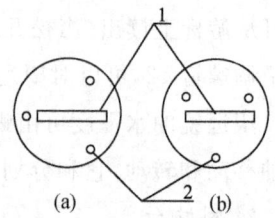

1—平面镜；2—调平螺钉

图12-5 双面反射镜放置图

(3) 将双面反射镜放在载物台上，如图12-5(a)所示.

(4) 视线与望远镜等高，从望远镜侧面观察到反射平面内有一亮十字，然后通过望远镜观察.缓慢地转动载物台，当反射平面正对望远镜时，在望远镜中可以看到一光斑，这就是"╋"形叉丝经双面镜反射回来的像.

(5) 松开目镜锁紧螺钉8，前后移动套筒b，当"╋"的像清晰且与"╪"叉丝无视差时，望远镜已能接收平行光了，再旋紧螺钉8.

2. 调节望远镜光轴，使之垂直于分光计主轴.

(1) 清晰的"╋"叉丝像不一定与"╪"形叉丝的上横线重合，可能存在一高度差 h，如图12-6(a)所示.调节图12-5中平面镜前后两个调平螺钉，使高度差减少一半，如图12-6(b)所示.再调节望远镜水平度调节螺钉11，使高度差完全消失，如图12-6(c)所示.此法称为各半调节法.

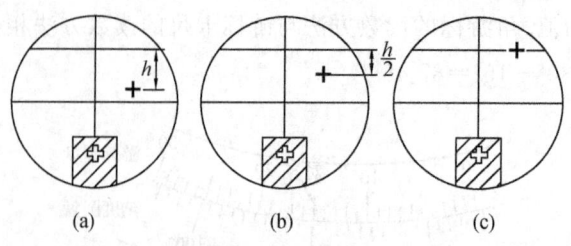

图12-6 各半调节法

(2) 转动载物台,使双面反射镜转过 180°,"+"可能又偏离分划板"†"刻线上方的十字刻线.用(1)中所述的各半调节法,使"+"与分划板上方的十字刻线重合.

(3) 反复重复(1)、(2)两步骤,直到双面反射镜正、反两面反射的"+"像均完全重合于分划板"†"上方的十字刻线的交点处,此时望远镜的光轴垂直于仪器的中心轴.

(4) 如果要使载物台与仪器的中心轴垂直,应将载物台转动 90°,同时将双面反射镜旋过 90°[图 12-5(b)],并调节第三只螺钉(前面调过的两个螺钉不能动),使"+"像仍与分划板上方的十字刻线重合.

(5) 将分划板"†"形刻线调成水平和垂直.当载物台连同双面反射镜相对于望远镜旋转时,观察"+"像是否水平地移动,如果分划板的水平线与"+"像移动方向不平行,则松开螺钉 8,转动目镜,使"+"像的移动方向与分划板的水平刻线重合.然后将目镜锁紧螺钉 8 旋紧,注意不要破坏望远镜的调焦.

3. 调节平行光管,使之发出平行光.

用已调好的望远镜来调节平行光管,如果平行光管射出平行光,则平行光管的狭缝成像在望远镜物镜的焦平面上,在望远镜中能看到狭缝清晰的像.调节方法如下:

(1) 关掉"+"叉丝的光源,打开平行光管的狭缝,用给定的光源照亮狭缝,松开狭缝装置锁紧螺钉 2,调节狭缝与透镜之间的距离,使在望远镜中能看见清晰的狭缝像,且与目镜分划板刻线无视差.

(2) 旋转狭缝机构,使狭缝与目镜分划板的水平刻线平行,调节螺钉 19,使狭缝与目镜视场中心的水平刻线重合.

(3) 再将狭缝转过 90°,使狭缝与分划板的垂直刻度线重合.此时,平行光管的光轴与望远镜的光轴同轴,且都与仪器中心轴垂直.注意不要破坏平行光管的调焦.

二、测光栅常数

1. 安置光栅.安置光栅时应达到下述要求:

(1) 入射光垂直照射光栅表面.将光栅按图 12-7 所示放置在载物台上,使光栅平面与平行光管轴线大致垂直.然后调节光栅前后两个载物台的调平螺钉,使从光栅平面反射回来的"+"叉丝像(亮度较弱)与分划板上"†"形刻线上方的十字刻线中心重合(注意:望远镜已调好,不能再动),固定载物台.

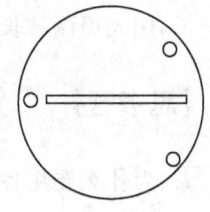

图 12-7 光栅放置图

(2) 调节平行光管的狭缝与光栅刻痕平行.转动望远镜,观察衍射光谱的分布情况,注意中央明条纹两侧的衍射光谱是否在同一水平面内.如果有高低的变化,说明狭缝与光栅刻痕不平行.调节与光栅在一条直线上的载物台调平螺钉,直到中央明条纹两侧的衍射光谱在同一水平面上.

2. 测汞灯绿光谱线的衍射角.

(1) 由于衍射光谱的分布位置对称于中央明条纹,所以 $+k$ 级和 $-k$ 级光谱线之间夹角的一半为该级光谱的衍射角.先将望远镜对准中央明条纹,然后转到 $k=+1$ 级,对准第 1 级光谱线的绿光谱线,锁紧望远镜.借助微调螺钉 12,微调望远镜位置,使分划板的垂直刻线对准待测的该谱线(为避免螺距误差,应先向黄光谱线方向多移动一些,再返回绿光谱线).从左、右游标上分别读取数据 θ 和 θ',记录在表 12-1 中.

(2) 用同样的方法测出 $k=-1$ 级的绿光谱线的角位置.由式 $\varphi=\dfrac{1}{4}(|\theta_2-\theta_1|+|\theta_2'-\theta_1'|)$ 计算衍射角 φ.

3. 将绿光波长 $\lambda_{绿}=546.1\text{nm}$ 和衍射角 φ 代入式(12-1)中,求出光栅常数 d.

三、用光栅测双黄光的波长

1. 用上述同样的方法分别测出汞灯两条黄光 $k=+1$ 和 $k=-1$ 的角位置,求出两条黄光谱线的衍射角.

2. 将光栅常数 d 和衍射角 φ 代入式(12-1)中,计算两条黄光谱线的波长 λ.

【注意事项】

1. 光栅是精密光学器件,严禁用手或其他物体触及光栅表面.

2. 汞灯紫外线很强,不可直视,以免灼伤眼睛.

3. 分光计各部分的调节螺丝较多,要对照仪器看图 12-2,搞清各个调节螺丝的作用,操作中动作要轻,以免损坏分光计.

4. 调节狭缝时,请注意不要用力过大,以免损坏调节螺丝和狭缝刀口.

【预习题】

1. 分光计主要由哪几部分组成?各自的作用是什么?

2. 分光计的调节要求是什么?

3. 用光栅测波长时,光栅应如何放置?为什么?

【思考题】

1. 为什么要用各半调节法调节望远镜的主轴垂直于仪器的中心轴?

2. 当狭缝过宽或过窄时,将会出现什么现象?为什么?

3. 使用式(12-1)测光波波长应保证什么条件?实验中如何检查条件是否满足?

【实验数据记录】

分光计的最大允差 $\Delta_{仪}=$ _____,极限误差 $\Delta=$ _____.

表 12-1　测各谱线的衍射角

		$k=1$ 光谱位置		$k=-1$ 光谱位置		$\varphi=\dfrac{1}{4}(|\theta_2-\theta_1|+|\theta_2'-\theta_1'|)$
黄Ⅰ	左	$\theta_1=$	左	$\theta_2=$		
	右	$\theta_1'=$	右	$\theta_2'=$		
黄Ⅱ	左	$\theta_1=$	左	$\theta_2=$		
	右	$\theta_1'=$	右	$\theta_2'=$		
绿光	左	$\theta_1=$	左	$\theta_2=$		
	右	$\theta_1'=$	右	$\theta_2'=$		

教师签字：_____

实验日期：_____

【数据处理与分析】

1. 由绿光波长 $\lambda_{绿}=546.1\text{nm}$ 和绿光一级光谱衍射角 φ，计算光栅常数 d。

2. 根据 $\lambda=\dfrac{\sin\varphi_x}{\sin\varphi_{绿}}\lambda_{绿}$，求出黄Ⅰ和黄Ⅱ的波长。

3. 根据不确定度传递公式求出黄Ⅰ和黄Ⅱ波长的相对不确定度，并给出实验结果的完整的表达式：

$$U_\varphi = \sqrt{\left(\frac{1}{4}\right)^2 \times (U_{\theta_1}{}^2+U_{\theta_2}{}^2+U_{\theta_1'}{}^2+U_{\theta_2'}{}^2)} = \frac{1}{2}U_\theta (\text{取弧度})$$

$$U_\lambda = \sqrt{\left(\frac{\partial \lambda}{\partial \varphi_x}\right)^2 U_\varphi{}^2 + \left(\frac{\partial \lambda}{\partial \varphi_{绿}}\right)^2 U_\varphi{}^2}$$

实验十三 棱镜玻璃折射率的测定

光线在传播过程中遇到不同媒质的分界面时会发生反射和折射,光线将改变传播的方向,结果在入射光与折射光之间就有一定的夹角.通过对一些角度的测量,可以测定如折射率、光栅常数、光波波长、色散率等物理量.本实验利用分光计测定棱镜玻璃的折射率.

【实验目的与要求】

1. 掌握测定棱镜角的方法.
2. 用最小偏向角法测定棱镜玻璃的折射率.

【实验仪器】

分光计、钠灯、三棱镜.

【实验原理】

一、三棱镜的色散作用

光线在传播过程中遇到不同介质时将发生折射而改变方向,如图 13-1 所示,按折射定律,当界面两边介质折射率分别为 n_1、n_2 时,有

$$n_1 \sin i = n_2 \sin \gamma$$

式中,i 和 γ 分别为入射角和折射角.

由于不同波长的光在介质中的传播速度不同,折射率不同,所以折射角随波长而异,这种现象称为色散.图 13-2 中给出几种光学材料的色散曲线.

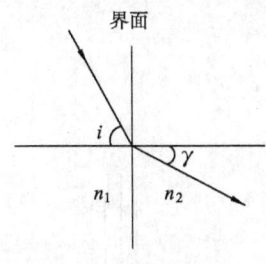

图 13-1 光的折射

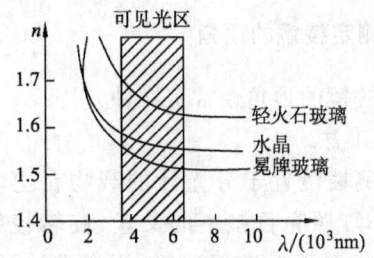

图 13-2 色散曲线

由于玻璃的折射率与波长有关,当入射的复合光经棱镜折射后,不同波长的光将被分散开来.通常玻璃的折射率 n 随波长的增加而减小,所以可见光中紫光偏折最大,红光偏折最小,如图 13-3 所示.许多光谱分析仪都利用棱镜作为色散元件.

二、三棱镜折射率的测量原理

三棱镜的主要作用是使光线的行进方向发生偏折,所以偏向角是它的主要特征量.如图 13-4 所示,PQ 是射向顶角为 A 的棱镜的一束入射光线,RS 为经折射后的出射光线,光

线经过棱镜后的偏向角为 δ,于是

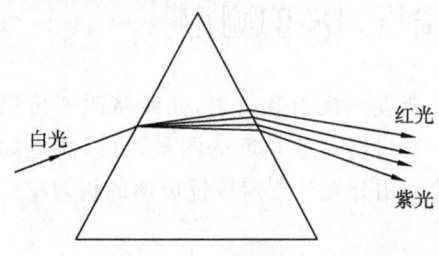

图 13-3 棱镜的色散

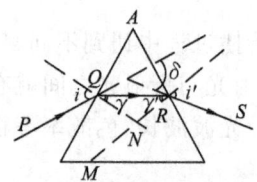

图 13-4 光线在三棱镜主截面内的折射

$$\delta=(i-\gamma)+(i'-\gamma')=(i+i')-(\gamma+\gamma') \tag{13-1}$$

因为 $QN \perp AQ, RN \perp AR$,所以 $\angle MNQ = A$. 又因为 $\angle MNQ = \gamma+\gamma'$, 所以 $A=\gamma+\gamma'$.

当入射光线与折射光线左右对称时,即当

$$i=i', \quad \gamma=\gamma'$$

时,光线的偏向角 δ 最小,此角称为最小偏向角,以 δ_m 表示,于是,由式(13-1)得

$$\delta_m = 2i - 2\gamma = 2i - A, \quad A = 2\gamma$$

所以

$$i = \frac{A+\delta_m}{2}, \quad \gamma = \frac{A}{2}$$

因此,玻璃棱镜的折射率 n 可用下式求得:

$$n = \frac{\sin i}{\sin \gamma} = \frac{\sin\left(\frac{A+\delta_m}{2}\right)}{\sin \frac{A}{2}} \tag{13-2}$$

由式(13-2)可以看出,测出某一波长的光线的最小偏向角 δ_m 及顶角 A,就可以算出棱镜材料对该波长光线的折射率. 通常棱镜的折射率是对钠光波长 589.3nm 而言的.

【实验内容】

一、测定棱镜的顶角

测定棱镜的顶角通常有两种方法.

1. 自准法.

将待测棱镜置于分光计的载物台上,固定望远镜,点亮小灯照亮目镜中的叉丝,旋转棱镜台,使棱镜的一个折射面对准望远镜,用自准法调节望远镜的光轴与此折射面严格垂直,即使十字叉丝的反射像和调整叉丝完全重合. 如图 13-5 所示,记录刻度盘上两游标读数 v_1、v_2;再转动游标盘带动载物平台,依同样方法使望远镜光轴垂直于棱镜第二个折射面,记录相应的游标读数 v_1'、v_2';同一游标两次读数之差等于棱镜角 A 的补角 θ:

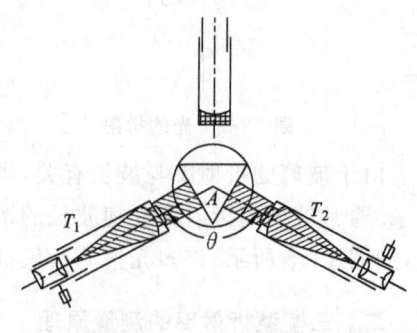

图 13-5 自准法

$$\theta = \frac{1}{2}[(v_2' - v_2) + (v_1' - v_1)]$$

即棱镜角 $A = 180° - \theta$，重复测量几次，计算棱镜角 A 的平均值和标准不确定度.

2. 棱脊分束法.

置光源于准直管的狭缝前，将待测棱镜的折射棱对准准直管，如图 13-6 所示，由准直管射出的平行光束被棱镜的两个折射面分成两部分. 固定分光计上的其余可动部分，转动望远镜至 T_1 位置，观察由棱镜的一折射面所反射的狭缝像，使之与竖直叉丝重合；将望远镜再转至 T_2 位置，观察由棱镜的另一折射面所反射的狭缝像，再使之与竖直叉丝重合，望远镜的两位置所对应的游标读数之差，为棱镜角 A 的两倍.

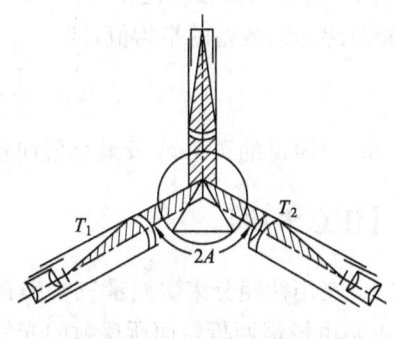

图 13-6　棱脊分束法

二、测量棱镜玻璃的折射率

1. 用钠灯照亮狭缝，使准直管射出平行光束.
2. 测定最小偏向角.

(1) 将待测棱镜按图 13-7(a) 放在棱镜台上，转动望远镜至 T_1 位置，便能清楚地看见钠光经棱镜折射后形成的黄色谱线.

(2) 将刻度内盘（游标盘）固定，慢慢转动棱镜台，改变入射角 i_1，使谱线往偏向角减小的方向移动，同时转动望远镜跟踪该谱线.

(3) 当棱镜台转到某一位置，该谱线不再移动，这时无论棱镜台向何方向转动，该谱线均向相反方向移动，即偏向角都变大，这个谱线反向移动的极限位置就是棱镜对该谱线最小偏向角的位置.

(4) 左右慢慢转动棱镜台，同时操纵望远镜微动装置，使竖直叉丝对准黄色谱线的极限位置（中心），记录望远镜在 T_1 位置的刻度盘读数 v_1、v_2.

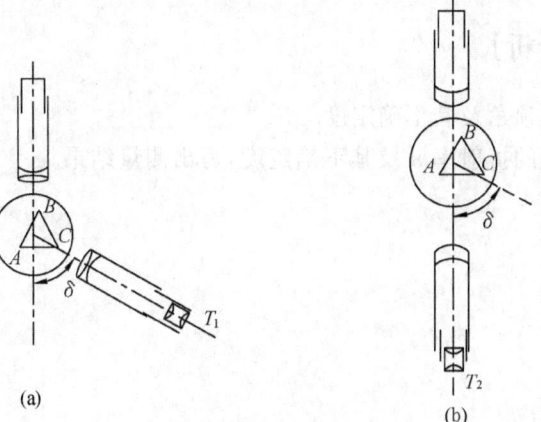

图 13-7　最小偏向角的测定

(5) 移去棱镜,将望远镜转至 T_2 处,对准准直管[图 13-7(b)]微调望远镜的位置,使望远镜中的竖直叉丝与狭缝的像重合,记录相应的游标读数 v_1'、v_2'.

同一游标两次数值之差 $|v_2'-v_2|$、$|v_1'-v_1|$ 就是棱镜的最小偏向角 δ_m. 为减小偏心差,δ_m 取两游标读数差的平均值,即

$$\delta_m = \frac{1}{2}(|v_1'-v_1|+|v_2'-v_2|)$$

3. 用测得的顶角 A 及最小偏向角 δ_m 计算棱镜玻璃的折射率 n 及不确定度.

【注意事项】

1. 在用棱镜分束法测量三棱镜的顶角时,应将三棱镜的折射棱靠近棱镜台的中心放置,否则由棱镜两折射面所反射的光将不能进入望远镜.
2. 有关表示角度误差的数值要以弧度为单位.

【预习题】

1. 为什么汞灯光源发出的光经过三棱镜以后会形成光谱?
2. 怎样用反射法测定三棱镜的顶角?
3. 何为最小偏向角? 实验中如何确定最小偏向角?

【思考题】

1. 在用棱镜分束法测三棱镜的顶角时,为什么三棱镜放在载物台上的位置,要使得三棱镜的顶角离平行光管远一些,而不能太靠近平行光管呢? 试画出光路图,分析其原因.
2. 设计一种不测最小偏向角而能测棱镜玻璃折射率的方案.(使用分光计去测)

【实验数据记录】

自拟数据表格记录数据.

【数据处理与分析】

1. 计算三棱镜的顶角及其不确定度.
2. 计算棱镜玻璃的折射率 n 及其不确定度,写出测量结果.

实验十四　霍尔效应及磁场的测定

近年来,在科研和生产实践中,霍尔传感器被广泛应用于磁场的测量,它的测量灵敏度高,体积小,易于在磁场中移动和定位.本实验利用霍尔传感器测量通电螺线管内直流电流与霍尔传感器输出电压之间的关系,证明霍尔电势差与螺线管内的磁感应强度成正比,从而掌握霍尔效应的物理规律;用通电长直螺线管中心点磁场强度的理论计算值作为标准值来校准霍尔元件的灵敏度;用霍尔元件测螺线管内部的磁场沿轴线的分布.

【实验目的与要求】

1. 了解霍尔元件的工作原理,学习校准霍尔元件的灵敏度的方法.
2. 掌握用霍尔元件测量螺线管内磁感应强度沿轴线的分布.

【实验原理】

一、霍尔效应

把矩形金属或半导体薄片放在磁感应强度为 B 的磁场中,薄片平面垂直于磁场方向,如图 14-1 所示.在横向通以电流 I,那么就会在纵向的两端面间出现电位差,这种现象称为霍尔效应,两端的

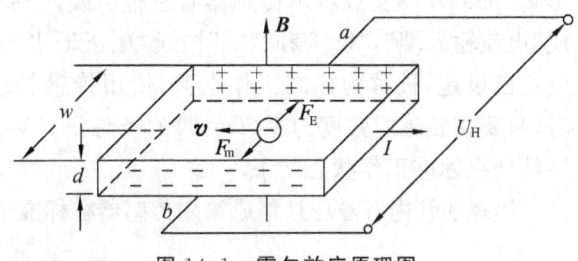

图 14-1　霍尔效应原理图

电位差称为霍尔电压,其正负取决于载流子的类型(图 14-1 载流子为带负电的电子,是 N 型半导体或金属),这一金属或半导体薄片称为霍尔元件.假设霍尔元件由 N 型半导体制成,当霍尔元件上通有电流时,自由电子运动的方向与电流 I 的流向相反.由于洛伦兹力 $\boldsymbol{F}_\mathrm{m} = -e\boldsymbol{v} \times \boldsymbol{B}$ 的作用,电子向一侧偏转,在半导体薄片的横向两端面间形成电场,称为霍尔电场 $\boldsymbol{E}_\mathrm{H}$,对应的电势差称为霍尔电压 U_H.电子在霍尔电场 $\boldsymbol{E}_\mathrm{H}$ 中所受的电场力为 $\boldsymbol{F}_\mathrm{E} = -e\boldsymbol{E}_\mathrm{H}$,当电场力与磁场力达到平衡时,有

$$(-e\boldsymbol{E}_\mathrm{H}) + (-e\boldsymbol{v} \times \boldsymbol{B}) = 0$$

$$\boldsymbol{E}_\mathrm{H} = -\boldsymbol{v} \times \boldsymbol{B}$$

若只考虑大小,不考虑方向,有

$$E_\mathrm{H} = vB$$

因此霍尔电压为

$$U_\mathrm{H} = wE_\mathrm{H} = wvB \tag{14-1}$$

根据经典电子理论,霍尔元件上的电流 I 与载流子运动的速度 v 的关系为

$$I = nevwd \tag{14-2}$$

式中,n 为单位体积中的自由电子数,w 为霍尔元件纵向宽度,d 为霍尔元件的厚度.由式(14-1)和式(14-2)可得

$$U_\mathrm{H} = \frac{IB}{end} = \left(\frac{R_\mathrm{H}}{d}\right)IB = K_\mathrm{H}IB \tag{14-3}$$

即
$$B = \frac{U_H}{K_H I} \tag{14-4}$$

式中，$R_H = \frac{1}{en}$ 是由半导体本身电子迁移率决定的物理常数，称为霍尔系数；K_H 称为霍尔元件的灵敏度. 在半导体中，电荷密度比金属中低得多，因而半导体的灵敏度比金属导体大得多，所以半导体能产生很强的霍尔效应. 对于一定的霍尔元件，K_H 是一常数，可用实验方法测定.

虽然从理论上讲霍尔元件在无磁场作用($B=0$)时，$U_H=0$，但是实际情况用数字电压表测量并不为零，这是由于半导体材料结晶不均匀，各电极不对称等引起附加电势差，该电势差 U_{H0} 称为剩余电压. 随着科技的发展，新的集成化(IC)器件不断被研制成

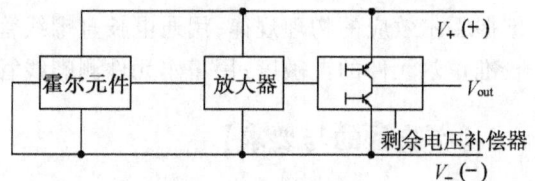

图 14-2　SS95A 型集成霍尔传感器结构图

功，本实验采用的 SS95A 型集成霍尔传感器(图 14-2)是一种高灵敏度传感器，它由霍尔元件、放大器和薄膜电阻剩余电压补偿器组成. 其特点是输出信号大，并且已消除剩余电压的影响. SS95A 型集成霍尔传感器有三根引线，分别是"V_+""V_-""V_{out}". 其中"V_+"和"V_-"构成"电流输入端"，"V_{out}"和"V_-"构成"电压输出端". 由于 SS95A 型集成霍尔传感器的工作电流已设定，被称为标准工作电流，使用传感器时，必须使工作电流处在该标准状态. 实验时，只要在磁感应强度为零($B=0$)的条件下，"V_{out}"和"V_-"之间的电压为 2.500V，则传感器就处在标准工作状态之下.

当螺线管内有磁场且集成霍尔传感器在标准工作电流时，传感器所在处的磁感应强度为

$$B = \frac{U - 2.500}{K} = \frac{U'}{K}$$

式中，U 为传感器补偿前的输出电压，K 为该传感器的灵敏度，U' 为经 2.500V 外接电压补偿后传感器的输出电压.

二、载流密绕螺线管的磁感应强度的分布

若长为 l、半径为 R 的载流密绕直螺线管的总匝数为 N，通有励磁电流 I_m，当 $l \gg R$ 时，则在螺线管中部附近轴线上的磁场均匀，磁感应强度 $B = \mu_0 \frac{N}{l} I_m$，$\mu_0 = 4\pi \times 10^{-7} \text{T·m/A}$ 为真空磁导率. 端口的磁感应强度 B_0 为中部磁感应强度 B 的一半，由于存在漏磁现象，实际测量出的 $B_0 < \frac{1}{2}B$.

【实验仪器】

图 14-3 为螺线管磁场测量电路示意图，它的主要部件由集成霍尔传感器探测棒、螺线管、传感器工作电源和补偿电源、数字电压表、励磁电源、电流表、滑动变阻器等组成.

1. SS95A 型集成霍尔传感器.

工作电压为 5.00V(DC)；磁场测量范围为 $-67 \sim +67$ mT；在 $B=0$ 时，零点电压为 2.500 ± 0.075 V；该传感器内含激光修正的薄膜电阻，提供精确的灵敏度和温度补偿，不必考虑剩余电压的影响.

2. 螺线管长度为 26.0cm,管内径为 2.5cm,外径为 4.5cm.螺线管层数为 10 层,螺线管匝数为(3000±20)匝.螺线管中央均匀磁场长度大于 10.0cm.

3. 电源组和数字电压表:传感器工作电源可在 4.750~5.250V 之间做精细微调,传感器补偿电源可在 2.400~2.600V 之间做精细微调.四位半数字电压表分 0~19.999V 和 0~1999.9mV 两挡.

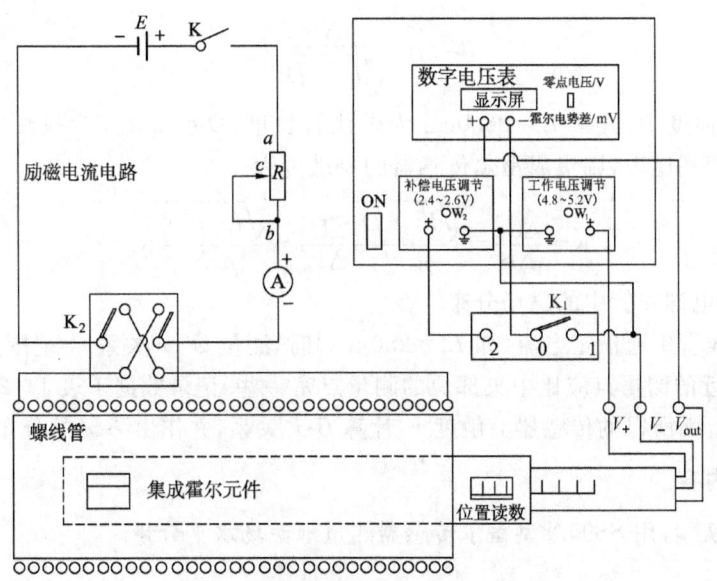

图 14-3　螺线管磁场测量电路示意图

【实验内容】

一、必做内容

1. 电路补偿调节.

(1) 按图 14-3 接好电路.螺线管通过双刀换向开关 K_2 与励磁电流电路相接.集成霍尔传感器的"V_+"和"V_-"分别与 4.8~5.2V 可调直流电源输出端的正负极相接(正负极请勿接错)."V_{out}"和"V_-"与数字电压表正负极相接.

(2) 断开开关 K_2(当 K_2 处于中间位置时断开),使集成霍尔传感器处于零磁场条件下,把开关 K_1 指向 1,调节传感器工作电源输出电压(4.8~5.2V 电源),使数字电压表显示的"V_{out}"和"V_-"的电压指示值为 2.500V,这时集成霍尔元件便达到了标准化工作状态,即集成霍尔传感器通过电流达到规定的数值,且剩余电压恰好达到补偿,U_0=0V.

(3) 仍断开开关 K_2,在保持"V_+"和"V_-"电压不变的情况下,把开关 K_1 指向 2,调节传感器补偿电源输出电压(2.4~2.6V 电源),使数字电压表指示值为 0(这时应将数字电压表量程开关拨向 mV 挡),也就是用一外接 2.500V 的电位差与传感器输出的 2.500V 电位差进行补偿,这样数字电压表读出电压就是集成霍尔传感器的霍尔电压 U'.

2. 测定霍尔传感器的灵敏度 K.

(1) 改变输入螺线管的直流电流 I_m,使传感器处于螺线管的中央位置(即 x=15.0cm 左右),测量 U'-I_m 关系,记录 10 组数据于表 14-1 中,I_m 范围为 0~500mA,可每隔 50mA

测一次.

(2) 用最小二乘法求 $U'-I_m$ 相关方程和相关系数 r,并求出直线的斜率 $K'=\dfrac{\Delta U'}{\Delta I_m}$.

(3) 长直螺线管中磁感应强度的理论公式为 $B=\mu_0\dfrac{N}{l}I_m$,但实验中所用螺线管不是无限长,因此用公式

$$B=\mu_0\dfrac{N}{\sqrt{L^2+\overline{D}^2}}I_m$$

计算出磁感应强度 B,式中 $L=26.0\text{cm}$ 为螺线管长度,$\overline{D}=3.5\text{cm}$ 为螺线管的平均直径,$N=3000$ 匝是线圈匝数,则集成霍尔传感器的灵敏度为

$$K=\dfrac{\Delta U'}{\Delta B}=\dfrac{\sqrt{L^2+\overline{D}^2}}{\mu_0 N}\dfrac{\Delta U'}{\Delta I_m}=\dfrac{\sqrt{L^2+\overline{D}^2}}{\mu_0 N}K'$$

3. 测量通电螺线管中的磁场分布.

(1) 当螺线管中通恒定电流(如 $I_m=250\text{mA}$)时,测量 $U'-x$ 关系.x 范围为 $0\sim30.0\text{cm}$,螺线管端口附近的测量点应比中央部位的测量点密一些.记录数据于表 14-2 中.

(2) 利用上面所得的传感器灵敏度 K 计算 $B-x$ 关系,并作出 $B-x$ 的分布图.

二、选做内容

设计一个实验,用 SS95A 型霍尔传感器测量地磁场水平分量.

【注意事项】

1. 集成霍尔元件的 V_+ 和 V_- 不能接反,否则将损坏元件.
2. 仪器应预热 10min 后再开始测量数据.
3. 实验中常检查 $I_m=0$ 时,传感器输出电压是否为 2.500V.
4. 用"mV"挡读 U' 值.当 $I_m=0$ 时,"mV"指示应该为 0.
5. 拆除接线前应先将螺线管工作电流调至零,再关闭电源,以防止电感电流突变引起高电压.
6. 实验完毕后,应逆时针旋转仪器上的三个调节旋钮,使其恢复到起始位置(最小的位置).

【预习题】

当磁感应强度 **B** 的方向与霍尔元件的平面不完全垂直时,测得的磁感应强度实验值比实际值是大还是小?为什么?请作图说明.

【思考题】

1. 什么是霍尔效应?霍尔传感器在科研中有何用途?
2. 如果螺线管在绕制中两边的单位匝数不相同或绕制不均匀,这时将出现什么情况?在绘制 $B-x$ 分布图时,如果出现上述情况,怎样求 P 和 P' 点?
3. SS95A 型集成霍尔传感器的工作电流为何必须标准化?如果该传感器工作电流增大些,对其灵敏度有无影响?

【实验数据记录】

表 14-1　霍尔传感器灵敏度的测定

霍尔传感器位置 $X=$ _____

励磁电流 I_m/mA									
U'/mV									

表 14-2　螺线管磁场沿轴线的分布的测量

励磁电流 $I_\mathrm{m}=$ _____

x/cm									
U'/mV									
x/cm									
U'/mV									

教师签字：_____

实验日期：_____

【数据处理与分析】

1. 用最小二乘法求 U'-I_m 最佳拟合相关函数（即回归方程第 20 页）和相关系数 r（可用 Excel 软件计算），并求出直线的斜率 K'.

2. 计算霍尔传感器的灵敏度 $K = \dfrac{\sqrt{L^2 + \overline{D}^2}}{\mu_0 N} K' = \underline{\qquad}$.

3. 计算 B-x 关系并列表表示（表 14-3），用坐标纸作出整个螺线管的 B-x 分布图.

$$B = \frac{(U - 2.500)}{K} = \frac{U'}{K}$$

表 14-3 螺线管磁场沿轴线的分布

x/cm										
U'/mV										
B/mT										

图名：_____

实验十五 迈克耳孙干涉仪的调节与使用

迈克耳孙干涉仪在近代物理学的发展中起过重要作用.19世纪末,迈克耳孙(A. A. Michelson)与其合作者曾用此仪器进行了"以太漂移"、标定米尺及推断光谱精细结构三项著名的实验.第一项实验解决了当时关于"以太"的争论,并为爱因斯坦创立相对论提供了实验依据.第二项工作实现了长度单位的标准化.迈克耳孙发现镉红线(波长 $\lambda = 643.84696\text{nm}$)是一种理想的单色光源,可以用它的波长作为米尺标准化的基准.他定义 $1\text{m} = 1553164.13$ 镉红线波长,精度达到 10^{-9}m,这项工作对近代计量技术的发展做出了重要贡献.迈克耳孙研究了干涉条纹视见度随光程差变化的规律,并以此推断光谱线的精细结构.

今天,迈克耳孙干涉仪已被更完善的现代干涉仪取代,但迈克耳孙干涉仪的基本结构仍然是许多现代干涉仪的基础.

【实验目的与要求】

1. 学习迈克耳孙干涉仪的原理和调节方法.
2. 观察等倾干涉和等厚干涉图样.
3. 用迈克耳孙干涉仪测定 He-Ne 激光束的波长和钠光双线波长差.

【实验仪器】

迈克耳孙干涉仪、He-Ne 激光源、钠光灯、扩束镜、毛玻璃.

迈克耳孙干涉仪是应用光的干涉原理,测量长度或长度变化的精密光学仪器,其光路图如图 15-1 所示.

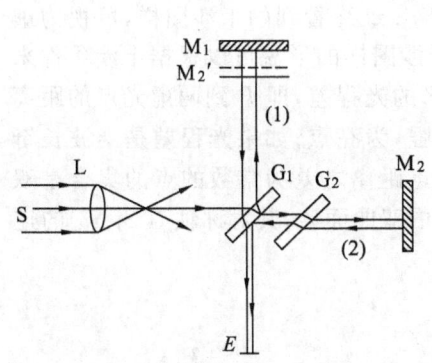

S—激光束;L—扩束镜;
G_1—分光板;G_2—补偿板;
M_1、M_2—反射镜;E—观察屏

图 15-1 迈克耳孙干涉仪光路图

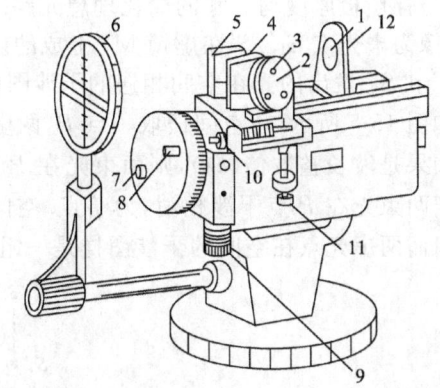

1—反射镜 M_1;2—反射镜 M_2;3、12—M_1、M_2 镜面调节螺丝;4—补偿板;5—分光板 G_1;6—观察屏;7—粗调手轮;8—紧固螺丝;9—微调鼓轮;10、11—反射镜 M_2 的微调装置

图 15-2 迈克耳孙干涉仪的结构图

从氦氖激光器发出的单色光 S,经扩束镜 L 将光束扩束成一个理想的发散光束,该光束射到与光束成 45°倾斜的分光板 G_1 上,G_1 的后表面镀有铝或银的半反射膜,光束被半反射膜分成强度大致相同的反射光(1)和透射光(2).这两束光沿着不同的方向射到两个平面镜

M_1 和 M_2 上,经两平面镜反射至 G_1 后汇合在一起.仔细调节 M_1 和 M_2,就可以在 E 处观察到干涉条纹.G_2 为补偿板,其材料和厚度与 G_1 相同,用以补偿光束(2)的光程,使光束(2)与光束(1)在玻璃中走过的光程大致相等.

迈克耳孙干涉仪的结构图如图 15-2 所示.两平面反射镜 M_1 和 M_2 放置在相互垂直的两臂上.其中平面镜 M_2 是固定的,平面镜 M_1 可在精密的导轨上前后移动,以便改变两光束的光程差,移动范围在 0~100mm 内.平面镜 M_1、M_2 的背后各有三个微调螺丝(图中的 3、12),用以改变平面镜 M_1、M_2 的角度.在平面镜 M_2 的下端还附有两个互相垂直的拉簧螺丝 10、11,可以细调平面镜 M_2 的倾斜度.

移动平面镜 M_1 有两种方式:一种是旋转粗调手轮 7,可以较快地移动 M_1;另一种是旋转微调鼓轮 9,可以微量移动 M_1(如果迈克耳孙干涉仪有紧固螺丝 8,则在转动微调鼓轮前,先要拧紧紧固螺丝 8.转动粗调手轮前必须松开紧固螺丝 8,否则会损坏精密丝杆.若没有紧固螺丝,直接旋转微调鼓轮 9,则可微量移动 M_1).平面镜 M_1 的位置读数由三部分组成:从导轨上读出毫米以上的值;从仪器窗口的刻度盘上读到 0.01mm;在微调鼓轮上最小刻度值为 0.0001mm,还可估读到 0.0001mm 的 $\frac{1}{10}$.

【实验原理】

一、等倾干涉条纹

等倾干涉条纹是迈克耳孙干涉仪所能产生的一种重要的干涉图样.如图 15-1 和图 15-3 所示,当 M_1 和 M_2 垂直时,像 M_2' 是 M_2 对半反射膜的虚像,其位置在 M_1 附近.

实验中,会在入射激光束前放置一个凸透镜进行扩束.当激光平行入射到凸透镜上,将会聚于焦点,再发散出去.此时光源可等效为一个位于焦点处的点光源.图 15-4 是一个假设分光板与补偿板厚度均为零的简化理想光路.S' 是点光源 S 在半反射膜上的像.S' 又在 M_1 镜上成像为虚光点 S_1'.S' 在虚镜 M_2' 上成的虚光点是 S_2'.最终看到的干涉图样,可视为虚光点 S_1' 和 S_2' 发出的光在空间相遇的干涉图样.空间干涉图样的形貌可以根据干涉条件来分析.如图 15-5 所示,在空间任取一点 P,两虚光点到 P 的光程差,即 P 到两虚光点的距离差值,如果是波长整数倍($k\lambda$),则两束光在 P 点干涉加强,为亮点;如果光程差是半波长奇数倍,则两束光在 P 点干涉相消,为暗点.空间中,到两点距离之差为常数的点的集合是双曲面.因而两虚光点在空间的干涉图样是一组明暗交替的双曲面族,其对称轴为 $S_1'S_2'$ 的连

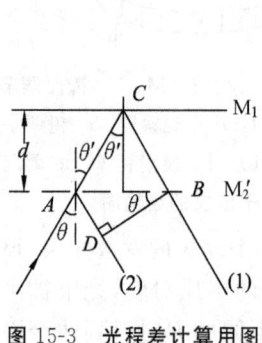

图 15-3　光程差计算用图

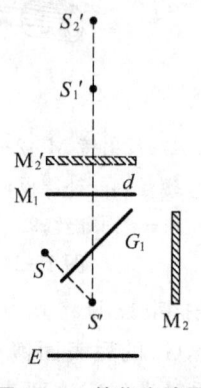
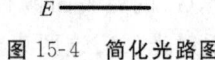

图 15-4　简化光路图

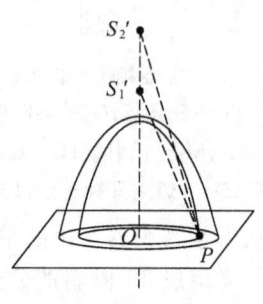

图 15-5　光程差计算用图

线.用观察屏垂直于轴线横切下去,屏上是同心圆环.同一根圆环上任一点 P,到 S_1' 或者 S_2' 的连线,可以看作是圆锥的母线,所有母线的倾角都相等,因此干涉图样为等倾干涉.

当所用光源为单色扩展光源时,我们在 E 处观察到的干涉条纹可以看作是由反射镜 M_1 和虚反射镜 M_2' 所反射的光叠加而成的.

设 d 为 M_1、M_2' 间的距离,θ 为入射光束的入射角,θ' 为折射角,由于 M_1、M_2' 间是空气层,折射率 $n=1$,$\theta=\theta'$. 当一束光入射到 M_1、M_2 镜面而分别反射出(1)、(2)两条光束时,由于(1)、(2)来自同一光束,它们是相干的,两光束的光程差 δ 为

$$\delta = \overline{AC} + \overline{BC} - \overline{AD} = \frac{2d}{\cos\theta} - 2d\sin\theta\tan\theta = 2d\cos\theta$$

当 d 一定时,光程差 δ 随着入射角 θ 的变化而改变,同一倾角各对应点的两反射光线都具有相同的光程差,这样的干涉,其光强分布由各光束的倾角决定,称为等倾干涉条纹.当用单色光入射时,我们在毛玻璃屏上观察到的是一组明暗相间的同心圆条纹,而干涉条纹的级次以圆心为最大(因 $\delta=2d\cos\theta=m\lambda$,当 d 一定时,θ 越小,$\cos\theta$ 越大,m 的级数也就越大).

当 d 减小(即 M_1 向 M_2' 靠近)时,若我们跟踪观察某一圈条纹,将看到该干涉环变小,向中心收缩(因 d 变小,对某一圈条纹的光程差 $2d\cos\theta$ 保持恒定,此时 θ 就要变小).每当 d 减小 $\frac{\lambda}{2}$,干涉条纹就向中心消失一个.当 M_1 与 M_2' 接近时,条纹变粗变疏.当 M_1 与 M_2' 完全重合(即 $d=0$)时,视场亮度均匀.

当 M_1 继续沿原方向前进时,d 逐渐由零增加,将看到干涉条纹一个一个地从中心冒出来,每当 d 增加 $\frac{\lambda}{2}$,就从中间冒出一个,随着 d 的增加,条纹重叠成模糊一片,图 15-6 表示 d 变化时对干涉条纹的影响.

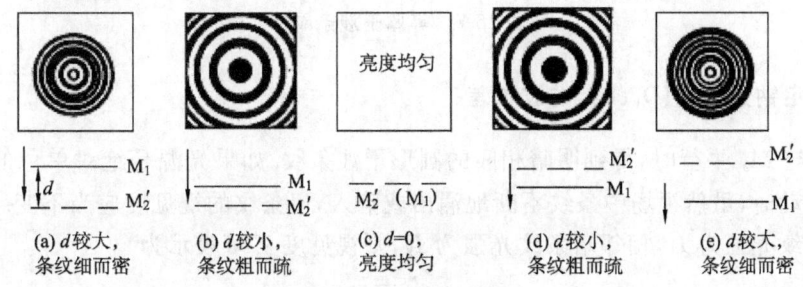

(a) d 较大,条纹细而密
(b) d 较小,条纹粗而疏
(c) $d=0$,亮度均匀
(d) d 较大,条纹粗而疏
(e) d 较大,条纹细而密

图 15-6 等倾干涉条纹

二、测量光波的波长

在等倾干涉条件下,设 M_1 移动距离 Δd 时,相应冒出(或消失)的圆条纹数为 N,则

$$\Delta d = \frac{1}{2}N\lambda \tag{15-1}$$

由上式可见,从仪器上读出 Δd,同时数出相应冒出(或消失)的圆条纹数 N,就可以计算出光波的波长 λ.

*三、等厚干涉条纹

若 M_1 不垂直于 M_2,即 M_1 与 M_2' 不平行而有一微小的夹角,且在 M_1 与 M_2' 相交处附

近,两者形成劈形空气膜层,此时将观察到等厚干涉条纹,凡劈上厚度相同的各点具有相同的光程差. 由于劈形空气层的等厚点的轨迹是平行于劈棱的直线(即 M_1 与 M_2' 的交线),所以等厚干涉条纹也是平行于 M_1 与 M_2' 交线的明暗相间的直条纹.

当 M_1 与 M_2' 相距较远时,甚至看不到条纹. 若移动 M_1,使 M_1 与 M_2' 的距离变小时,开始出现清晰的条纹,条纹又细又密,且这些条纹不是直条纹,一般是弯曲的条纹,弯向厚度大的一侧,即条纹的中央凸向劈棱. 在 M_1 接近 M_2' 的过程中,条纹背离交线移动,并且逐渐变疏变粗,当 M_1 与 M_2' 相交时,出现明暗相间粗而疏的条纹. 其中间几条几乎为直条纹,两侧条纹随着离中央条纹变远,而微显弯曲.

随着 M_1 继续沿着原方向移动时, M_1 与 M_2' 之间的距离逐渐增大,条纹由粗疏逐渐变得细密,而且条纹逐渐朝相反方向弯曲. 当 M_1 与 M_2' 的距离太大时,条纹就模糊不清. 图 15-7 表示 M_1 与 M_2' 的距离变化引起干涉条纹的变化.

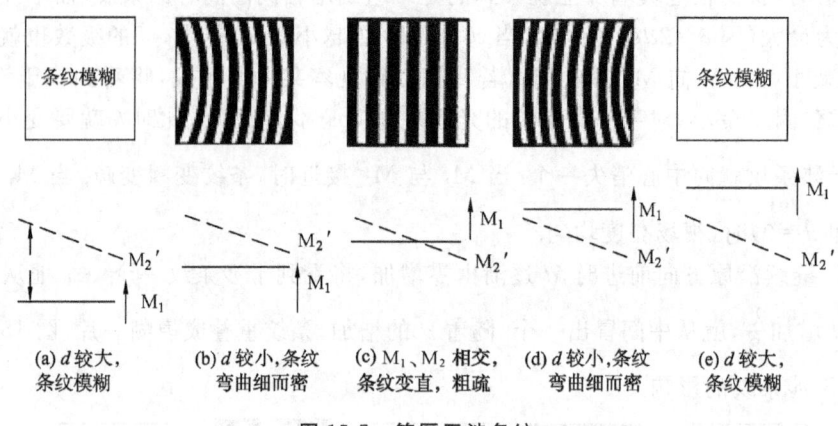

(a) d 较大,条纹模糊
(b) d 较小,条纹弯曲细而密
(c) M_1、M_2 相交,条纹变直,粗疏
(d) d 较小,条纹弯曲细而密
(e) d 较大,条纹模糊

图 15-7 等厚干涉条纹

四、测定钠光双线(D_1、D_2)的波长差

当 M_1 与 M_2' 平行时,得到明暗相间的圆形干涉条纹. 如果光源是绝对单色的,则当 M_1 镜缓慢地移动时,虽然视场中条纹不断地涌出或陷入,但条纹的视见度应当不变.

设亮条纹光强为 I_1,相邻暗条纹光强为 I_2,则视见度 V 可表示为

$$V = \frac{I_1 - I_2}{I_1 + I_2}$$

视见度描述的是条纹清晰的程度.

如果光源中包含有波长 λ_1 和 λ_2 相近的两种光波,而每一列光波均不是绝对单色光,这样的光源称为准单色光. 以钠黄光为例,它是由中心波长 $\lambda_1 = 589.0$ nm 和 $\lambda_2 = 589.6$ nm 的双线组成的,波长差为 0.6 nm,每一条谱线又有一定的宽度,如图 15-8 所示. 双线波长差 $\Delta\lambda$ 与中心波长相比很小.

用这种光源照明迈克耳孙干涉仪,它们将各自产生一套干涉图,干涉场中的强度分布则是两组干涉条纹的非相干叠加. 由于 λ_1 和 λ_2 有微小差异,对应 λ_1 的亮环的位置和对应 λ_2 的亮环的位置将随 d 的变化而呈现周期

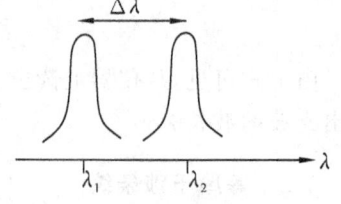

图 15-8 双线波长

性的重合和错开.因此 d 变化时,视场中所见叠加后的干涉条纹交替出现"清晰"和"模糊甚至消失".设在 d 值为 d_1 时,λ_1 和 λ_2 均为亮条纹,视见度最佳,则有

$$d_1 = m\frac{\lambda_1}{2}, \qquad d_1 = n\frac{\lambda_2}{2} \qquad (m \text{ 和 } n \text{ 为整数})$$

如果 $\lambda_1 > \lambda_2$,当 d 值增加到 d_2,若满足

$$d_2 = (m+K)\frac{\lambda_1}{2}, \qquad d_2 = (n+K+0.5)\frac{\lambda_2}{2} \qquad (K \text{ 为整数})$$

此时对 λ_1 是亮条纹,对 λ_2 则为暗条纹,视见度最差(可能分不清条纹),从视见度最佳到最差,M_1 移动的距离为

$$\Delta d = d_2 - d_1 = K\frac{\lambda_1}{2} = (K+0.5)\frac{\lambda_2}{2}$$

由 $K\frac{\lambda_1}{2} = (K+0.5)\frac{\lambda_2}{2}$ 和 $d_2 - d_1 = K\frac{\lambda_1}{2}$,消去 K,可得两波波长差 $\Delta\lambda$ 为

$$\Delta\lambda = \lambda_1 - \lambda_2 = \frac{\lambda_1 \lambda_2}{4(d_2 - d_1)} = \frac{\overline{\lambda_{12}}^2}{4(d_2 - d_1)}$$

式中,$\overline{\lambda_{12}}$ 为 λ_1、λ_2 的平均值.因为视见度最差时,M_1 的位置对称地分布在视见度最佳位置的两侧,所以相邻视见度最差 M_1 移动的距离 Δd 与 $\Delta\lambda$ 的关系为

$$\Delta\lambda = \frac{\overline{\lambda_{12}}^2}{2(d_2 - d_1)} \tag{15-2}$$

【实验内容】

一、必做内容

1. 调节迈克耳孙干涉仪,观察等倾干涉.

(1) 用 He-Ne 激光器作光源,使入射光束大致垂直于平面镜 M_2.在激光器前放一孔屏(或直接利用激光束的出射孔),激光束经孔屏射向平面镜 M_2,遮住平面镜 M_1,用自准直法调节 M_2 背后的三个微调螺丝(必要时,可调节底脚螺丝),使由 M_2 反射回来的一组光点像中的最亮点返回激光器中,此时入射光大致垂直于平面镜 M_2.

(2) 使平面镜 M_1 和 M_2 大致垂直.遮住平面镜 M_2,调节平面镜 M_1 背后的三个微调螺丝,使由 M_1 反射回来的一组光点像中的最亮点返回激光器中,此时平面镜 M_1 和 M_2 大致相互垂直.

(3) 观察由平面镜 M_1、M_2 反射在观察屏上的两组光点像,再仔细微调 M_1、M_2 背后的三个调节螺丝,使两组光点像中最亮的两点完全重合.

(4) 在光源和分光板 G_1 之间放一扩束镜,则在观察屏上就会出现干涉条纹.缓慢、细心地调节平面镜 M_2 下端的两个相互垂直的拉簧微调螺丝,使同心干涉条纹位于观察屏中心.

2. 测量 He-Ne 激光束的波长.

(1) 移动 M_1 改变 d,可以观察到视场中心圆条纹向外一个一个地冒出(或向内一个一个地消失).开始记数时,记录 M_1 镜的位置读数 d_1 (表 15-1).

(2) 数到圆条纹从中心向外冒出 100 个时,再记录 M_1 镜的位置读数 d_2.

(3) 利用式(15-1),计算 He-Ne 激光束的波长 λ.

重复上述步骤三次,计算出波长的平均值 $\bar{\lambda}$.最后与公认值 $\lambda_0=632.8$nm 比较,计算百分误差 B.

二、选做内容

1. 观察等厚干涉条纹.

在观察等倾干涉条纹的基础上,移动平面镜 M_1,使 M_1 与 M_2' 大致重合,这时屏上的圆条纹变得粗而疏,仅有几圈.然后调节 M_2 的微调螺丝,使 M_1、M_2' 之间有一微小夹角,视场中出现等厚干涉条纹.干涉条纹的间距与夹角成反比.若夹角太大,条纹变得很密,甚至观察不到干涉条纹.调节 M_2 使条纹的间距约 1mm 左右,移动 M_1 镜,观察干涉条纹从弯曲变直再变弯曲的过程.

2. 测定钠光双线(D_1、D_2)的波长差.

(1) 以钠灯为光源调节干涉仪,看到等倾干涉条纹.

(2) 移动 M_1,使视场中心的视见度最小,记录 M_1 的位置为 d_1(表 15-2);沿原方向继续移动 M_1,直至视见度又为最小,记录 M_1 的位置 d_2,则 $\Delta d=|d_2-d_1|$;将 Δd 和 $\overline{\lambda_{12}}=589.3$nm 代入式(15-2),即可算出钠光双线($D_1$、$D_2$)的波长差.由于 λ_1、λ_2 的波长差很小,视见度最差位置附近有较大范围的视见度都很差,即模糊区很宽,因此确定视见度最差的位置有很大的偶然误差,在此可以使用粗调手轮用精度 0.01mm 去测,测出 10 个模糊区的间距,计算 Δd,这是利用累计放大法,即利用拓展量程去减小单次测量的偶然误差.

【注意事项】

1. 测量 He-Ne 激光束的波长时,微调鼓轮只能向一个方向转动,以免引起空程误差.
2. 眼睛不要正对着激光束观察,以免损伤视力.
3. 实验时不要用手触摸迈克耳孙干涉仪的光学元件.

【预习题】

1. 迈克耳孙干涉仪主要由哪些光学元件组成?各自的作用是什么?
2. 怎样调节可以得到等倾干涉条纹?怎样调节可以得到等厚干涉条纹?
3. 如何用 He-Ne 激光束调出非定域的等倾干涉条纹?在调节和测其波长时要注意什么?

【思考题】

用迈克耳孙干涉仪观察到的圆条纹和牛顿环的圆条纹有何本质不同?

【实验数据记录】

表 15-1　测量 He-Ne 激光束的波长

次数	d_1/mm	d_2/mm	$\Delta d=(d_2-d_1)$/mm	N	λ/nm
1					
2					
3					

表 15-2　测量钠光双线（D_1、D_2）的波长差

次数	d_1/mm	d_2/mm	$\Delta d=(d_2-d_1)$/mm	N	$\Delta\lambda$/nm
1					
2					
3					

教师签字：_____

实验日期：_____

【数据处理与分析】

1. 计算 He-Ne 激光束波长的平均值及百分误差 B.

2. 计算钠光双线（D_1、D_2）波长差的平均值及百分误差 $B=\left|\dfrac{\overline{\Delta\lambda}-\Delta\lambda_0}{\Delta\lambda_0}\right|\times 100\%$.

实验十六　太阳能电池基本特性的测定

能源的重要性人人皆知,由于煤、石油、天然气等主要能源的大量消耗,能源危机已成为世人关注的全球性问题.为了经济持续发展及环境保护,人们正大量开发其他能源,如水能、风能及太阳能.其中以硅太阳能电池作为绿色能源,其开发和利用大有发展前景.太阳能的利用和研究是 21 世纪新型能源开发的重点课题之一.目前硅太阳能电池应用领域除人造卫星和宇宙飞船外,还应用于许多民用领域,如太阳能汽车、太阳能游艇、太阳能收音机、太阳能计算机、太阳能乡村电站等.太阳能是一种清洁、"绿色"能源.因此,世界各国十分重视对太阳能电池的研究和利用.

【实验目的与要求】

1. 了解太阳能电池的基本结构和工作原理.
2. 掌握太阳能电池基本特性参数测试原理与方法.
3. 通过分析太阳能电池基本特性参数测试数据,进一步熟悉实验数据分析与处理的方法,理解实验数据与理论结果间不完全一致的原因.

【实验原理】

太阳能电池在没有光照时其特性可视为一个二极管,在没有光照时其正向偏压 U 与通过电流 I 的关系式为

$$I = I_0(e^{\beta U} - 1) \tag{16-1}$$

式中,I 为通过二极管的电流,I_0 和 β 是常数,I_0 为反向饱和电流.

由半导体理论知,二极管主要由能隙为 $E_C - E_V$ 的半导体构成,如图 16-1 所示.E_C 为半导体导带,E_V 为半导体价带.当入射光子能量大于能隙时,光子会被半导体吸收,产生电子和空穴对.电子和空穴对会分别受到二极管内部电场的影响而产生光电流.

假设太阳能电池的理论模型由一个理想电流源(光照产生光电流的电流源)、一个理想二极管、一只并联电阻 R_{sh} 与一只电阻 R_s 组成,如图16-2 所示.

图 16-2 中 I_{ph} 为太阳能电池在光照时该等效电源的输出电流,I_d 为光照时通过太阳能电池内部二极管的电流.由基尔霍夫定律,得

$$IR_s + U - (I_{ph} - I_d - I)R_{sh} = 0 \tag{16-2}$$

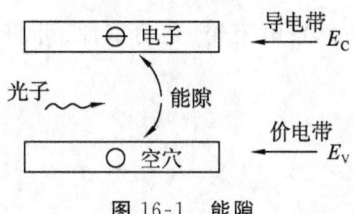

图 16-1　能隙

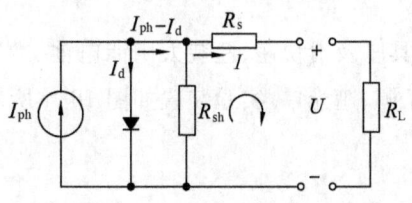

图 16-2　太阳能电池的理论模型

式中,I 为太阳能电池的输出电流,U 为输出电压.上式可变为

$$I\left(1+\frac{R_s}{R_{sh}}\right)=I_{ph}-\frac{U}{R_{sh}}-I_d \tag{16-3}$$

假定 $R_{sh}=\infty$ 和 $R_s=0$,太阳能电池可简化为图 16-3 所示电路.

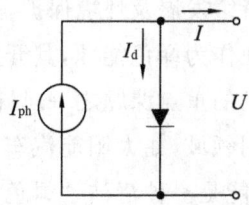

图 16-3 简化的太阳能电池电路

这里

$$I=I_{ph}-I_d=I_{ph}-I_0(e^{\beta U}-1)$$

在短路时,有

$$U=0,I_{ph}=I_{SC}$$

而在开路时,有

$$I=0, \quad I_{SC}-I_0(e^{\beta U_{OC}}-1)=0$$

$$U_{OC}=\frac{1}{\beta}\ln\left[\frac{I_{SC}}{I_0}+1\right] \tag{16-4}$$

式(16-4)即为在 $R_{sh}=\infty$ 和 $R_s=0$ 的情况下太阳能电池的开路电压 U_{OC} 和短路电流 I_{SC} 的关系式.其中 U_{OC} 为开路电压,I_{SC} 为短路电流,I_0、β 是常数.

本实验主要探讨太阳能电池的基本特性,测量太阳能电池的下述特性:

(1) 在没有光照时,测量该太阳能电池在正向偏压时的伏安特性曲线.

(2) 测量太阳能电池在光照时的输出特性,并求得它的短路电流(I_{SC})、开路电压(U_{OC})、输出功率 $P(P=IU)$ 的最大值 P_m 及填充因子 $FF(FF=\frac{P_m}{I_{SC}U_{OC}})$.填充因子 FF 是代表太阳能电池性能优劣的一个重要参数.

(3) 光照效应.

a. 测量短路电流 I_{SC} 和光功率 W 之间的关系,画出 I_{SC} 与光功率 W 之间的关系图.

b. 测量开路电压 U_{OC} 和光功率 W 之间的关系,画出 U_{OC} 与光功率 W 之间的关系图.

【实验仪器】

光具座及滑块座、盒装太阳能电池、数字多用表(2 只)、电阻箱、光功率计、可调直流电源、白光源、遮光罩.实验装置如图 16-4 所示.

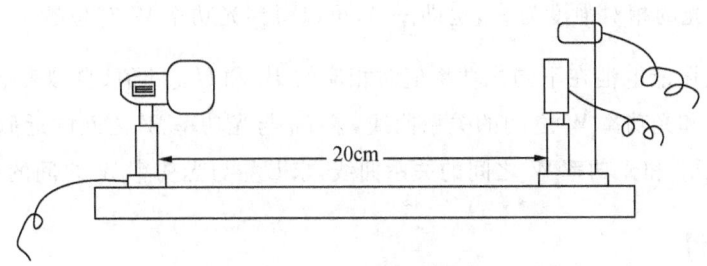

图 16-4　实验装置

【实验内容】

一、在没有光照(全黑)的条件下,测量太阳能电池正向偏压时的伏安(U-I)特性

在全暗情况下(闭合太阳能电池前方的遮光板),测量太阳能电池正向偏压下流过太阳能电池的电流 I 和太阳能电池的输出电压 U,测量电路如图 16-5 所示.注意正负极不要接错.将电源输出调至最大,调节电阻箱 R,使太阳能电池的正向偏压为 2.4V.

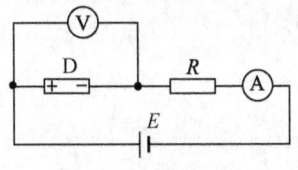

图 16-5　测量电路

改变电阻 R 的阻值,测得不同正向偏压时 U-I 关系数据(若正向偏压调不到 0,可调小电源输出),数据记录于表 16-1 中.

二、不加偏压时测量太阳能电池的基本特性

不加偏压,用光源照射,测量太阳能电池的输出电流 I 与输出电压 U 的关系.(此时太阳能电池可视作电源,改变负载,测量相应的 I、U 值,注意光源到太阳能电池的距离保持为 30cm)

1. 画出测量线路图.
2. 测量太阳能电池的短路电流 I_{sc} 和开路电压 U_{OC}.
3. 测量太阳能电池在不同负载电阻下的 I 和 U,并计算其输出功率(在输出功率最大值附近多测几组值),数据记录于表 16-2 中.

三、测量太阳能电池的光照效应与光电性质

取太阳能电池与白光源水平距离 15cm 为起始位置,用光功率计测量该处的光功率 W_0 (光强度为标准强度 J_0).改变太阳能电池到光源的距离 x,用光功率计测量 x 处的光功率

W(光强度为 J,光的相对强度为 $\frac{J}{J_0}$,也即 $\frac{W}{W_0}$),可以得到光功率 W 与位置 x 的关系(自拟表格). 同时测量太阳能电池在不同光功率值时相应的 I_{sc} 和 U_{oc} 的值(自拟表格).

1. 描绘 I_{sc} 和光功率 W 之间的关系曲线,求 I_{sc} 与光功率 W 之间的近似关系函数.
2. 描绘出 U_{oc} 和光功率 W 之间的关系曲线,求 U_{oc} 与光功率 W 之间的近似函数关系.

【注意事项】

1. 光源不用时,闭合直流电源后面板上的开关,光源使用时间过久时发热剧烈,要注意避免烫伤.
2. 使用光功率计测量时,注意将其调整到与太阳能电池中心对齐的位置;在不使用时应将光功率计的探头转向侧面,避免一直被光照,降低其使用寿命.

【预习题】

1. 太阳能电池的工作原理是什么?
2. 为了得到较高的光电转化效率,太阳能电池是在高温下工作有利还是在低温下工作有利?

【思考题】

1. 实验中太阳能电池表面不垂直于入射光束,会对实验结果产生什么影响?
2. 为了尽可能提高太阳能电池的光电转换效率,太阳能电池表面应该怎么处理为好?
3. 不同单色光下太阳能电池的光照特性有什么变化?为什么?
4. 根据实验结果,日常使用太阳能电池应该注意哪些问题?

【实验数据记录】

表 16-1　全暗条件下太阳能电池在外加偏压时的伏安特性

U/V							
I/mA							
$\ln I$							

表 16-2　不加偏压时的太阳能电池特性

短路电流 $I_{SC}=$ ＿＿＿＿＿＿＿＿＿，开路电压 $U_{OC}=$ ＿＿＿＿＿＿＿＿＿

U/V	0						
I/mA							0
输出功率 P/mW							

表 16-3　太阳能电池的光照效应与光电性质

x/cm							
光功率 W							
U_{OC}/V							
I_{SC}/mA							

教师签字：＿＿＿＿＿＿

实验日期：＿＿＿＿＿＿

【数据处理与分析】

一、无光照情况下太阳能电池特性

1. 以电压为横轴，电流为纵轴，绘制太阳能电池正向偏压时的伏安特性曲线.

2. 用最小二乘法处理数据，计算式(16-1)中的常数 I_0、β 以及相关系数 r.

由于 $\dfrac{I}{I_0} = e^{\beta U} - 1$，当 U 较大时，$e^{\beta U} \gg 1$，即 $\ln I = \beta U + \ln I_0$，$\ln I$ 与 U 呈线性关系. 利用 Excel 软件给出 $\ln I$ 与 U 的回归方程. 利用 Excel 图表的"添加趋势线"命令，给出直线的回归方程与相关系数. 根据回归方程，给出直线的斜率 k、截距 b.

回归方程：$\ln I =$ _____ $U +$ _____，

相关系数 $r =$ _____．

$\beta = k =$ _____，

$I_0 = e^b =$ _____．

二、光照情况下太阳能电池特性

1. 根据太阳能电池在不同负载电阻下的 I 和 U，画出 I-U 曲线图.

2. 计算太阳能电池在不同负载电阻下的输出功率 P，绘制太阳能电池输出功率 P 与电压 U 的关系曲线，求最大输出功率 P_m 及对应的电压.

计算填充因子 $FF = \dfrac{P_m}{I_{sc} U_{OC}} =$ _____．

三、太阳能电池的光照效应与光电性质

1. 描绘短路电流 I_{sc} 与光功率 W 之间的关系曲线，求 I_{sc} 与光功率 W 之间的近似关系函数.

2. 描绘开路电压 U_{OC} 与光功率 W 之间的关系曲线，求 U_{OC} 与光功率 W 之间的近似函数关系.

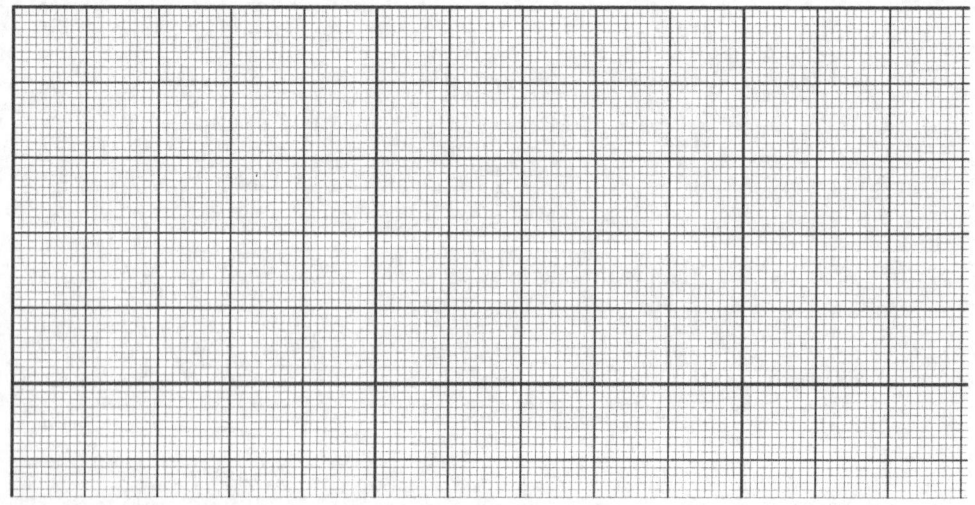

图名：_____

实验十七　扭摆法测定物体的转动惯量

转动惯量是刚体转动时惯性大小的量度,是表征刚体特性的一个物理量.它与物体质量、转动位置和质量分布(即形状、大小和密度分布)有关.如果刚体形状简单,且质量分布均匀,可以直接计算出它绕特定轴的转动惯量.对于形状复杂、质量分布不均匀的刚体(如机械零部件、电机转子以及炮弹的弹丸等),计算将非常困难,往往需要用实验方法测定.因此,学会刚体转动惯量的测量方法具有重要的现实意义,其被广泛应用于动力装置的传动、惯性制导、弹体和飞行器的姿态以及动力性能研究和船舰技术等方面.

测量刚体转动惯量的方法很多,如扭摆法、三线摆法、单线扭摆法以及塔轮法等.本实验采用扭摆法测量物体的转动惯量.

【实验目的与要求】

1. 熟悉扭摆的构造及使用方法.
2. 测量扭摆弹簧的扭转常数 K.
3. 测量不同形状物体的转动惯量,并与理论值进行比较.
4. 验证转动惯量的平行轴定理.

【实验原理】

测量转动惯量一般使刚体以一定形式转动,通过表征这种运动特征的物理量与转动惯量的关系进行的.本实验使物体做扭转摆动,由摆动周期及其他参数计算出物体的转动惯量.

一、扭摆的简谐运动

扭摆的构造如图 17-1 所示,在其垂直轴 1 上装有一根薄片状的螺旋弹簧 2,用以产生恢复力矩.在轴的上方可以装上各种待测物体.垂直轴与支座间装有轴承,使摩擦力矩尽可能降低.为了保持垂直轴 1 与水平面垂直,可通过底脚螺丝 4 来调节.3 为水准仪,用来指示系统的水平调节.

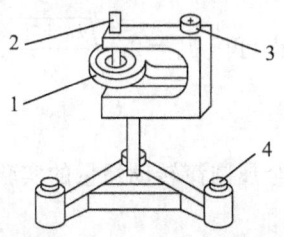

图 17-1　扭摆的结构示意图

将物体在水平面内转过一角度 θ 后,在弹簧的恢复力矩作用下,物体开始绕垂直轴做往返扭转运动.根据胡克定律,弹簧受扭转而产生的恢复力矩 M 与所转过的角度成正比,即

$$M = -K\theta \tag{17-1}$$

式中,K 为弹簧的扭转常数.根据转动定律,有 $M = J\alpha$.式中,J 为物体绕转轴的转动惯量,α 为角加速度,由上式得

$$\alpha = \frac{M}{J} \tag{17-2}$$

令 $\omega^2 = \dfrac{K}{J}$,且忽略轴承的摩擦阻力矩,由式(17-1)与式(17-2)得 $\alpha = \dfrac{d^2\theta}{dt^2} = -\dfrac{K}{J}\theta = -\omega^2\theta$.

上述方程表示扭摆运动具有角谐振动的特性,即角加速度与角位移成正比,且方向相反.此方程的解为 $\theta = A\cos(\omega t + \varphi)$.式中,$A$ 为谐振动的角振幅,φ 为初相位角,ω 为角速度.此谐

振动的周期为
$$T = \frac{2\pi}{\omega} = 2\pi\sqrt{\frac{J}{K}} \tag{17-3}$$

利用式(17-3)测得扭摆的摆动周期后,当 J 和 K 中任意一个量已知时,可计算出另一个量.

二、扭摆常数以及金属载物盘转动惯量的测量

可以通过一个已知转动惯量的刚体的转动来测量所用扭摆的 K 值.实验中先测量一个几何形状规则的物体(如标准的圆柱体)的质量和几何尺寸,根据理论公式计算出它的转动惯量.再将该物体装到扭摆(即金属载物盘)上,测出它们一起转动的摆动周期.

设空盘绕转轴的转动惯量为 J_0,转动的周期为 T_0,标准圆柱体绕转轴的转动惯量的理论值为 J_1',和空盘一起转动的周期为 T_1,由式(17-3)可得

$$T_0 = 2\pi\sqrt{\frac{J_0}{K}} \tag{17-4}$$

$$T_1 = 2\pi\sqrt{\frac{J_0 + J_1'}{K}} \tag{17-5}$$

由上两式联立消去 J_0,可得
$$K = 4\pi^2 \frac{J_1'}{T_1^2 - T_0^2} \tag{17-6}$$

由式(17-6)即可计算出扭摆弹簧的扭转常数 K.由式(17-4)和式(17-5),可得

$$J_0 = J_1' \frac{T_0^2}{T_1^2 - T_0^2} \tag{17-7}$$

由式(17-7)可以计算金属载物盘的转动惯量 J_0.

三、塑料圆柱体、金属圆筒和金属细杆转动惯量的测量

设塑料圆柱体绕转轴的转动惯量实验值是 J_1,将实验值 J_1 替换理论值 J_1' 代入式(17-5),同样可得 $T_1 = 2\pi\sqrt{\frac{J_0 + J_1}{K}}$.该式变形后可得

$$J_1 = \frac{K}{4\pi^2}T_1^2 - J_0 \tag{17-8}$$

设金属圆筒转动惯量的实验值为 J_2,金属圆筒和空盘一起转动的周期为 T_2,同理可得

$$J_2 = \frac{K}{4\pi^2}T_2^2 - J_0 \tag{17-9}$$

为了测量金属细杆的转动惯量 J_3,需要将金属细杆通过夹具固定到扭摆主轴1上.设金属细杆转动周期是 T_3,夹具的转动惯量是 $J_{夹具}$,同理可得 $J_3 = \frac{K}{4\pi^2}T_3^2 - J_{夹具}$.

因为夹具的转动惯量很小,本实验忽略不计,所以上式简化为

$$J_3 = \frac{K}{4\pi^2}T_3^2 \tag{17-10}$$

四、平行轴定理

理论分析证明,若质量为 m 的物体绕通过质心轴的转动惯量为 J_0,当转轴平行移动距离 x 时,则此物体对新轴线的转动惯量变为 $J_0 + mx^2$,这称为转动惯量的平行轴定理.

【实验仪器】

TH-2型转动惯量测试仪、天平、游标卡尺、直尺、塑料圆柱体、金属圆筒、金属细杆、金

属滑块(2个).

【实验内容】

一、仪器调节

1. 水平调节:调节扭摆底座螺钉,使水准仪中的小气泡位于中间.水平一旦调节好,扭摆不可移位,否则必须重新调节.
2. 安装金属载物盘.
3. 调整光电门的位置:使载物盘处于平衡位置时,挡光杆处于光电门中央,并能自由往返通过光电门,但不能碰撞.

二、测量各物体的质量和几何尺寸

测出塑料圆柱体的直径、金属圆筒的内外径、金属细杆的长度以及它们的质量,各测 3 次,将数据填入表 17-1 中.

三、测量摆动周期,计算转动惯量

多功能计时计数器的使用方法参见附录.
1. 测定载物盘的摆动周期 T_0,将数据填入表 17-2 中.
2. 将塑料圆柱体安装在载物盘上,测它们共同的摆动周期 T_1,将数据填入表 17-2 中.
3. 将金属圆筒安装在载物盘上,测它们共同的摆动周期 T_2,将数据填入表 17-2 中.
4. 取下载物盘,装上金属细杆及杆夹具,测定金属细杆和杆夹具共同的摆动周期 T_3,将数据填入表 17-2 中.
5. 计算塑料圆柱体、金属圆筒以及金属细杆绕中心轴的转动惯量的理论值.
6. 根据式(17-4)计算扭摆弹簧的扭转常数.
7. 计算载物盘、塑料圆柱体、金属圆筒以及金属细杆绕中心轴的转动惯量的实验值,并计算出百分误差(注:载物盘转动惯量的百分误差不需要计算).

四、验证平行轴定理

将滑块对称地放置在细杆两边的凹槽内,如图 17-2 所示,取滑块的质心离转轴的距离 x_i 分别为 5.00cm、10.00cm、15.00cm、20.00cm,测出各位置对应的摆动周期 T_i,并填入表 17-3 中,验证转动惯量的平行轴定理.

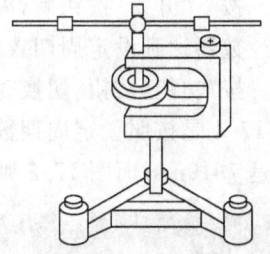

图 17-2 滑块放置图

【注意事项】

1. 由于弹簧的扭转常数值不是固定常数,它与摆动角度有关系.当摆角在 40°~90°范围时,扭转常数基本相同;当摆角为小角度时,扭转常数会变小.为了减少系统误差,在测各种物体的摆动周期时,摆角应基本保持在同一个范围内.
2. 光电探头宜放置在挡光杆的平衡位置处.挡光杆不能和它接触,以免增大摩擦力矩.
3. 光电探头不能放置在强光下,实验时应采用窗帘遮光,并确保计时准确.
4. 机座应保持水平状态.

5. 在安装待测物体时,支架须全部套入扭摆主轴,旋紧止动螺丝,否则扭摆不能正常工作.
6. 在称衡金属细杆的质量时,必须将支架取下,否则会带来较大误差.

【预习题】

1. 为什么质量相同的物体其转动惯量不相同?转动惯量与哪些因素有关?
2. 实验中,为什么在测量细杆的质量时必须将支座和安装夹具取下?
3. 一个质量不均匀的物体,如何测量绕某特定转轴的转动惯量?

【思考题】

1. 如果标准圆柱体的材料由塑料改为金属或其他材料,对实验结果是否会产生影响?
2. 如何利用本实验仪来测定任意形状物体绕特定轴的转动惯量?
3. 弹簧的扭转常数越大,物体的摆动周期是否越大?为什么?
4. 验证滑块不对称时的平行轴定理.
5. 本实验除了用光电门和数字计时器来测量摆动周期外,还可用什么方法来测量周期?

【附录】

多功能计时计数器的使用方法

1. 调节光电门的高度,使被测物体上的挡光杆能自由往返通过光电门.
2. 将光电门的信号传输线与主机输入端(位于测试仪背面)相连.
3. 开启计数计时器后,若面板的显示如图17-3所示,表明测量周期数已经设置成10个周期,否则按"设置"按钮后,用方向按钮设置测量周期数,再次按"设置"按钮,结束周期数的设置.

数字式计数计时器带有光电门,当扭摆摆动时,扭摆上部的挡光杆来回遮挡光电门,触发计数计时器启动计数.每两次挡住光电门为一个摆动周期.

按下"开始"按钮后,周期数显示为"——",第一次遮挡光电门时开始计周期数和时间,当计数器达到设定周期数后自动停止计时,时间精确到毫秒.

按"功能"按钮,切换时间测量值按周期显示或者按照设定周期数的总时间显示.例如,图17-4是按照设定周期数的总时间显示,如果设定的周期数是10,那么10个周期的测量值是7919ms;而图17-5则直接显示了周期值为792ms.

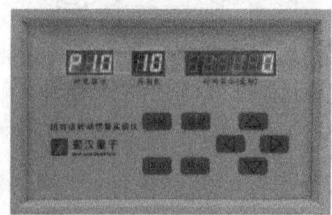 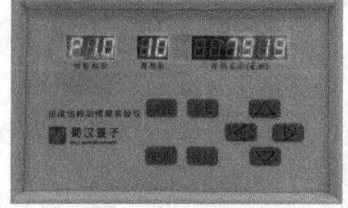 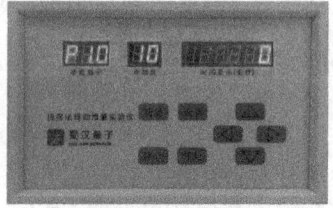

图17-3　计数计时器开机显示　　图17-4　按设定周期数的总时间显示　　图17-5　按周期显示

按"停止"按钮,可以提前结束没有完成的计时测量.

【实验数据记录】

1. 测量塑料圆柱体、金属圆筒、金属细杆的质量和尺寸.

表 17-1　塑料圆柱体、金属圆筒、金属细杆的质量和尺寸数据记录表

次数	塑料圆柱体		金属圆筒			金属细杆	
	m_1/kg	D/cm	m_2/kg	$D_{外}$/cm	$D_{内}$/cm	m_3/kg	L/cm
1							
2							
3							
平均值							

2. 测量摆动周期.

表 17-2　测量摆动周期数据记录表

物体名称	周期/s		转动惯量理论值 /(10^{-4}kg·m²)	实验值 /(10^{-4}kg·m²)	百分误差
金属载物盘	T_0		—	$J_0 = J_1' \dfrac{\overline{T}_0{}^2}{\overline{T}_1{}^2 - \overline{T}_0{}^2}$ =	—
	$\overline{T}_0$				
塑料圆柱体	T_1		$J_1' = \dfrac{1}{8} m_1 \overline{D}_1{}^2$ =	$J_1 = \dfrac{K}{4\pi^2} \overline{T}_1{}^2 - J_0$ =	
	$\overline{T}_1$				
金属圆筒	T_2		$J_2' = \dfrac{1}{8} m_2 (\overline{D}_{外}{}^2 + \overline{D}_{内}{}^2)$ =	$J_2 = \dfrac{K}{4\pi^2} \overline{T}_2{}^2 - J_0$ =	
	$\overline{T}_2$				
金属细杆	T_3		$J_3' = \dfrac{1}{12} m_3 \overline{L}^2$ =	$J_3 = \dfrac{K}{4\pi^2} \overline{T}_3{}^2$ =	
	$\overline{T}_3$				

3. 验证平行轴定理.

滑块的质量 $m_{滑}$ = ＿＿＿＿＿＿ kg，$L_{滑}$ = ＿＿＿＿＿＿ cm，

$D_{滑外}$ = ＿＿＿＿＿＿ cm，$D_{滑内}$ = ＿＿＿＿＿＿ cm.

表 17-3　验证平行轴定理数据记录表

x_i/cm	5.00	10.00	15.00	20.00
摆动周期 T_i/s				
$\overline{T}_i$/s				
实验值/$(10^{-4}\,\text{kg}\cdot\text{m}^2)$ $J_4=\dfrac{K}{4\pi^2}\overline{T}_i^{\,2}$				
理论值/$(10^{-4}\,\text{kg}\cdot\text{m}^2)$ $J_4{'}=J_3{'}+2mx_i^2+J_5{'}$				
百分误差				

已知两个滑块绕过质心轴的转动惯量理论值为

$$J_5{'}=2\times\left[\frac{1}{16}m_{滑}(D_{滑外}^{\,2}+D_{滑内}^{\,2})+\frac{1}{12}m_{滑}\,L_{滑}^{\,2}\right]=0.87\times10^{-4}\,\text{kg}\cdot\text{m}^2,$$

式中，$m_{滑}$ 为滑块的质量，$D_{滑外}$、$D_{滑内}$ 分别为滑块的外径和内径，$L_{滑}$ 为其长度。

教师签字：_____

实验日期：_____

【数据处理与分析】

根据表 17-1 及表 17-2 中的数据：

1. 计算塑料圆柱体、金属圆筒、金属细杆绕中心轴转动的转动惯量的理论值.
2. 根据式(17-4)，计算扭摆弹簧的扭转常数 K.
3. 根据式(17-7)，计算金属载物盘绕中心轴的转动惯量.
4. 根据式(17-8)、式(17-9)、式(17-10)，分别计算塑料圆柱体、金属圆筒、金属杆绕中心轴转动惯量的实验值，与理论值比较，并计算百分误差(在计算金属杆转动惯量时，可以忽略夹具的转动贯量).
5. 根据表 17-3 中的数据，计算出滑块质心在不同位置处的转动惯量的实验值及理论值，并对结果做分析说明.

实验十八　声速的测定

声波是在弹性介质中传播的一种机械波.振动频率在 20～20000 Hz 的声波为可闻声波,振动频率超过 20000 Hz 的声波称为超声波.声速是描述声波在媒质中传播特性的一个基本物理量.测量声速最简单的方法之一就是利用声速与振动频率 f 和波长 λ 之间的关系即 $v=f\lambda$ 求出.声速的测量在声波定位、探伤、测距中有着广泛的应用,因此具有重要意义.本实验利用超声波具有波长短、易于定向发射和会聚等优点,测量超声波在空气中的传播速度.

【实验目的与要求】

1. 了解超声波的发射和接收方法.
2. 加深对振动合成、波动干涉等理论知识的理解.
3. 掌握用干涉法和相位法测声速的方法.
4. 掌握逐差法处理数据.

【实验原理】

一、压电陶瓷换能器

声速实验所采用的声波频率一般都在 20～60 kHz 之间.在此频率范围内,采用压电陶瓷换能器作为声波的发射器、接收器,效果最佳.压电陶瓷片是由一种多晶结构的压电材料(如石英、锆钛酸铅陶瓷等),在一定温度下经极化处理制成的.它具有压电效应:当其受到与极化方向一致的应力 T 时,在极化方向上产生一定的电场强度 E 且具有线性关系 $E=g \cdot T$,即力→电,称为正压电效应;当与极化方向一致的外加电压 U 加在压电材料上时,材料的伸缩形变 S 与 U 之间有简单的线性关系 $S=d \cdot U$,即电→力,称为逆压电效应.其中 g 为比例系数,d 为压电常数,与材料的性质有关.由于 E 与 T,S 与 U 之间有简单的线性关系,因此我们就可以将正弦交流电信号变化转变成压电材料纵向的长度伸缩,使压电陶瓷片成为超声波的波源.即压电换能器可以把电能转换为声能,作为超声波发生器,反过来也可以使声压变化转化为电压变化,即用压电陶瓷片作为声频信号接收器.因此,压电换能器可以把电能转换为声能,作为声波发生器;也可把声能转换为电能,作为声波接收器之用.

根据压电陶瓷换能器的工作方式,可将其分为纵向(振动)换能器、径向(振动)换能器及弯曲振动换能器.图 18-1 所示为纵向换能器的结构简图.

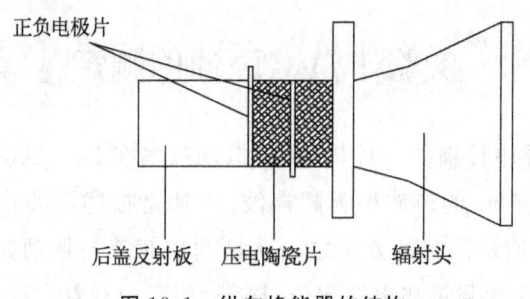

图 18-1　纵向换能器的结构

二、声速测量原理

波在弹性连续介质中传播,设其传播速度为 v、波长为 λ、频率为 f,则三者之间的关系为 $v=f\lambda$. 实验中只要测出波长 λ 和频率 f,即可求得声波的传播速度 v. 常用的测量方法有共振干涉法(驻波)、相位比较法和时差法等三种.

1. 驻波法测量声速.

当频率、振动方向和振幅相同,相位差固定,沿同一条直线相向传播的两列波,在相遇区域,使介质的质点同时参与两种振动,形成稳定分布,即产生干涉,形成驻波. 设两列波的波动方程为

波束1：
$$y_1 = A_1 \cos\left(\omega t + 2\pi \frac{x}{\lambda}\right)$$

波束2：
$$y_2 = A_2 \cos\left(\omega t - 2\pi \frac{x}{\lambda}\right)$$

在相遇区域,叠加后形成的合成波为

$$\begin{aligned} y_3 &= y_1 + y_2 \\ &= A_1 \cos\left(\omega t + \frac{2\pi x}{\lambda}\right) + A_2 \cos\left(\omega t - \frac{2\pi x}{\lambda}\right) \\ &= A_1 \cos\left(\omega t + \frac{2\pi x}{\lambda}\right) + A_1 \cos\left(\omega t - \frac{2\pi x}{\lambda}\right) + (A_2 - A_1)\cos\left(\omega t - \frac{2\pi x}{\lambda}\right) \\ &= 2A_1 \cos\frac{2\pi x}{\lambda}\cos\omega t + (A_2 - A_1)\cos\left(\omega t - \frac{2\pi x}{\lambda}\right) \end{aligned}$$

这里 ω 为声波的角频率,t 为经过的时间,x 为波传播的距离(接收换能器与发射换能器之间的距离). 由此可见,叠加后的声波振幅,在空间上随 x 距离,按 $2A_1\cos\left(\frac{2\pi x}{\lambda}\right)$ 做周期性变化. 如果入射波和反射波的振幅相等,合成波的振幅在波节处振幅为 0,如图 18-2(a) 所示;如果入射波和反射波的振幅不等,合成波的振幅即使在波节处也不为 0,如图 18-2(b) 所示,是按 $(A_2 - A_1)\cos\left(\omega t - \frac{2\pi x}{\lambda}\right)$ 变化. 图 18-2 所示波形显示了按 $2A_1\cos\frac{2\pi x}{\lambda}\cos\omega t + (A_2 - A_1)\cos\left(\omega t - \frac{2\pi x}{\lambda}\right)$ 叠加后的声波波形,随距离 $\frac{2\pi x}{\lambda}$ 在空间上做周期性变化的规律.

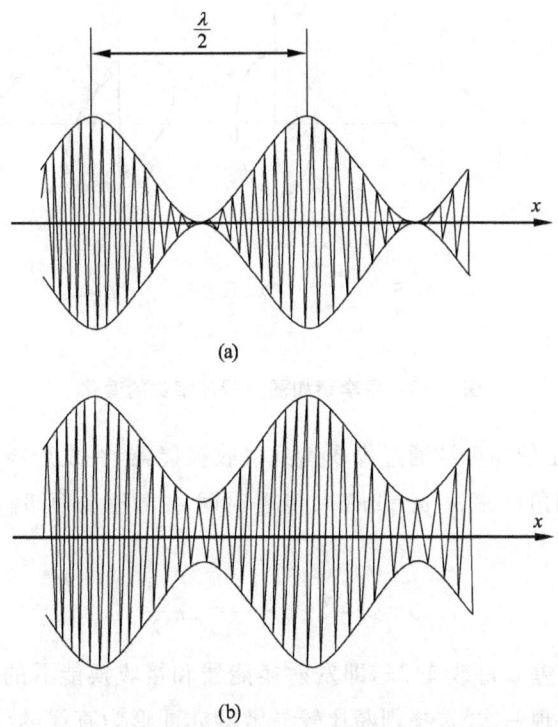

图 18-2 驻波形成的示意图

发射换能器将交流正弦电压信号转换为声波发射出去,接收换能器将接收到的声波转换成交流正弦电压信号输入到示波器,在示波器上可观察到正弦波.当接收换能器和发射换能器的表面严格平行,入射波与反射波在两换能器之间区域相干叠加形成驻波.因为入射波在接收换能器表面部分反射,反射波振幅小于入射波振幅,故在驻波的波节处,振幅不为零,如图 18-2(b)所示.

在示波器上观察到的波形,会周期性显示在某些位置时振幅有最小或最大值.根据波的干涉原理知道:任意两相邻的振幅最大值的位置之间(或两相邻的振幅最小值的位置之间)的距离均为 $\frac{\lambda}{2}$.实验时一边观察示波器上波形变化,一边缓慢地改变 S_1 和 S_2 之间的距离,每当波幅最大时,记录接收换能器的位置,测出两相邻最大波幅之间距离 (即 S_2 移动过的距离亦为式 $\frac{\lambda}{2}$),由式 $v=f\lambda$ 即可计算出声速.

2. 相位比较法.

将发射交流正弦电压信号和接收正弦电压信号,分别输入到示波器的"X 轴"和"Y 轴",通过示波器来观察相位差.互相垂直的两个谐振动的叠加,能得到李萨如图形.如果两个谐振动的频率相同,则李萨如图形就很简单.图 18-3 是两个互相垂直振动的相位差从 $0 \to \pi$ 的变化图,图形从斜率为正的直线变为椭圆再变到斜率为负的直线.

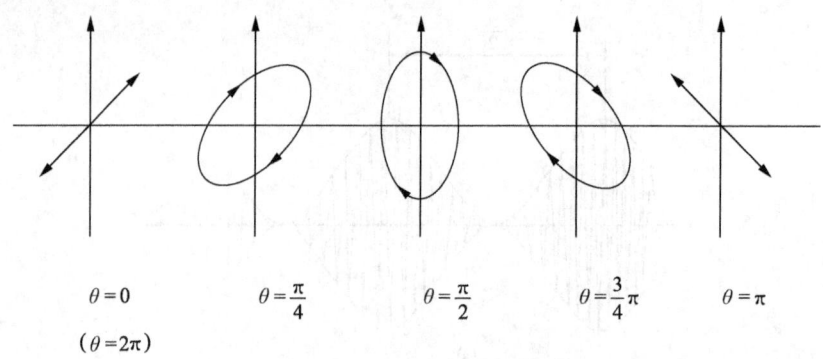

$\theta=0$　　　$\theta=\dfrac{\pi}{4}$　　　$\theta=\dfrac{\pi}{2}$　　　$\theta=\dfrac{3}{4}\pi$　　　$\theta=\pi$

($\theta=2\pi$)

图 18-3　用李萨如图形观测相位的变化

从发射换能器发出的超声波通过媒质达到接收换能器,在发射波和接收波之间产生了相位差,此相位差 φ 和角频率 ω($\omega=2\pi f$)、传播时间 t、声速 v、距离 l、波长 λ 之间有下列关系:

$$\varphi=\omega\tau=2\pi f\cdot\dfrac{l}{v}=2\pi\dfrac{l}{\lambda} \tag{18-1}$$

由上式可知,相位差 φ 每改变 2π,即发射换能器和接收换能器的间距 l 每改变一个波长,相同图形就重复出现一次.选择判断比较灵敏的亦即形为直线的位置作为测量的起点,每移动一个波长的距离就会重复出现同样斜率的直线.于是,根据相位差的 2π 变化,便可以测量出波长来.声波频率由信号源读出,根据式(18-1)便可计算出声速.

【实验仪器】

SVX-5 型声速测试仪信号源、SV-DH 系列声速测试仪.

【实验内容】

按照图 18-4 连接电路.

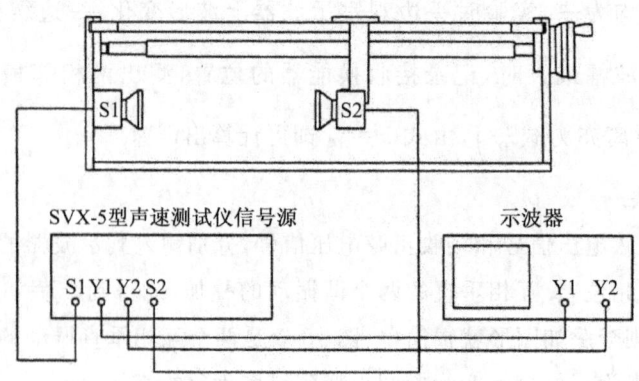

图 18-4　驻波法、相位法测量连线图

一、共振频率调节

1. 打开电源,开机预热 15 分钟.

2. 信号源调节:选择连续波工作方式;发射强度旋钮指向时钟"7"点位置;输出频率调节为 34～35kHz 之间某一值.

3. 接收换能器共振频率调节.

(1) 在示波器上,选择与信号源相连接的通道,调整时基旋钮和通道增益旋钮,使示波器显示稳定的正弦波形为止.

(2) 在示波器上,转换到与接收换能器相连接的通道.

(3) 调节信号源频率旋钮,同时观察示波器上正弦波幅值的变化,再配合时基旋钮和相应通道增益旋钮的调节,找出使正弦波幅值最大的频率,该频率即为接收换能器的共振频率.到此共振频率调节完成,实验过程中保持不变.

二、驻波法(共振干涉法)测量声速

1. 在共振频率调节的基础上,转动测试架上调节鼓轮,使接收换能器沿一个方向移动(注意:发射换能器和接收换能器间的距离最小不能小于 5cm).

2. 观察示波器上正弦波的振幅变化,选择振幅极大值处为测量起点 x_1.

3. 继续沿同一个方向移动接收换能器,每当正弦波的振幅为最大值时,记录一次接收换能器的位置坐标,共记录 12 次,将数据填入表 18-1 中.

三、相位法(李萨如图法)测量声速

在前面调节的基础上,保持共振频率不变.

1. 示波器的工作方式选用 X-Y 方式,在示波器上合成李萨如图形.

2. 转动测试架上调节鼓轮,使接收换能器沿一个方向移动,观察示波器上图形变化,当出现一条斜线时为测量起点 x_1.

3. 继续沿同一个方向移动接收换能器,每出现一次同样斜率的直线时,记录一次接收换能器的位置坐标,共记录 12 次,将数据填入表 18-1 中.

【注意事项】

1. 禁止无目的地乱拧仪器旋钮.

2. 换能器发射端与接收端间距一般要在 5cm 以上,距离近时可把信号源面板上的发射强度减小,随着距离的增大可适当增大.

3. 示波器上图形失真时可适当减小发射强度.

【预习题】

1. 发射信号接 CH_1 通道、接收信号接 CH_2 通道,用驻波共振法测量声速时示波器各主要旋钮该如何调节?用相位法测量声速时又该如何调节?

2. 要在示波器屏上看到李萨如图形,应如何调节示波器?

3. 在声速测量实验中为什么要在换能器谐振状态下测定空气中的声速?为什么换能器的发射面和接收面要保持平行?

4. 用驻波共振法测量超声波声速,如何测量其频率?波长又如何测量?

【思考题】

1. 相位比较法为什么选直线图形作为测量起点?从斜率为正的直线变到斜率为负的直线,在这过程中相位改变了多少?

2. 在相位比较法中,调节哪些旋钮可改变直线的斜率?调节哪些旋钮可改变李萨如图形的形状?

3. 本实验中的超声波是如何获得的?

4. 超声波信号能否直接用示波器观测,怎样实现?

5. 固定距离,改变频率,以求声速,是否可行?

6. 用逐差法处理数据具有哪些优点?

【实验数据记录】

表 18-1 驻波法、相位法测波长数据记录表

室温 $t=$ _____ ℃，频率 $f=$ _____ kHz

i	驻波法 x_i/mm	相位法 x_i/mm
1		
2		
3		
4		
5		
6		
7		
8		
9		
10		
11		
12		

教师签字：_____

实验日期：_____

【数据处理与分析】

一、计算声速的理论值

记录室温温度 $t(℃)$，在室温 t 下，干燥空气中声速的理论值为

$$v' = v_0 \sqrt{1 + \frac{t}{T_0}} \tag{18-2}$$

式中，$T_0 = 273.15\text{K}$；v_0 为温度为 T_0 时的声速，$v_0 = 331.45\text{m/s}$。

二、驻波法测量声速

1. 根据表 18-1 中的数据，用逐差法数据处理，将 $x_1, x_2, \cdots, x_{12}$ 分为 $x_1 \sim x_6$ 和 $x_7 \sim x_{12}$ 两组，求出 Δx_i。

$$\Delta x_1 = x_7 - x_1, \quad \Delta x_2 = x_8 - x_2, \quad \Delta x_3 = x_9 - x_3,$$
$$\Delta x_4 = x_{10} - x_4, \quad \Delta x_5 = x_{11} - x_5, \quad \Delta x_6 = x_{12} - x_6$$

2. 求出 Δx_i 的平均值。

3. 求出波长的平均值：$\dfrac{\bar{\lambda}}{2} = \dfrac{\Delta \bar{x}}{6}, \bar{\lambda} = \dfrac{\Delta \bar{x}}{3}$。

4. 由 $\bar{v} = \bar{f} \cdot \bar{\lambda}$ 求出声速。

5. 与声速的理论值比较，求出百分误差 $B = \dfrac{|\bar{v} - v_0|}{v_0} \times 100\%$。

三、相位法测量声速

1. 根据表 18-1 中的数据，用逐差法数据处理，将 $x_1, x_2, \cdots, x_{12}$ 分为 $x_1 \sim x_6$ 和 $x_7 \sim x_{12}$ 两组，求出 Δx_i。

$$\Delta x_1 = x_7 - x_1, \quad \Delta x_2 = x_8 - x_2, \quad \Delta x_3 = x_9 - x_3,$$
$$\Delta x_4 = x_{10} - x_4, \quad \Delta x_5 = x_{11} - x_5, \quad \Delta x_6 = x_{12} - x_6$$

2. 求出 Δx_i 的平均值。

3. 求出波长的平均值：$\bar{\lambda} = \dfrac{\Delta \bar{x}}{6}$。

4. 由 $\bar{v} = \bar{f} \cdot \bar{\lambda}$ 求出声速。

5. 与声速的理论值比较，求出百分误差 $B = \dfrac{|\bar{v} - v_0|}{v_0} \times 100\%$。

第四章

综合性提高实验

实验十九　动力学共振法测定材料的杨氏弹性模量

杨氏弹性模量(杨氏模量)是固体材料的重要力学参量,它表示材料抵抗外力产生拉伸(或压缩)形变的能力,是选择机械构件材料的依据之一.测定杨氏模量的方法有静态拉伸法和动力学共振法.静态拉伸法常用于大变形、常温下的测量,但由于载荷大,加载速度慢,有弛豫过程,不能真实地反映材料内部结构的变化,因此既不适用于对脆性材料的测量,也不能测量材料在不同温度时的杨氏模量.动力学共振法不仅克服了静态拉伸法的缺陷,而且更具实用价值,是国家 GB/T2105—91 推荐使用的测量方法.

本实验采用当前工程技术上常用的动力学共振法测量杨氏模量.其基本方法是:将一根截面均匀的试样(棒)悬挂在两只传感器(一只激振,一只拾振)下面,在两端自由的条件下,使之做自由振动,测出试样的固有基频,并根据试样的几何尺寸、密度参数,测得材料的杨氏模量.

【实验目的与要求】

1. 学会用动力学共振法测定材料的杨氏模量.
2. 学习用内插法测量、处理实验数据.
3. 了解压电陶瓷换能器的功能,熟悉信号源和示波器的使用方法.
4. 培养学生综合运用知识和使用常用实验仪器的能力.

【实验原理】

杨氏模量是固体材料在弹性形变范围内正应力与相应正应变的比值,其数值大小与材料结构、化学成分和加工制造方法有关. 如图 19-1 所示,一细长棒($d \ll l_2$)的横振动满足下述动力学方程:

$$\frac{\partial^4 \xi}{\partial x^4} + \frac{\rho S}{EJ} \cdot \frac{\partial^2 \xi}{\partial t^2} = 0$$

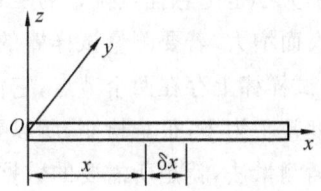

图 19-1　细长棒的弯曲振动

式中,S 为棒的横截面积;J 为某一截面的惯性矩($J = \iint_S z^2 dS$). 棒的两端是自由端时,端部既不受正应力也不受切向力,棒的轴线沿 x 方向,ξ 为棒上距左端 x 处截面的 z 方向位移.

求解上述方程,对圆形棒($J = \dfrac{Sd^2}{16}$),有

$$E = 1.6067 \dfrac{L^3 m}{d^4} f^2 \tag{19-1}$$

式中,E 为杨氏模量,单位为牛/米²(N·m⁻²);L 为棒的长度;d 为棒的横截面直径;m 为棒的质量;f 为棒的无阻尼基频共振频率. 如果在实验中测得式(19-1)右边的各量,即可由式(19-1)计算出试样棒的杨氏模量 E.

【实验仪器】

杨氏模量测定仪、通用示波器、电子天平、游标卡尺、米尺、试样棒.

本实验的主要任务是测量试样棒的共振频率,所以实验时采用如图 19-2 所示装置.

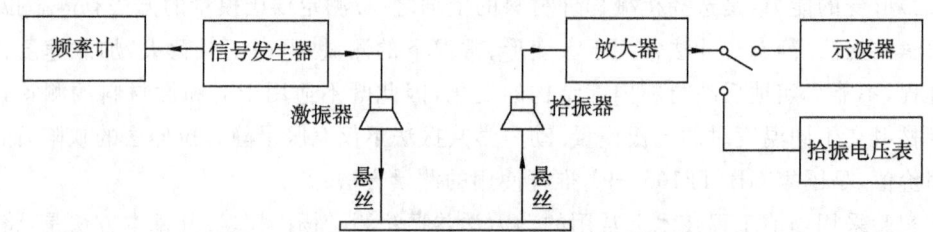

图 19-2　动力学共振法测量材料杨氏模量装置框图

由信号源输出的等幅正弦波信号加在激振器(压电陶瓷换能器Ⅰ)上,通过换能器Ⅰ把电信号变成机械振动,再由悬丝把机械振动传给试样棒,使试样棒受迫做横向振动,试样棒另一端的悬丝再把试样棒的机械振动传给拾振器(压电陶瓷换能器Ⅱ),这时机械振动又转变成电信号,该信号经放大后送到示波器中显示.

当信号源的频率不等于试样棒的固有频率时,试样棒不发生共振,示波器上几乎没有电信号波形或波形很小. 当信号源的频率等于试样棒的固有频率时,试样棒发生共振,这时示波器上的波形突然增大,频率计(或信号源的频率显示器)上读出的频率就是试样棒在该温度下的共振频率. 代入式(19-1),即可计算出该温度下的杨氏模量. 如果有可控温加热炉,则可测出在不同温度时的杨氏模量.

在实验中,由于悬丝对试样棒振动的阻尼,试样棒并非做自由横振动,所检测到的共振频率大小是随悬挂点位置的变化而变化的,一般表现为共振频率随悬挂点到节点的距离的增大而增大. 若要测量试样棒的基频共振频率,只有将悬丝挂在节点处. 处于基频振动模式时,试样棒上存在两个节点,它们的位置距端部分别为 $0.224L$ 和 $0.776L$. 在节点处的振动幅度几乎为零,很难检测,所以要想测得试样棒的基频共振频率,需要采取内插测量法. 所谓内插测量法,就是所需要的数据一般很难直接测量,为了求得这个数,采用作图内插求值的方法. 具体地说,就是先使用已测数据绘制出曲线,再将曲线按原规律补画到待求值范围,在补画出部分求出所要的值. 内插法只适用于在所研究范围内没有突变的情况,否则不能使用. 本实验中就是以悬挂点位置为横坐标,以所对应的共振频率为纵坐标,作出关系曲线图,求得曲线最低点(节点)所对应的频率即为试样棒的基频共振频率 f.

【实验内容】

一、测量试样棒的长度 L、直径 d 和质量 m 并记下仪器误差限

1. 用游标卡尺测量试样棒的长度 L，用螺旋测微器测量试样棒不同部位处直径 d，各测 6 次（表 19-1）.

2. 用电子天平测量试样棒的质量 m.

二、测量试样棒在室温时的共振频率 f

1. 安装试样棒.

如图 19-3 所示，将试样棒小心悬挂于两悬丝之上，要求悬丝与试样棒轴向垂直，试样棒保持横向水平，两悬丝挂点到试样棒端点距离相同，并处于静止状态.

2. 连机.

按图 19-3 所示连机，调整示波器，使之处于正常工作状态（不同示波器的使用方法大同小异，请参看"实验十一　示波器的使用"）.

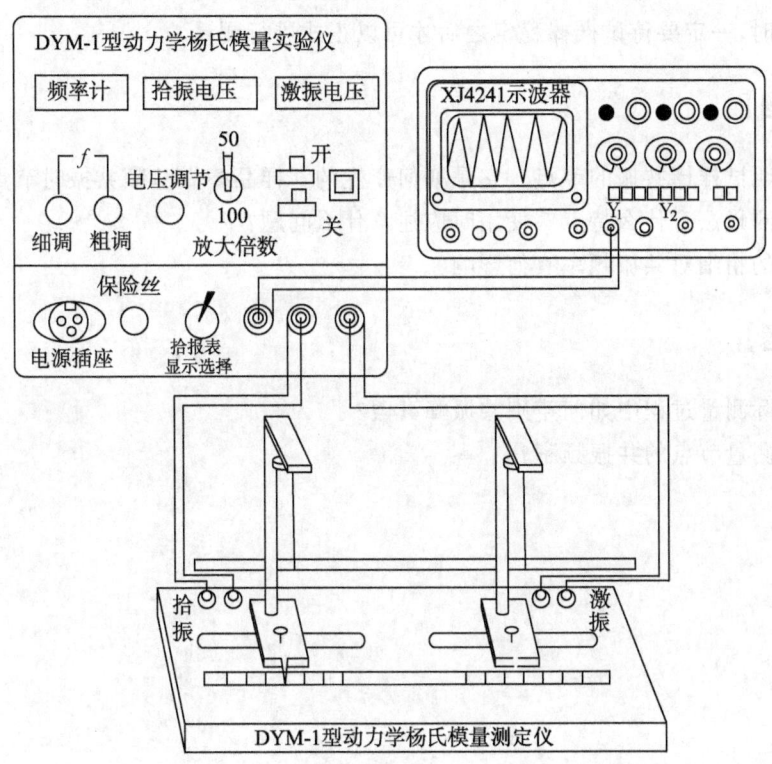

图 19-3　动力学共振法测量材料杨氏模量装置简图

3. 测量.

先计算出试样棒做基频横振动时的两节点位置并在试样棒上标出.然后在节点左、右两侧各取三对以上悬点,也在棒上标出.再将两悬丝挂在距试样棒端点最近的一对悬点上,调节信号发生器旋钮,在实验室提供的参考频率范围内扫描,寻找试样棒的共振频率.当示波器荧光屏上出现共振现象时(正弦波振幅突然变大),再微调信号发生器旋钮,当波形振幅达到极大值时,记下这时的频率值.之后再依次将两悬丝同时向内侧悬点移动,在节点左、右各测三对以上悬点处的共振频率,并记录之(表19-2).

4. 用内插测量法求试样棒的无阻尼基频共振频率.

以悬挂点位置为横坐标,以所对应的共振频率为纵坐标,作出关系曲线图,求得曲线最低点(节点)所对应的频率,即为试样棒的基频共振频率 f.

5. 由式(19-1)计算试样棒的杨氏模量.

【注意事项】

1. 试样棒不可随处乱放,要保持清洁,拿放时应特别小心.
2. 安装试样棒时,应该先移动支架到既定位置,然后再悬挂试样棒.
3. 更换试样棒一定要小心,轻拿轻放,避免把悬丝弄断,将试样棒摔坏.
4. 实验时,一定要待试样棒稳定之后才可以正式进行测量.

【预习题】

1. 什么叫试样棒共振的节点?它是如何产生的?样品棒做基频共振时节点在何处?
2. 内插测量法有什么特点?使用时应注意什么问题?
3. 悬丝的粗细对共振频率有何影响?

【思考题】

1. 在实际测量过程中如何辨别共振峰真假?
2. 如何测量节点的共振频率?

【实验数据记录】

表 19-1 试样棒的长度 L、直径 d 和质量 m 的测量

室温 _____ ℃

样品材质		黄铜样品质量 $m=$ _____ g					
序号	1	2	3	4	5	6	平均值
截面直径 d/mm							
样品长度 L/mm							

表 19-2 黄铜试样棒的基频共振频率 f 的测量

序 号	1	2	3	4	5	6	7	8
悬挂点位置 x/m								
$\dfrac{x}{L}$								
共振频率 f/Hz								

螺旋测微器零点读数 _____ .

自拟铁、铝或玻璃测量数据表格,并记录之.

教师签字: _____

实验日期: _____

【数据处理与分析】

1. 作各样品的 f-$\dfrac{x}{L}$ 关系曲线，求节点共振频率 f.
2. 计算样品的杨氏模量 E.

图名：_____

实验二十　非良导热材料导热系数的测定

导热系数是表征物质热传导性质的物理量. 材料结构的变化与所含杂质对导热系数值有明显的影响,因此材料的导热系数常常需要由实验具体测定. 测量导热系数的方法一般分为两类:一类是稳态法;另一类是动态法. 在稳态法中,先利用热源在待测样品内部形成一个稳定的温度分布,然后进行测量. 在动态法中,测待测样品温度分布随时间的变化. 本实验采用稳态法测非良导热材料的导热系数.

【实验目的与要求】

1. 学习一些热学实验的基本知识和技能.
2. 用稳态法测定非良导热材料的导热系数.
3. 学习用热电偶测量温度的方法.
4. 学习通过作物理曲线求取物理参数的方法.

【实验原理】

热传导是热量传播的三种方式之一,它是由物体直接接触而产生的. 导热系数是反映物体热传导性能的一个物理量,导热系数大的物体具有良好的导热性能,称为热的良导体;导热系数小的物体则称为热的非良导体. 一般来说,金属的导热系数比非金属的大,固体的导热系数比液体的大,气体的最小. 测定物体的导热系数对于了解物体的传热性能具有重要意义.

设有一厚度为 l、底面积为 S_0 的薄圆板,上、下两底面的温度 T_1 和 T_2 不相等,且 $T_1 > T_2$,则有热量自上底面传向下底面(图20-1),其热流速率可表示为

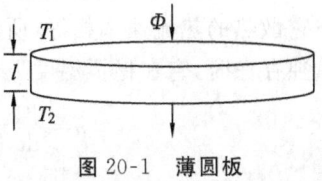

图 20-1　薄圆板

$$\frac{dQ}{dt} = -KS_0 \frac{dT}{dl} \quad (20\text{-}1)$$

式中, $\dfrac{dQ}{dt}$ 为热流速率,代表单位时间内流过薄圆板的热量; $\dfrac{dT}{dl}$ 为薄圆板内热流方向上的温度梯度,负号表示热流方向与温度梯度的方向相反; K 为待测薄圆板的导热系数,它是由薄圆板的传热性质决定的常数.

如果能保持上、下两底面的温度不变(这种状态称为稳恒态)和传热面均匀(当 l 很小时,薄圆板侧面的散热可以忽略),则 $\dfrac{dT}{dl} = \dfrac{\Delta T}{\Delta l} = \dfrac{T_2 - T_1}{l}$,于是有热流速率

$$\Phi = \frac{dQ}{dt} = -KS_0 \frac{T_2 - T_1}{l} \quad (20\text{-}2)$$

由式(20-2)得到

$$K = -\frac{\Phi}{\dfrac{S_0(T_2 - T_1)}{l}} \quad (20\text{-}3)$$

所以，测量 K 的关键是：① 使待测薄圆板中的热传导过程保持稳恒态，即在样品中形成稳定的温度分布；② 测出稳恒态时的 Φ.

1. 建立稳恒态.

为了实现稳恒态，在实验中将待测薄圆板 B 置于两个直径与 B 相同的铝圆柱 A 和 C 之间，且紧密接触(图 20-2). A 内有加热用的电阻丝和用作温度传感器的热敏电阻，前者都被用来作热源. 首先，可用 EH-3 数字化热学实验仪将 A 内的电阻丝加热，并将其温度稳定在设定的温度值上. B 的导热系数尽管很小，但并不为零，故有热量通过 B 传递给 C，使 C 的温度 T_C 逐渐升高. 当 T_C 高于周围空气的温度时，C 将向四周空气中散发热量. 由于 A 的温度恒定，随着 C 的温度升高，一方面从 A 通过 B 流向 C 的热流速率不断减小，另一方面 C 向周围空气中散热的速度则不断增加. 当单位时间内 C 从 B 获得的热量等于它向周围空气中散发的热量时，C 的温度就稳定不变了，这样就建立了所需要的稳恒态.

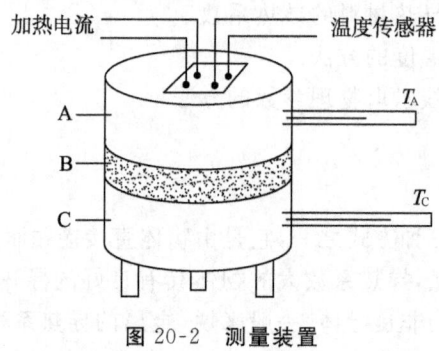

图 20-2 测量装置

2. 测量稳恒态时的 Φ.

因为流过 B 的热流速率 Φ 就是 C 从 B 获得热量的速率，而稳恒态时流入 C 的热流速率与它散热的热流速率相等，所以，可以通过测量 C 在稳恒态时散热的热流速率来测 Φ. 当 C 单独存在时，它在稳恒温度下向周围空气中散热的速率为

$$u=\frac{dQ}{dt}=\frac{d(cmT_C)}{dt}\bigg|_{T_C=T_2}=cm\frac{dT_C}{dt}\bigg|_{T_C=T_2}=cmn \tag{20-4}$$

式(20-4)中，c 为 C 的比热容，m 为 C 的质量，$n=\frac{dT_C}{dt}\bigg|_{T_C=T_2}$ 称为 C 在稳恒温度 T_2 时的冷却速率. 所以，只要测出 n，就可得到 Φ.

C 的冷却速度可通过作冷却曲线的方法求得. 具体测法是：当 C 和 A 已达到稳恒态后，记下它们各自的稳恒温度 T_2、T_1 后，再断电并将 B 移开，使 C、A 接触数秒钟，将 C 的温度升高至 $T_2+8.00\,℃$ 以上，再移开 A，任 C 自然冷却. 当 T_C 降到比 T_2 约高 $6.00\,℃$ 时开始计时读数，每隔 30s 测一次温度 T_C，直到 T_C 低于 T_2 约 $6.00\,℃$ 时为止. 然后以时间 t 为横坐标，以 T_C 为纵坐标，作 C 的冷却曲线，过曲线上纵坐标为 T_2 的点作此冷却曲线的切线，则此切线的斜率就是 C 在 T_2 时的自然冷却速率，即

$$n=\frac{dT_C}{dt}\bigg|_{T_C=T_2}=\frac{T_a-T_b}{t_a-t_b} \tag{20-5}$$

于是有

$$u=cm\frac{T_a-T_b}{t_a-t_b} \tag{20-6}$$

但要注意，C自然冷却时所测出的 u 与实验中稳恒态时 C 散热的热流速率 Φ 是不同的. 因为 C 在自然冷却时，它的所有外表面都暴露在空气中，都可以散热，而在实验中的稳恒态时，C 的上表面是与 B 接触的，故上表面不散热. 由传热学定律可知，物体因空气对流而散热的热流速率与物体暴露在空气中的表面积成正比. 设 C 的上、下底面直径为 D，厚为 d，则有

$$\frac{\Phi}{u}=\frac{\frac{\pi}{4}D^2+\pi dD}{2\times\frac{\pi}{4}D^2+\pi Dd}=\frac{D+4d}{2D+4d}$$

$$\Phi=u\frac{D+4d}{2D+4d}=cmn\frac{D+4d}{2D+4d} \tag{20-7}$$

将此 Φ 代入式(20-3)，即得

$$K=-\frac{\Phi}{\frac{S_0(T_2-T_1)}{l}}=-\frac{2cml(D+4d)}{\pi D^2(D+2d)}\left(\frac{n}{T_2-T_1}\right) \tag{20-8}$$

若用热电偶测温，则有 $T_2-T_1=\frac{1}{a}(E_2-E_1)$，$\frac{\Delta T}{\Delta t}=\frac{1}{a}\frac{\Delta E}{\Delta t}$，式中，$a$ 为热电偶的温差热电系数. 式(20-8)变为

$$K=-\frac{2cml(D+4d)}{\pi D^2(D+2d)}\cdot\frac{1}{E_2-E_1}\frac{\Delta E}{\Delta t}\bigg|_{E=E_2} \tag{20-9}$$

式中，$\frac{\Delta E}{\Delta t}\bigg|_{E=E_2}$ 为散热盘 C 冷却时温差电动势在 $E=E_2$ 时的变化速率，E_1、E_2 分别对应于样品上、下表面的温度 T_1 和 T_2 保持不变时，加热盘与散热盘对冰点的温差电动势.

【实验仪器】

一、测量装置

测量装置如图 20-3 所示. 在 A 和 C 的侧面有小孔，插入热电偶探头，测量 A 和 C 的温度与冰点的温差电动势 E_1 和 E_2. 测温也可用 EH-3 实验仪的测温探头.

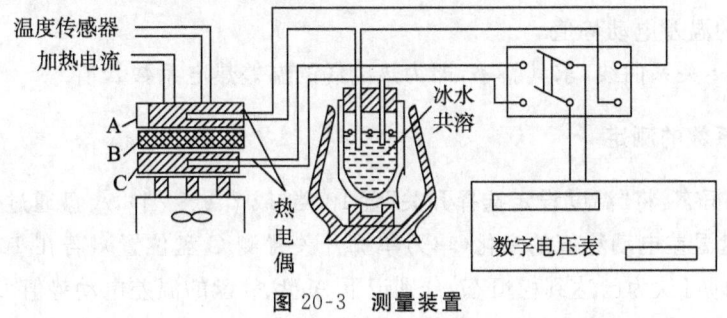

图 20-3 测量装置

二、EH-3 数字化热学实验仪

本实验中用来加热和控制热源温度的 EH-3 数字化热学实验仪是一种最新研制的多用

实验仪,其面板结构如图 20-4 所示. 它的 6V 稳压输出可输出 1.25～8V 的直流电压. 另有控温输出,控温输出电压的大小可由采样信号自动调节. 配有测量探头, 测量范围为 10℃～100℃, 测量分辨率为 0.01℃. 实验时, 将 A 上加热盘连接电缆接到实验仪背面加热盘电缆连接插座, 再将测温探头与面板上的测温探头插座相连. A 的恒稳温度值可由"温度设定选择开关"设定: 按下"显示 1"切换开关, 再按下"温度设定选择开关"中某一键, 此时"显示 1"显示设定温度."显示 1"切换开关弹起,"显示 1"显示热源温度."显示 2"切换开关弹起,"显示 2"显示探头温度. 显示时, 对应的指示灯亮. EH-3 数字化热学实验仪首先用最大电压(约 30V)对 A 进行加热. 当 A 的温度达到设定值时, 温度传感器给 EH-3 数字化热学实验仪传送一个信号, 加热电压会自动降下来, 最后稳定在一个能保持 A 的温度等于设定值的电压上.

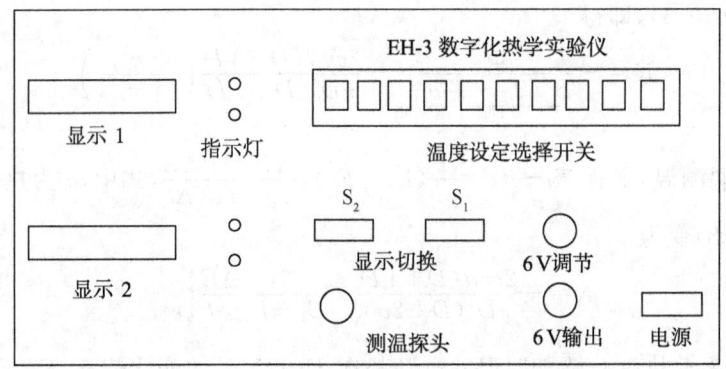

图 20-4　EH-3 数字化热学实验仪面板图

【实验内容】

一、热电偶温差热电系数的测定

1. 配制冰水混合物, 按图 20-3 安装好实验装置. 将单刀单掷开关置测 A 盘位置.
2. 将测温探头插入 A 盘的测温孔中.
3. 打开加热控温装置开关, 并分别置于 1～6 挡, 当 A 盘达到各挡设定温度值并稳定时, 测出 A 盘的温差电动势值.
4. 绘制 E-t 关系曲线, 求其斜率, 即为热电偶的温差热电系数 a 值.

二、导热系数的测定

1. 建立稳恒态: 将"温度设定选择开关"置 10 挡(或 7、8、9 挡), A 盘通过样品 B 对 C 盘传热, 观察 C 盘温差电动势值的变化(单刀单掷开关置测 C 盘位置), 若在 10min 内的变化小于 0.02mV 即可认为已达到稳恒态, 分别记下 A 盘、C 盘的温差电动势值 E_1、E_2.
2. 移去样品, 使 A 盘对 C 盘继续加热(数秒钟)至 C 盘温差电动势值高于 E_2 值 0.30mV 为止.
3. 测 C 盘温差电动势随时间的变化: 关掉加热源, 移去 A 盘, 让 C 盘自然冷却, 从 E_2 + 0.25mV 开始, 直至 E_2 − 0.25mV 为止, 每 30s 记录一个数据. 冷却过程中, 当 C 盘温差电动

势恰好为稳态值 E_2 时,记录秒表读数.

4. 作 C 盘冷却曲线,过曲线上的纵坐标为 E_2 的点作切线,此切线的斜率就是 $\left.\dfrac{dE}{dt}\right|_{E=E_2}$.

5. 用游标卡尺测量样品的厚度 l 和 C 盘的直径 D、厚度 d.C 盘的质量 m 已称量(见 C 盘标注). 散热 C 盘的比热容 $c_{铝}=8.8\times10^2$ J/(kg·℃),计算导热系数 K.

【注意事项】

1. 设定热源温度.

(1) 按下"显示 1"切换开关,"显示 1"指示热源当前设定温度(通过组合开关选择所需热源温度).

(2) "显示 1"切换开关弹起,"显示 1"指示加热盘的当前温度.

(3) "显示 2"切换开关弹起,"显示 2"指示测温探头所测温度值.

2. 实验中移动加热盘时请拿盘上的两个塑料接线柱,不要直接拿金属上盖,以免烫伤. 切勿提拿电缆移动加热盘,以免损坏电缆.

3. 热电偶的热端端头始终应插入加热盘和散热盘的小孔深处,冷端端头应始终插入玻璃试管底部的硅油中. 实验过程中应经常查看.

【部分材料导热系数参考值】

材料名称	聚氨酯泡沫	纸	石棉	硫化橡胶	压缩软木
导热系数 (W·m^{-1}·K^{-1})	0.030	0.06~0.13	0.16~0.37	0.22~0.29	0.07
材料名称	普通松木	瓷	花岗石	铅	铝
导热系数 (W·m^{-1}·K^{-1})	0.08~0.11	1.05	2.68~3.35	34.8	237

【预习题】

1. 下述四种说法哪种正确?

本次实验所测量的导热系数:① 实际上就是热容量;② 是决定传热状态是否达到稳恒态的物理量;③ 是由绝缘材料传热性能所决定的物理量,但因要在稳恒态时才能测量,所以也与传热状态有关;④ 是完全由绝缘材料传热性能所决定的物理量,在稳恒态进行测量是为了使 $\dfrac{dT}{dl}=\dfrac{\Delta T}{\Delta l}=\dfrac{T_2-T_1}{l}$,这使测量和计算都大大简化了.

2. 以下哪种说法正确?

本实验中稳恒态的标志是:① T_A 和 T_C 都不变;② T_A 和 T_C 都变,但 $\Delta T=|T_A-T_C|$ 不变;③ T_A 不变,T_C 在变;④ $T_A=T_C$.

【思考题】

1. 以下哪种说法较确切？其他的有何不对？

本实验的关键是使系统达到稳恒态和测量稳恒态时的热流速率 Φ。测量 Φ 的方法是：

① 任 C 自然冷却，作 C 的冷却曲线，由此曲线的切线就可将 Φ 求出。

② 因为 C 在自然冷却中，当 T_C 等于 T_2 时的冷却速度 n 与 Φ 成正比，所以可以通过测量 n 来测量 Φ，而 n 的测量方法是作 C 的冷却曲线，再过平衡温度 T_2 作此曲线的切线，则此切线的斜率即为 n。

③ 作冷却曲线上过 T_2 点的切线，求出冷却速率 n，则稳恒态时的热流速率 $\Phi = cmn$。

④ 因为 $\Phi = \dfrac{\mathrm{d}Q}{\mathrm{d}t}$，所以要测 Φ 就应先测出 Q，然后再对其求微分。

2. 本实验所用的测量方法是否适用于测量良导热体的导热系数？为什么？

3. 在本实验中，测量结果的误差来自哪些方面？

【实验数据记录】

一、热电偶温差热电系数的测定

挡次	1	2	3	4	5	6
$t/℃$						
E/mV						

温差热电系数 $a=$

二、导热系数的测定

建立稳恒态：

t/min	0	5	10	15	20	25	……
加热盘 E_1/mV							……
散热盘 E_2/mV							……

稳恒态时 $E_1=$ _____ mV，$E_2=$ _____ mV

散热盘自然冷却时温差电动势的变化速率如下表所示．

散热盘到达稳态时间 $t_{E_2}=$ _____ s

t/s							……
E/mV							……

散热盘 C 的质量 $m=$ _____，散热盘的比热容 $c=$ _____，

散热盘的厚度 $d=$ _____，样品盘的厚度 $l=$ _____，

样品盘的直径 $D=$ _____．

教师签字：_____

实验日期：_____

【数据处理与分析】

以时间 t 为横坐标，散热盘的温度示值 E 为纵坐标，作 $E\text{-}t$ 曲线；从 $E\text{-}t$ 曲线上求出 $\left.\dfrac{\mathrm{d}E}{\mathrm{d}t}\right|_{E=E_2}$，代入式(20-9)，求出导热系数 K.

该测量结果的误差主要是由材料形状、实验方法本身造成的，比较复杂，所以，不再由式(20-9)导出和计算测量的误差.

图名：_____

实验二十一 用波尔共振仪研究受迫振动

机械制造和建筑工程等科技领域中的受迫振动所导致的共振现象越来越引起工程技术人员的极大注意.共振既有破坏作用,也有许多实用价值.众多电声器件,是运用共振原理设计制作的.此外,在微观科学研究中,"共振"也是一种重要手段.例如,利用核磁共振和顺磁共振研究物质结构等.

本实验中,采用波尔共振仪定量测定机械受迫振动的幅频和相频特性,并利用频闪方法来测定动态的物理量——相位差.

【实验目的与要求】

1. 研究波尔共振仪中弹性摆轮受迫振动的幅频、相频特性.
2. 研究不同阻尼力矩对受迫振动的影响,观察共振现象.
3. 学习用频闪法测定运动物体的某些量,如相位差.

【实验原理】

物体在周期外力的持续作用下发生的振动称为受迫振动,这种周期性的外力称为强迫力.如果外力按简谐运动规律变化,那么稳定状态时的受迫振动也是简谐运动,此时,振幅保持恒定,振幅的大小与强迫力的频率、原振动系统无阻尼时的固有振动频率和阻尼系数有关.在受迫振动状态下,系统除了受到强迫力的作用外,还受到回复力和阻尼力的作用.故在稳定状态时物体的位移、速度变化与强迫力变化不是同相位的,存在一个相位差.当强迫力频率与系统的固有频率相同时产生共振,此时振幅最大,相位差为 $\dfrac{\pi}{2}$.

实验采用摆轮在弹性力矩作用下的自由摆,在电磁阻尼力矩作用下做受迫振动,来研究受迫振动特性,可直观地显示机械振动中的一些物理现象.

实验所采用的波尔共振仪的外形结构如图 21-3 所示.当摆轮受到周期强迫外力矩 $M = M_0\cos\omega t$ 的作用,并在有空气阻尼和电磁阻尼的媒质中运动时(阻尼力矩为 $-b\dfrac{d\theta}{dt}$),其运动方程为

$$J\frac{d^2\theta}{dt^2} = -k\theta - b\frac{d\theta}{dt} + M_0\cos\omega t \tag{21-1}$$

式中,J 为摆轮的转动惯量,$-k\theta$ 为弹性力矩,M_0 为强迫力矩的振幅,ω 为强迫力矩的圆频率.

令 $\omega_0^2 = \dfrac{k}{J}$,$2\beta = \dfrac{b}{J}$,$\alpha_0 = \dfrac{M_0}{J}$,则式(21-1)变为

$$\frac{d^2\theta}{dt^2} + 2\beta\frac{d\theta}{dt} + \omega_0^2\theta = \alpha_0\cos\omega t \tag{21-2}$$

方程(21-2)的通解为

$$\theta = \theta_1 e^{-\beta t}\cos(\omega_f t + \varphi_1) + \theta_2\cos(\omega t + \varphi_2) \tag{21-3}$$

式中，$\omega_f = \sqrt{\omega_0^2 - \beta^2}$.

当 $\beta=0$、$\alpha_0=0$ 时，即在无阻尼、无外力矩情况时，式(21-2)简化为简谐运动方程，其通解简化为

$$\theta = \theta_1 \cos(\omega_0 t + \varphi_1)$$

式中，$\omega_0 = \sqrt{\dfrac{k}{J}}$ 为系统的固有频率.

当 $\beta \neq 0$、$\alpha_0 = 0$ 时，即只在有阻尼时，式(21-2)为阻尼振动方程. 其通解为

$$\theta = \theta_1 e^{-\beta t} \cos(\omega_f t + \varphi_1)$$

式中 $\omega_f = \sqrt{\omega_0^2 - \beta^2}$ 为阻尼振动周期. 设 t 时刻，阻尼振动的振幅为 $\theta(t) = \theta_1 e^{-\beta t}$；则在 $t+nT$ 时刻，阻尼振动的振幅为 $\theta(t+nT) = \theta_1 e^{-\beta(t+nT)}$，式中，$n$ 为阻尼振动的周期次数，T 为阻尼振动周期的平均值. 两式相除，得 $\dfrac{\theta(t)}{\theta(t+nT)} = e^{\beta nT}$，由此可得

$$\beta = \frac{\ln \dfrac{\theta(t)}{\theta(t+nT)}}{nT} \tag{21-4}$$

根据式(21-4)可以求得阻尼系数 β.

当 $\beta \neq 0$、$\alpha_0 \neq 0$ 时，即在同时存在阻尼和外力矩时，为受迫振动. 由以上分析可知，受迫振动可分为两部分：

第一部分，$\theta_1 e^{-\beta t} \cos(\omega_f t + \varphi_1)$ 表示阻尼振动，经过一段时间后衰减消失.

第二部分，$\theta_2 \cos(\omega t + \varphi_2)$ 说明强迫力矩对摆轮做功，向振动体传送能量，最终达到一个稳定的振动状态.

振幅

$$\theta_2 = \frac{\alpha_0}{\sqrt{(\omega_0^2 - \omega^2)^2 + 4\beta^2 \omega^2}} \tag{21-5}$$

它与强迫力矩之间的相位差 φ_2 为

$$\varphi_2 = \arctan\left(\frac{-2\beta\omega}{\omega_0^2 - \omega^2}\right) = \arctan\left[\frac{-\beta T_0^2 T}{\pi(T^2 - T_0^2)}\right] \tag{21-6}$$

由式(21-5)和式(21-6)可看出，振幅与相位差的数值取决于强迫力矩 M_0 $\left(\alpha_0 = \dfrac{M_0}{J}\right)$、频率 ω、系统的固有频率 ω_0 和阻尼系数 β 四个因素，而与振动起始状态无关.

由极值条件 $\dfrac{\partial \theta_2}{\partial \omega} = 0$ 可得出，当强迫力的圆频率 $\omega = \sqrt{\omega_0^2 - 2\beta^2}$ 时产生共振，此时 θ 有极大值. 若共振时圆频率和振幅分别用 ω_r、θ_r 表示，则

$$\omega_r = \sqrt{\omega_0^2 - 2\beta^2} \tag{27-7}$$

$$\theta_r = \frac{\alpha_0}{2\beta \sqrt{\omega_0^2 - \beta^2}} \tag{27-8}$$

式(21-7)、式(21-8)表明，阻尼系数 β 越小，共振时圆频率越接近于系统固有频率，振幅 θ_r 也越大. 图 21-1 和图 21-2 表示出不同 β 时受迫振动的幅频特性和相频特性.

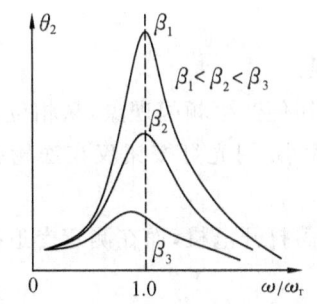

图 21-1 受迫振动的幅频特性曲线

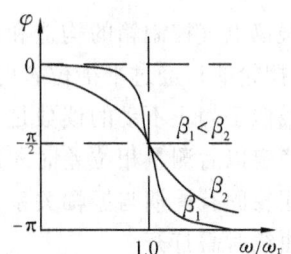

图 21-2 受迫振动的相频特性曲线

【实验仪器】

BG-3 型波尔共振仪由振动仪和控制箱两部分组成。振动仪如图 21-3 所示。铜质圆形摆轮 4 安装在机架上，弹簧 6 的一端与摆轮 4 的轴相连，另一端可固定在机架支柱上，在弹簧弹性力的作用下，摆轮可绕轴自由往复摆动。在摆轮的外围有一卷槽型缺口，其中一个长形凹槽 2 比其他凹槽 3 长出许多。在机架上对准长形缺口有一个光电门 1，它与电气控制箱相连，用来测量摆轮的振幅（角度值）和摆轮的振动周期。在机架下方有一对带有铁芯的线圈 8，摆轮 4 恰巧嵌在铁芯的空隙。利用电磁感应原理，当线圈中通以直流电流后，摆轮受到一个电磁阻尼力

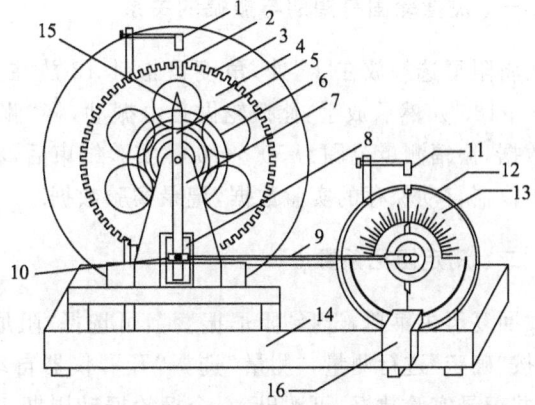

1—光电门；2—长凹槽；3—短凹槽；4—铜质圆形摆轮 A；5—摇杆 M；6—蜗卷弹簧；7—支承架；8—阻尼线圈；9—连杆 E；10—摇杆调节螺旋；11—光电门；12—角度盘 G；13—有机玻璃转盘 F；14—底座；15—弹簧夹持螺钉 L；16—闪光灯

图 21-3 摆轮结构图

的作用。改变电流数值即可使阻尼大小相应变化。为使摆轮 4 做受迫振动，在电机轴上装有偏心轮，通过连杆 9 带动摆轮 4，在电机轴上装有带刻度线的有机玻璃转盘 13，它随电机一起转动。由它可以从角度读数盘 12 读出相位差 φ。调节控制箱上的十圈电机转速旋钮，可以精确地改变加于电机上的电压，使电机的转速在实验范围（30～45r/min）内连续可调，即可改变外加强迫力矩的大小。由于电路中采用特殊稳速装置，电机采用惯性很小的带有测速发电机的特种电机，故转速极为稳定。电机的有机玻璃转盘 G 中央上方 90°处也装有光电门，用以检测强迫力矩信号，并与控制箱相连，以测量强迫力矩的周期。

实验中利用小型闪光灯来测量受迫振动时摆轮与外力矩的相位差。闪光灯受摆轮信号光电门 1 控制，每当摆轮上长形凹槽 2 通过平衡位置时，光电门 1 接收光，引起闪光。闪光灯放置位置如图 21-3 所示，要搁置在底座上，切勿拿在手中直接照射刻度盘。在稳定情况时，由闪光灯照射下可以看到有机玻璃指针好像一直"停"在某一刻度处，这一现象称为频闪现象，刻度数值可直接从刻度盘上读出，误差不大于 2°。

摆轮振幅是利用光电门测出摆轮读数圈上凹形缺口个数，并由数显装置直接显示出此

值,精度为 $2°$.

波尔共振仪电气控制箱的构造和使用方法见附录.

注意,当摆轮缺口经过平衡位置时按下闪光灯按钮便产生频闪现象,从相位差刻度盘上可看到刻度线似乎静止不动的读数是对应的相位差大小.闪光灯按钮仅在摆轮在强迫力矩作用下达到稳定以后测量相位差时才需按下.

在测定摆轮固有周期与振幅关系、阻尼系数时不需打开电机,而在测定受迫振动的幅频和相频特性曲线时需打开.

【实验内容】

一、测摆轮固有周期与振幅的关系

将阻尼选择放在"0"处,角度盘指针 12 放在 $0°$ 位置,用手把摆轮拨到振幅较大处(约 $160°\sim180°$),然后放手,让摆轮做自由振动,将"测量"置于"开"状态,此时仪器自动记录实验数据,振幅测量范围为 $50°\sim160°$.实验结束后,将"测量"置于"关"状态,按"回查"菜单可调出仪器自动保存的实验数据,记录实验数据.

二、测定阻尼系数 β

回复至主菜单,选择"阻尼振荡",可选择"阻尼 1""阻尼 2""阻尼 3"中任意一种阻尼实验,按"确定"进行测量,"测量"选择"开". 仪器自动记录 10 次实验数据,实验结束后按"回查"并记录实验数据. 可测出 10 个摆轮振动周期 $10T$,求出阻尼振动周期的平均值 T. 假设零时刻振幅为 θ_0,测量 n 个周期后的振幅 θ_n,利用式(21-4),可得 $\beta=\dfrac{\ln\dfrac{\theta_0}{\theta_n}}{nT}$.

三、测定受迫振动的幅频和相频特性曲线

回复至主菜单,选择"受迫振荡",并按"确定",将"电机"置于"开"状态,等待 5min 后,比较实验中"电机"和"摆轮"的周期数值,在达到稳定状态时,比较 10 次测量的周期. 若 10 次测量的周期相等,则可以利用频闪现象测定受迫振动位移与强迫力之间的相位差,并与理论值进行比较.

【注意事项】

波尔共振仪各部分都是精确装配的,不能随意乱动. 控制箱功能与面板上旋钮、按键较多,请在弄清功能后,按规则操作.

【预习题】

1. 受迫振动的振幅和相位差与哪些因素有关?
2. 实验中采用什么方法来改变阻尼力矩的大小?它利用了什么原理?

【思考题】

1. 实验中是如何用频闪原理来测量相位差 φ 的？
2. 实验中都采用哪些方法测定 β 值？

【附录】波尔共振仪控制箱的使用方法

一、开机介绍

按下电源开关几秒钟后，屏幕上如图 21-4 所示的画面. NO.00001 为控制箱与主机相连的编号. 过几秒钟后屏幕上显示如图 21-5 所示"按键说明"字样. 符号"＜"为向左移动，"＞"为向右移动，"∧"为向上移动，"∨"为向下移动.

```
世纪中科
ZKY
NO.00001
```

图 21-4　起始画面

```
按键说明
<>→选择项目
∨∧→改变工作状态
确定→功能项确定
```

图 21-5　按键说明

二、自由振荡

在图 21-5 状态按确认键，显示如图 21-6 所示的实验类型，默认选中项为"自由振荡"，字体反白为选中(注意做实验前必须先做自由振荡，其目的是测量摆轮的振幅和固有振动周期的关系). 再按确认键，显示如图 21-7 所示，用手转动摆轮 160°左右，放开手后按"∧"或"∨"键，测量状态由"关"变为"开"，控制箱开始记录实验数据，振幅的有效数值范围为 50～160(振幅小于 160 测量开，小于 50 测量自动关闭). 测量显示关时，此时数据已保存并发送至主机.

查阅实验数据，可按"＜"或"＞"键，选中"回查"，再按确认键，如图 21-8 所示，表示第一次记录的振幅为 134°，对应的周期为 1.442s. 然后按"∧"或"∨"键查看所有记录的数据，该数据为每次测量振幅相对应的周期数值，回查完毕，按确认键，返回到图 21-7 状态. 若进行多次测量，可重复操作，自由振荡测量完成后，选中"返回"，按确认键，回到图 21-6 进行其他实验.

```
实验步骤

自由振荡　阻尼振荡　强迫振荡
```

图 21-6　实验类型界面

```
周期 X₁＝　　　秒(摆轮)
阻尼 0　振幅
测量　关　00　回查　返回
```

图 21-7　"自由振荡"测量画面

```
┌─────────────────────────────────┐    ┌─────────────────────────────┐
│ 周期  X₁＝01.442   秒（摆）      │    │                             │
│ 阻尼  0    振幅  134            │    │        阻尼选择             │
│ 测量查01  ↑↓  按确定键返回       │    │  阻尼1   阻尼2   阻尼3      │
└─────────────────────────────────┘    └─────────────────────────────┘
```

　　　图 21-8　实验数据界面　　　　　　　　图 21-9　阻尼选择画面

三、阻尼振荡

在图 21-6 状态下,根据实验要求,按">"键选中"阻尼振荡",按确认键显示阻尼. 如图 21-9 所示,阻尼分三个挡次,阻尼 1 最小. 根据自己实验的要求选择阻尼挡,如选择"阻尼 1"挡,按确认键,显示如图 21-10 所示,用手转动摆轮 160°左右,放开手后按"∧"或"∨"键,测量由"关"变为"开"并记录数据. 仪器测量 10 组数据后,测量自动关闭,此时振幅大小还在变化,但仪器已经停止记录数据. 阻尼振荡的回查同自由振荡类似,请参照上面操作. 若改变阻尼挡测量,重复阻尼 1 的操作步骤即可.

```
┌─────────────────────────────┐    ┌─────────────────────────────────┐
│ 周期 X ₁₀ ＝     秒          │    │ 周期 X₁ ＝      秒（摆轮）       │
│                             │    │       ＝      秒（电机）         │
│ 阻尼 1    振幅               │    │ 阻尼 1    振幅                  │
│ 测量 关  00  回查  返回       │    │ 测量 关00 周期1 电机关  返回     │
└─────────────────────────────┘    └─────────────────────────────────┘
```

　图 21-10　"阻尼1"测量画面　　　　图 21-11　"强迫振荡"测量画面

四、强迫振荡

仪器在图 21-6 状态下,选中"强迫振荡",按确认键,显示如图 21-11 所示的画面(注意:在进行强迫振荡前必须选择阻尼挡,否则无法实验). 默认状态选中电机,按"∧"或"∨"键,电机启动. 但不能立即进行实验,因为此时摆轮和电机的周期还不稳定,待稳定后即它们的周期相同时再开始测量. 测量前应该先选中周期,按"∧"或"∨"键把周期由 1(图 21-11)改为 10 (图 21-12)(目的是为了减小误差,若不改周期,测量无法打开). 待摆轮和电机的周期稳定后,再选中测量,按"∧"或"∨"键,测量打开并记录数据(图 21-12). 可进行同一阻尼下不同振幅的多次测量,每次实验数据都保留.

```
┌─────────────────────────────────┐
│ 周期 X₁ ＝      秒（摆轮）       │
│       ＝      秒（电机）         │
│ 阻尼 1    振幅                  │
│ 测量 关00 周期10 电机关  返回    │
└─────────────────────────────────┘
```

　　　图 21-12　改变测量周期

测量相位时应该把闪光灯放在电机转盘前下方,按下闪光灯按钮,根据频闪现象来测量,仔细观察相位位置.

强迫振荡测量完毕,按"＜"或"＞"键,选中"返回",按确认键,重新回到图 21-6 状态.

五、关机

在图 21-6 状态下,按一下"复位"按钮,此时,所做实验数据全部清除(注意:实验过程中不要误操作"复位"按钮,在实验过程中如果操作错误要清除数据,可按此按钮),然后按下电源按钮,结束实验.

【实验数据记录】

1. 测定摆轮固有周期(T_0)与振幅的关系. 　　　阻尼开关位置:"＿＿＿"挡

振幅/°								
T_0/s								
$\omega_0 = \dfrac{2\pi}{T_0}/s^{-1}$								

2. 测定阻尼系数 β. 　　　阻尼开关位置:"＿＿＿"挡

θ_i	θ_0	θ_1	θ_2	θ_3	θ_4	
振幅/°						
θ_{i+5}	θ_5	θ_6	θ_7	θ_8	θ_9	
振幅/°						平均值
$\ln\dfrac{\theta_i}{\theta_{i+5}}$						

摆轮10次振动周期　$10T=$ ＿＿＿＿＿＿＿，平均周期 $\overline{T}=$ ＿＿＿＿＿＿＿.

阻尼系数 $\beta = \dfrac{\ln\dfrac{\theta_i}{\theta_{i+5}}}{5\overline{T}} =$ ＿＿＿＿＿＿.

3. 测定受迫振动的幅频特性 $\theta\text{-}(\omega/\omega_0)$ 和相频特性 $\varphi\text{-}(\omega/\omega_0)$ 曲线.
注意:第一行为共振点,以下为共振点两侧各测四个点.

表 21-1　测定受迫振动的幅频和相频特性　　　阻尼开关位置:"＿＿＿"挡

摆轮10次受迫振动周期 $10T/s$	强迫力矩10次振动周期 $10T/s$	振幅 $\theta/°$	摆轮对应的固有振动周期 T_0/s	φ测量值/°	φ计算值/°	$\dfrac{\omega}{\omega_0}$	$\left(\dfrac{\theta}{\theta_r}\right)^2$

教师签字:＿＿＿＿＿

实验日期:＿＿＿＿＿

【数据处理与分析】

1. 作幅频特性和相频特性曲线.
2. 由 $(\theta/\theta_r)^2 - \omega$ 曲线求 β 值.

在阻尼系数较小（$\beta^2 \ll \omega_0^2$）和共振位置附近（$\omega \approx \omega_0$），由于 $\omega + \omega_0 = 2\omega_0$，由式(21-5)、式(21-8)可得出：

$$\left(\frac{\theta}{\theta_r}\right)^2 = \frac{4\beta^2 \omega_0^2}{4\omega_0^2(\omega-\omega_0)^2 + 4\beta^2 \omega_0^2} = \frac{\beta^2}{(\omega-\omega_0)^2 + \beta^2} \tag{21-9}$$

当 $\theta = \frac{1}{\sqrt{2}}\theta_r$，即 $\left(\frac{\theta}{\theta_r}\right)^2 = \frac{1}{2}$ 时，由上式可得

$$\omega - \omega_0 = \pm\beta \tag{21-10}$$

此 ω 对应于图 $\left(\frac{\theta}{\theta_r}\right)^2 = \frac{1}{2}$ 处两个值 ω_1、ω_2，故

$$\beta = \frac{\omega_2 - \omega_1}{2} \tag{21-11}$$

图名：_____

实验二十二　非平衡电桥的原理与应用

非平衡电桥应用较广,常见的如测量温度、测定应力应变、自动控制等.市场上各类电子数字温度计的原理大多和本实验类似,因此本实验具有一定的实用价值.

【实验目的与要求】

1. 了解非平衡电桥的工作原理.
2. 对热敏电阻温度计进行定标.

【实验原理】

一、非平衡电桥与测温仪

当电桥处于平衡状态时,桥路上的检流计 G 中无电流通过.若某一桥臂上的电阻值变化,使电桥失去平衡,则 $I_g \neq 0$,I_g 的大小与该桥臂上电阻变化有关,如果该电阻的变化仅与温度的变化有关,就可以用电流 I_g 的大小来表征温度的高低,这就是利用非平衡电桥测温度的基本原理.

本实验的原理图如图 22-1 所示,根据基尔霍夫定律,有

$$I_1 R_1 + I_g R_g = I_2 R_2$$
$$(I_1 - I_g) R_2 - (I_2 + I_g) R_4 = I_g R_g$$
$$I_2 R_3 + (I_2 + I_g) R_4 = U_{AB}$$

作为对称电桥,有

$$R_1 = R_2$$

上述四式联立后,得

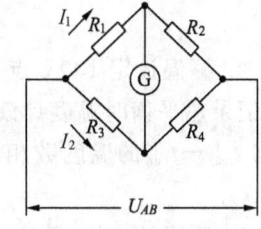

图 22-1　非平衡电桥原理图

$$I_g = \frac{U_{AB}\left(1 - \dfrac{2R_4}{R_3 + R_4}\right)}{R_1 + 2R_g + 2\dfrac{R_3 R_4}{R_3 + R_4}}$$

I_g 随 R_4 单调变化的条件是 U_{AB}、R_1、R_2 和 R_3 必须是定值.R_4 即为铜基热敏电阻.U_{AB}、R_1、R_2 和 R_3 数值的确定取决于两个因素:一是热敏电阻的温度特性,二是测温的上限温度(t_2 ℃)和下限温度(t_1 ℃).

二、铜丝的电阻温度系数

物体的电阻与温度有关,多数金属的电阻随温度的升高而增大,有如下关系式:

$$R_t = R_0 (1 + \alpha t)$$

式中,R_t、R_0 分别是 t ℃、0 ℃时金属的电阻值,α 是电阻温度系数.严格地说,该量与温度有关,但对本实验所使用的纯铜材料来说,在 -50 ℃ ~ 100 ℃的范围内,其变化很小,可当作常数,即 R_t 与 t 呈线性关系.

【实验仪器】

热敏电阻电桥测温仪、直流稳压电源.

【实验内容】

非平衡电桥测温仪的定标及校准:

1. 测温计定 0 ℃ 点:按电路图 22-2 连接线路,初始电源电压设为 1.5V,铜基热敏电阻 R_T 探头置于冰水混合杯中,约 5min 达到热平衡,再调节 R_N 使电桥平衡,即 $I_g = 0\mu A$. 增大电源电压 E 至 3.0V,再次调节 R_N 使电桥平衡.再将电源电压调回 1.5V.记录热平衡时温度计读数 $t_{\min}$.

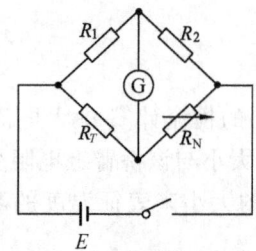

图 22-2 非平衡电桥测温仪电路图

2. 测温计定 100 ℃ 点:将铜基热敏电阻探头置于 100 ℃ 的沸水(电热杯)中,待热平衡后,记录热平衡时温度计读数 $t_{\max}$.调节电桥的电源电压 E,使检流计显示的电流 I_g 的微安数与 $t_{\max} - t_{\min}$ 的温度数相等(例如,当气压较低、沸水温度为 98 ℃ 时,若 $t_{\min}$ 为 4 ℃,I_g 调至 94 μA).

3. 测温计定标:固定电桥的各参数不变,停止加热,使电热杯中的水温逐渐下降,每降 5 ℃ 记一次微安表 G 的读数,注意应在探头与探测环境达到热平衡时读数.

4. 将温度计和微安表 G 的读数列表,并作校正曲线.分析误差来源.

【预习题】

简述非平衡电桥的原理.

【思考题】

平衡电桥与非平衡电桥有哪些不同?本实验中两部分实验内容采用的各是什么电桥?

【实验数据记录】

非平衡电桥测温仪的定标及校准.

$R_1 = R_2 = 380\Omega$；微安表量程____________，格数____________，级别____________；$t_{min} =$____________，$t_{max} =$____________，温度计最小分度值________.

t/℃												
$I_g/\mu A$	0		95	90	85	80	75	70	65	60	55	50
$(t_{I_g} - t)$/℃												

教师签字：____________

实验日期：____________

【数据处理与分析】

作非平衡电桥测温仪校正曲线,分析误差来源.

图名:_____

实验二十三　光电效应法测普朗克常量

光电效应是指一定频率的光照射在金属表面时,会有电子从金属表面逸出的现象.在光电效应实验中,光显示出它的粒子性质,这一现象对于认识光的本质及早期量子理论的发展具有划时代的深远意义.

【实验目的与要求】

1. 掌握光电效应的规律,加深对光的量子性的理解.
2. 测量普朗克常量 h、金属逸出功 A.
3. 了解计算机采集数据、处理数据的方法.

【实验原理】

当光照射金属表面时,光能量被金属中的电子吸收,使一些电子逸出金属表面,这种现象称为光电效应,逸出的电子称为光电子.

普朗克常量 h 是 1900 年普朗克为了解决黑体辐射能量分布时提出的"能量子"假设中的一个普适常量,其值为 $h = 6.6260755 \times 10^{-34}$ J·s.

光电效应的实验原理如图 23-1 所示.入射光照射到光电管阴极 K 上,产生的光电子在电场的作用下向阳极 A 迁移形成光电流,改变外加电压 U_{AK},测量出光电流 I 的大小,即可得出光电管的伏安特性曲线,如图 23-2 所示.

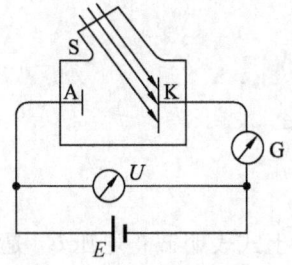

图 23-1　实验原理图

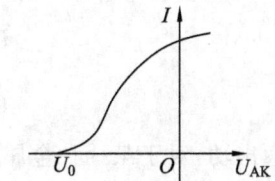

图 23-2　光电管的伏安特性曲线

光电效应的基本实验事实如下:

(1) 当入射光频率不变时,饱和光电流与入射光强成正比.由图 23-2 可见,对一定的频率,有一电压 U_0,当 $U_{AK} = U_0$(为负值)时,电流为零,因此 U_0 被称为截止电压.对于不同频率的光,其截止电压的值不同.

(2) 作截止电压 U_0 与频率 ν 的关系图,如图 23-3 所示. U_0 与 ν 呈线性关系.当入射光

频率低于某极限值 ν_0（ν_0 随不同金属而异）时，不论光的强度如何，照射时间多长，都没有光电流产生. 而只要入射光的频率大于 ν_0，就有光电子逸出. ν_0 称为红限频率.

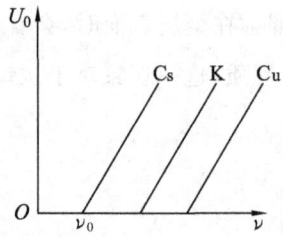

图 23-3 截止电压 U_0 与频率 ν 的关系

（3）根据爱因斯坦的光量子理论，频率为 ν 的光子具有能量 $E=h\nu$，h 为普朗克常量. 当电子吸收了光子能量 $h\nu$ 后，一部分消耗于电子的逸出功 A，另一部分就转变为电子离开金属表面后的初始动能. 按照能量守恒原理，爱因斯坦提出了著名的光电效应方程：

$$h\nu = \frac{1}{2}mv_0^2 + A \tag{23-1}$$

在阳极 A 和阴极 K 之间加反向电压 U_{AK}，并逐渐增大反向电压，由于它对光电子从阴极 K 向阳极 A 运动起阻碍作用，所以回路中的电流强度随之减小. 当光电子刚好不能到达阳极时，光电流为零，光电子初始动能全部克服电场力做功，此时有如下关系式：

$$eU_0 = \frac{1}{2}mv_0^2 \tag{23-2}$$

将式（23-2）代入式（23-1），可得

$$h\nu = eU_0 + A$$

$$U_0 = \frac{h}{e}\nu - \frac{A}{e} \tag{23-3}$$

$$U_0 = k\nu - b$$

式中，A 为金属的逸出功，对于某一种金属它是常数. 上式表明截止电压 U_0 是频率 ν 的线性函数，直线斜率 $k = \frac{h}{e}$. 只要用实验方法得出不同频率对应的截止电压，求出直线斜率，就可算出普朗克常量 h 和金属逸出功 A.

本实验采用 GD-4 型智能光电效应实验仪测量不同频率对应的截止电压. 由高压汞灯提供光源，经过滤光片获得单色光，由相距一定距离的光电管接收并送入实验仪主机中处理.

光电管中的阳极是用逸出功较大的材料制作的，但实验中仍存在阳极光电效应所引起

的反向电流和暗电流(即无光照射时的电流),测得的电流实际上是包括上述两种电流和由阴极光电效应所产生的正向电流三个部分,所以曲线并不与 U 轴相切.由于暗电流是由阴极的热电子发射及光电管管壳漏电等原因产生的,与阴极正向光电流相比,其值很小,且基本上随电位差 U 成线性变化,因此可忽略其对截止电位差的影响.而存在阳极反向电流(制作过程中少量阴极材料溅射在阳极上产生的)的伏安特性曲线与图 23-2 十分接近,因此可近似取曲线与 U 轴交点的电位差为截止电位差 U_0.

【实验仪器】

ZHV-GD-4 型智能光电效应实验仪、计算机、打印机.
实验装置如图 23-4 所示.

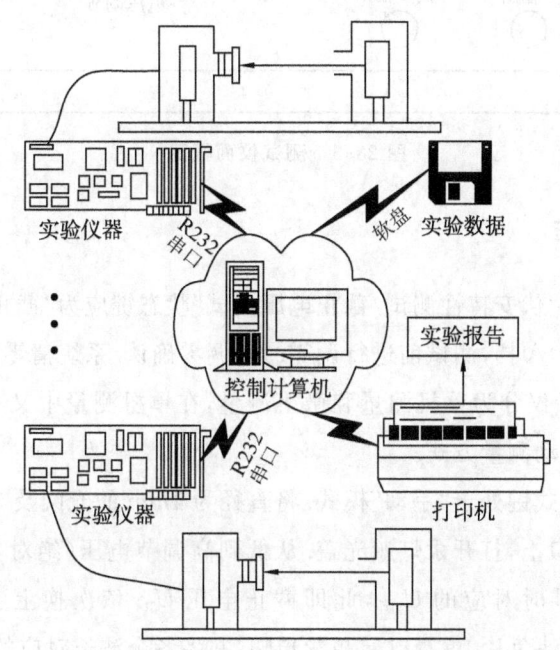

图 23-4　ZHV-GD-4 型光电效应实验装置图

【实验内容】

一、测试前的准备工作

将测试仪及汞灯电源接通(汞灯盖和光电管暗箱遮光盖盖上),预热 20min.调整光电管与汞灯距离约为 40cm 并保持不变.用专用连接线将光电管暗箱电压输入端与测试仪电压输出端(后面板上)连接起来(红—红,蓝—蓝).

测试仪面板图如图 23-5 所示.将"电流量程"选择开关置于所选挡位,测试前调零.

测试仪在开机或改变电流量程后,都会自动进入调零状态.调零时应将光电管暗箱电流输出端K与测试仪微电流输入端(后面板上)断开,旋转"调零"旋钮,使电流指示为000.0.调节好后,用高频匹配电缆将电流输入连接起来,按"调零确认/系统清零"键,系统进入测试状态.

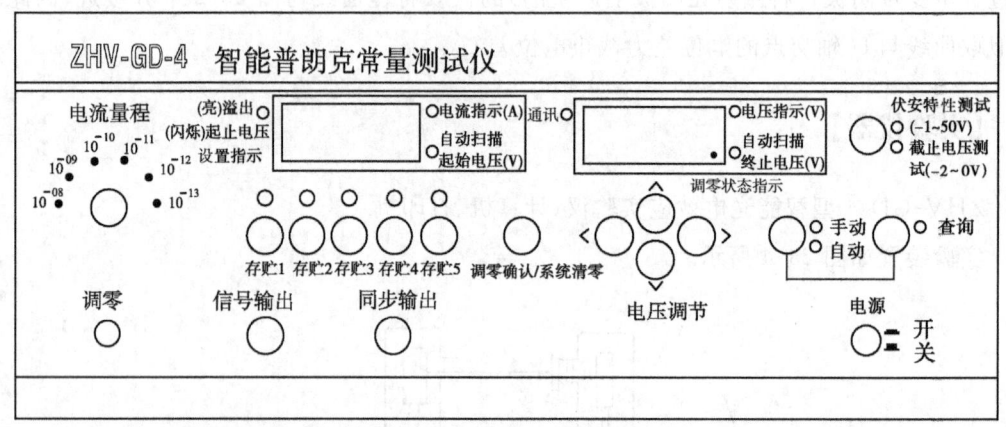

图 23-5　测试仪面板图

二、测量截止电压

测量截止电压时,"伏安特性测试/截止电压测试"状态键应为"截止电压测试"状态."电流量程"开关选择 10^{-13}A 挡,测试前进行调零.按"调零确认/系统清零"键,系统进入测试状态.智能光电效应实验仪分为单机测量和微机测量,在单机测量中又有手动和自动两种模式.本实验要求采用手动测量方式.

使"手动/自动"模式键处于"手动"模式.将直径为 4mm 的光阑及 365.0nm 的滤色片装在光电管暗箱光输入口上,打开汞灯遮光盖.从低到高调节电压(绝对值减小),观察电流值的变化,寻找电流为零时对应的 U_{AK},此即截止电压 U_0.依次换上 404.7nm、435.8nm、546.1nm、577.0nm 的滤色片,重复以上测量步骤,并将各个波长对应的截止电压 U_0 记于表 23-1 中.

三、测光电管的伏安特性曲线与光强的关系

此时,"伏安特性测试/截止电压测试"状态键应为"伏安特性测试"状态."电流量程"开关应拨至 10^{-10}A 挡,并重新调零.将直径为 4mm 的光阑及所选谱线(建议采用 365nm)的滤色片装在光电管暗箱光输入口上.测伏安特性曲线可选用单机测量和微机测量两种方式,在单机测量中又有手动和自动两种模式.测量的最大范围为 $-1\sim50$V,自动测量时步长为 1V.

本实验内容要求采用自动和联机测试两种测量方式.

1. 自动测量光电管的伏安特性曲线与光强的关系.

按"手动/自动"模式键,切换到"自动"模式.此时仪器前面板左边两个指示灯(红、绿)同时闪烁,表示系统处于自动测试扫描范围设置状态,用电压调节键可设置扫描起始电压为$-1V$,终止电压为50V.仪器前面板左边显示为扫描起始电压,右边显示为终止电压.设置好电压范围后,按动相应的存储区键,仪器先清除存储区原有数据,等待30s后,按照1V的步长自动测量,并在右侧显示电压值,左侧显示相应的电流值.测量结束后,仪器自动进入数据查询状态.读取电压和相应的电流值,并将数据记录于表23-2中.

依次换上直径为2mm、8mm的光阑,滤色片不变,重复上述步骤.

根据表23-2中的数据,在同一坐标轴上作对应于以上各光强的伏安特性曲线.

2. 联机测试.

(1)将直径为4mm的光阑及所选谱线(建议采用365nm)的滤色片装在光电管暗箱光输入口上,按"手动/自动"模式键,切换到"自动"模式.此时仪器前面板左边指示灯闪烁,表示系统处于自动测试扫描范围设置状态,用电压调节键可设置扫描起始电压为$-1V$,终止电压为50V.仪器前面板左边显示为扫描起始电压,右边显示为终止电压.设置好电压范围后,用鼠标激活桌面上的"计算机辅助实验系统",系统会弹出一个登录窗口,输入用户名和密码后登录,在出现的窗口中单击"数据通讯"下拉菜单中的"开始新实验",在出现的对话框中输入"班级""学号""姓名",在"实验"下拉菜单中选择"伏安特性",在"仪器"下拉菜单中预选为"1│A设备"(注:如果一台微机同时控制两台仪器,则某一台仪器对应的设备号是相对的.若后面"参数设置失败",则要重新选择另一台仪器号"2│B设备".若两台仪器同时在进行测试,则操控两台仪器的同学要相互协调一下,避免相互干扰),输好信息后,单击"开始",出现"提示"对话框,单击"是(Y)"后,出现"实验参数设置"对话框,设置好相关参数后,单击"设置",若出现"是否启动新实验"对话框,说明仪器号选择正确,单击"是(Y)"后,则开始联机测试,此时仪器前面板左边两个指示灯(红、绿)同时停止闪烁,且红灯熄灭,绿灯一直亮着,表示已选定相应的存储区键,等待30s后微机开始"通讯",边采集数据边用软件自动作出相应的伏安特性曲线"曲线一".

(2)数据采集完毕后,换上直径为2mm的光阑,在仪器面板上设置好扫描起始电压为$-1V$,终止电压为50V,步骤同(1).然后单击"数据通讯"下拉菜单中的"启动测试"(注:此时切勿单击"开始新实验")出现"实验参数设置"对话框,重新设置好相关参数后,单击"设置",重复(1)中的步骤,作出相应的伏安特性曲线"曲线二".

(3)步骤同(2),换上直径为8mm的光阑,作出相应的伏安特性曲线"曲线三".

(4)打印结果,单击"数据通讯"下拉菜单中的"打印实验数据",出现"光电效应实验报告"页面,单击 🖨,即可打印实验报告,可与自动测量的结果进行比较.

【注意事项】

1. 光电管入射窗口不要面对其他强光源（如窗户等），以减少杂散光的干扰.

2. 为了准确地测量，放大器必须充分预热. 连线时务必先接好地线，然后接信号线. 注意勿让电压输出端与地短路，以免烧损电源.

3. 在换滤光片时要将汞灯遮光盖盖上或用手将光遮挡住，切不可让汞灯的复合光直接射入光电管中.

4. 汞灯在实验中不要经常开关，若关闭后应过一段时间再重新开始.

【预习题】

1. 什么叫光电效应？
2. 饱和光电流的大小与哪些因素有关？

【思考题】

1. 为什么当反向电压加到一定值后，光电流会出现负值？
2. 当加在光电管两极间的电压为零时，光电流却不为零，这是为什么？
3. 正向光电流和反向光电流有何区别？

【实验数据记录】

表 23-1 U_0-v 的关系　　　光阑直径 $\Phi=$ _____ mm

波长 λ_i/nm	365.0	404.7	435.8	546.1	577.0
频率 v_i/(10^{14} Hz)	8.214	7.408	6.879	5.490	5.196
截止电压 U_0/V					

表 23-2　I-U_{AK} 的关系　　　光阑直径 $\Phi=$ 4mm

U_{AK}/V									
I/(10^{-10} A)									
U_{AK}/V									
I/(10^{-10} A)									
U_{AK}/V									
I/(10^{-10} A)									
U_{AK}/V									
I/(10^{-10} A)									

教师签字：_____

实验日期：_____

【数据处理与分析】

1. 可用以下两种方法(二选一)处理表 23-1 中的实验数据,画出 U_0-ν 直线,求出直线斜率 k,计算普朗克常量.

(1) 用 Excel 软件计算普朗克常量.

利用 Excel 图表的"添加趋势线"命令,给出直线的回归方程和相关系数,根据回归方程,给出直线的斜率 k 和截距 b.

用 $h=ek$ 求出普朗克常量,并与 h 的公认值 h_0 比较,求出百分误差 $B=\dfrac{h-h_0}{h_0}$,式中,$e=1.602\times10^{-19}$ C,$h_0=6.626\times10^{-34}$ J·s.

用 $A=eb$ 求出金属的逸出功.

(2) 用微机计算普朗克常量.

用鼠标激活桌面上的"计算机辅助实验系统",系统会弹出一个登录窗口,输入用户名和密码后登录.在出现的窗口中单击"数据通讯"下拉菜单中的"手动实验计算",弹出数据计算窗口,依次输入截止电压值,然后单击"计算"按钮,即可计算出普朗克常量和相对误差;单击"打印"按钮,出现"线性回归法计算 h 实验报告",单击 🖨 ,即可打印出实验报告.

2. 利用表 23-2 的实验数据,画出伏安特性曲线,编辑并打印出来.

图名:_____

实验二十四 夫兰克-赫兹实验

1913 年,丹麦物理学家玻尔(N. Bohr)提出了一个氢原子模型,并指出原子存在能级. 1914 年,德国物理学家夫兰克(J. Franck)和赫兹(G. Hertz)采取慢电子(几个到几十个电子伏特)与单元素气体原子碰撞的办法,直接证明了原子发生跃迁时吸收和发射的能量是分立的、不连续的,证明了原子能级的存在,从而证明了玻尔理论的正确.

夫兰克-赫兹实验至今仍是探索原子结构的重要手段之一,实验中用的"拒斥电压"筛去小能量电子的方法,已成为广泛应用的实验技术.

【实验目的与要求】

通过测定氩原子等元素的第一激发电位,证明原子能级的存在.

【实验原理】

玻尔提出的原子理论指出:原子只能较长地停留在一些稳定状态(简称为定态).原子在这些状态时,不发射或吸收能量.各定态有一定的能量,其数值是彼此分隔的.原子的能量不论通过什么方式发生改变,它只能从一个定态跃迁到另一个定态.如果用 E_m 和 E_n 分别代表有关两定态的能量,则原子吸收或发射的能量由下式决定:

$$h\nu = \Delta E = E_m - E_n \tag{24-1}$$

式中,h 为普朗克常量.

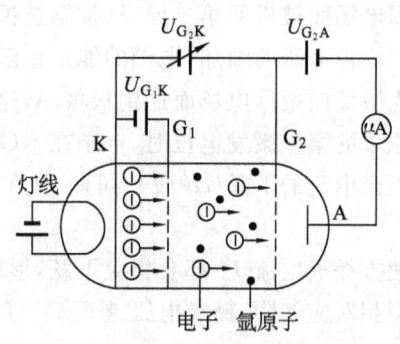

图 24-1 夫兰克-赫兹实验原理图

为了使原子从低能级向高能级跃迁,可以通过具有一定能量的电子与原子相碰撞进行能量交换的办法来实现.

设初速度为零的电子在电位差为 U_0 的加速电场作用下,获得能量 eU_0. 当具有这种能量的电子与稀薄气体的原子发生碰撞时,就会发生能量交换.如以 E_1 代表氩原子的基态能量,E_2 代表氩原子的第一激发态能量,那么当氩原子吸收从电子传递来的能量恰好为

$$eU_0 = \Delta E = E_2 - E_1 \tag{24-2}$$

时,氩原子就会从基态跃迁到第一激发态.相应的电位差称为氩的第一激发电位.测定出这个电位差 U_0,就可以根据式(24-2)求出氩原子的基态和第一激发态之间的能量差了(其他元素气体原子的第一激发电位亦可依此法求得).夫兰克-赫兹实验的原理图如图 24-1 所示.在充氩的夫兰克-赫兹管中,电子由热阴极发出,阴极 K 和第二栅极 G_2 之间的加速电压 U_{G_2K} 使电子加速.在板极 A 和第二栅极 G_2 之间加有反向拒斥电压 U_{G_2A}. 管内空间电位分布如图 24-2 所示.当电子通过 KG_2 空间进入 G_2A 空间时,如

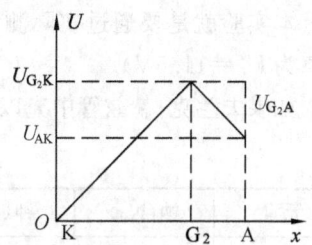

图 24-2 夫兰克-赫兹管内空间电位分布

果有较大的能量($\geqslant eU_{G_2A}$),就能冲过反向拒斥电场而到达板极形成板极电流.微安表可检出其电流.如果电子在 KG_2 空间与氩原子碰撞,把自己一部分能量传给氩原子而使后者激发的话,电子本身所剩余的能量就很小,以致通过第二栅极后已不足克服拒斥电场而被折回到第二栅极,这时,通过微安表的电流将显著减小.

实验时,使 U_{G_2K} 电压逐渐增加并仔细观察微安表的电流指示值,如果原子能级确实存在,而且基态和第一激发态之间有确定的能量差的话,就能观察到如图 24-3 所示的 I_A-U_{G_2K} 曲线.

图 24-3 所示的曲线反映了氩原子在 KG_2 空间与电子进行能量交换的情况.当 KG_2 空间电压逐渐增加时,电子在 KG_2 空间被加速而取得越来越大的能量.但起始阶段,由于电压较低,电子的能量较少,即使在运动过程中它与原子相碰撞也只有微小的能量交换(为弹性碰撞).穿过第二栅极的电子所形成的板流 I_A 将随第二栅极电压 U_{G_2K} 的增加而增大(图 24-3 的 Oa 段).当 KG_2 间的电压达到氩原子的第一激发电位 U_0 时,电子在第二栅极附近与氩原子相碰撞,将自己从加速电场中获得的全部能量交给后者,并且使后者从基态激发到第一激发态.电子本身由于把全部能量给了氩原子,即使穿过了第二栅极也不能克服反向拒斥电场而被折回第二栅极(被筛选掉).所以板极电流将显著减小(图 24-3 的 ab 段).随着第二栅极电压的增加,电子的能量也随之增加,在与氩原子相碰撞后还留下足够的能量,可以克服反向拒斥电场而达到板极 A,这时电流又开始上升(bc 段).直到 KG_2 间电压是两倍氩原子的第一激发电位时,电子在 KG_2 间又会因二次碰撞而失去能量,因而又会造成第二次板极电流的下降(cd 段).同理,凡在

$$U_{G_2K} = nU_0 \quad (n=1,2,3,\cdots) \tag{24-3}$$

的地方板极电流 I_A 都会相应下跌,形成规则起伏变化的 I_A-U_{G_2K} 曲线.而各次板极电流 I_A 下降相对应的阴、栅极电压差 $U_{n+1}-U_n$ 应该是氩原子的第一激发电位 U_0.

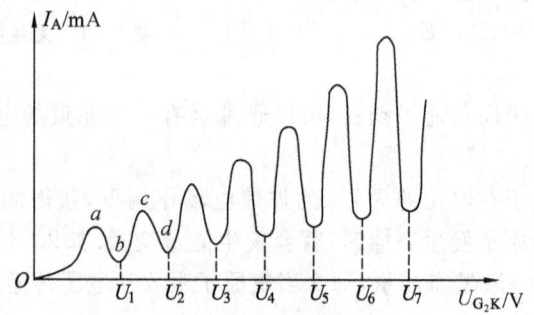

图 24-3 夫兰克-赫兹管 I_A-U_{G_2A} 曲线

本实验就是要通过实际测量来证实原子能级的存在,并测出氩原子的第一激发电位(公认值为 $U_0=11.5$ V).

如果夫兰克-赫兹管中充以其他元素,则可以得到它们的第一激发电位,如表 24-1 所示.

表 24-1 几种元素的第一激发电位

元素	钠(Na)	钾(K)	锂(Li)	镁(Mg)	汞(Hg)	氦(He)	氖(Ne)
U_0/V	2.12	1.63	1.84	3.2	4.9	21.2	18.6
λ/nm	589.0 589.6	766.4 769.9	670.78	457.1	250.0	58.43	64.02

【实验仪器】

ZKY-FH 型智能夫兰克-赫兹实验仪(见附录)、示波器.

【实验内容】

一、准备工作

1. 熟悉实验装置结构和使用方法(见附录).
2. 按照实验要求连接实验线路,检查无误后开机.
3. 将夫兰克-赫兹实验仪的信号输出端、同步输出端,分别接示波器 CH1 和 EXT. TRIG 端,观察电流强度随电压的变化关系曲线.
4. 开机后的初始状态显示如下:
(1) 实验仪的"1mA"电流挡位指示灯亮,表明此时电流的量程为 1mA 挡.
(2) 实验仪的"灯丝电压"挡位指示灯亮,表明此时修改的电压为灯丝电压;电压显示值为 000.0V;最后一位在闪动,表明现在修改位为最后一位.
(3) "手动"指示灯亮,表明仪器工作正常.

二、氩元素的第一激发电位测量

1. 手动测试.

设置仪器为"手动"工作状态,按"手动/自动"键,"手动"指示灯亮.按下电流量程 10μA 键,对应的量程指示灯点亮.设定灯丝电压为 U_F、第一加速电压为 U_{G_1K}、拒斥电压为 U_{G_2A},设定状态参见随机提供的工作条件(见机箱).按下"启动"键,实验开始.从 0.0 起按步长 1V (或 0.5V)调节 U_{G_2K} 电压值,仔细观察夫兰克-赫兹管的板极电流值 I_A 的变化(可用示波器观察),读出 I_A 的峰、谷值和对应的 U_{G_2K} 值(一般取 I_A 的谷在 4~5 个为佳).详细记录实验条件和相应的 I_A-U_{G_2K} 的值.

重新启动:在手动测试的过程中,按下"启动"键,U_{G_2K} 的电压值将被设置为零,内部存储的测试数据被清除,示波器上显示的波形被清除,但 U_F、U_{G_1K}、U_{G_2K} 电流挡位等状态不发生改变.这时,操作者可以在该状态下重新进行测试,或修改状态后再进行测试.

2. 自动测试.

首先,将"手动/自动"测试键按下,使"自动"指示灯亮.自动测试时 U_F、U_{G_1K}、U_{G_2K} 及电流挡位等状态设置的操作过程、夫兰克-赫兹管的连线操作过程与手动测试操作过程一样.进行自动测试时,实验仪将自动产生 U_{G_2K} 扫描电压.实验仪默认 U_{G_2K} 扫描电压的初始值为零,U_{G_2K} 扫描电压大约每 0.4s 递增 0.2V,直到扫描终止电压为止.按下 U_{G_2K} 电压源选择键,将电压源选为 U_{G_2K},完成 U_{G_2K} 电压值的具体设定.再按面板上的"启动"键,自动测试开始.在自动测试过程中,观察扫描电压 U_{G_2K} 与夫兰克-赫兹管板极电流 I_A 的相关变化情况.在自动测试过程中,为避免面板按键误操作,导致自动测试失败,面板上除"手动/自动"按键外的所有按键都被屏蔽禁止.当扫描电压 U_{G_2K} 的电压值大于设定的测试终止电压值后,实验仪将自动结束本次自动测试过程,进入数据查询工作状态.这时面板按键除测试电流指示区外,其他都已开启.改变电压源 U_{G_2K} 的指示值,观察对应的夫兰克-赫兹管板极电流 I_A 的大小,读出 I_A 的峰、谷值和对应的 U_{G_2K} 值.(为便于作图,在 I_A 的峰、谷值附近需多取几点)

在自动测试过程中和需要结束查询时,只要按下"手动/自动"键,实验仪就回复到开机初始状态,所有按键都被再次开启工作,这时可进行下一次的测试.

【注意事项】

1. 连接面板上的连接线,务必反复检查,切勿接错.

2. 夫兰克-赫兹管很容易因电压设置不合适而损坏,所以一定要按照规定的实验步骤和在适当的状态下进行实验.

3. 贴在机箱上盖的标牌参数是在出厂时"自动测试"工作方式下的设置参数(手动方式、自动方式都可参照),如果在使用过程中波形不理想,可适当调节灯丝电压、U_{G_1K} 电压、U_{G_2K} 电压(灯丝电压的调节建议控制在标牌参数的±0.3V 范围内),以获得较理想的波形.但灯丝电压不宜过高,否则会加快夫兰克-赫兹管老化;U_{G_2K} 不宜超过 82V,否则管子易被击穿.

4. 当各组电源输出端自身短路时,在面板上虽能显示设置电压,但此时输出端已无电压输出.若及时排除短路故障,则输出端电压应与其设置的电压一致.

5. 虽然仪器内置有保护电路,面板连线接错在短时间内不会损坏电器,但时间稍长会影响仪器的性能甚至损坏仪器,特别是夫兰克-赫兹管.各组工作电源有额定电压限制,应防止由于连线接错对其误加电压而造成损坏,因此在通电前应反复检查面板连线,确认无误后再打开主机电源.当仪器出现异常时,应立即关断主机电源.

【预习题】

夫兰克-赫兹管的 I_A-U_{G_2K} 曲线为什么是起伏上升的?

【思考题】

1. 考察 I_A-U_{G_2K} 周期变化与能级的关系,如果出现差异,估计是由什么原因造成的?

2. 第一峰位位置为何与第一激发电势有偏差?

【附录】ZKY-FH 型智能夫兰克-赫兹实验仪操作说明

1. ZKY-FH 型智能夫兰克-赫兹实验仪前面板功能说明.

ZKY-FH 型智能夫兰克-赫兹实验仪前面板如图 24-4 所示,按功能划分为八个区:

1 区是夫兰克-赫兹管各输入电压连接插孔和板极电流输出插座.

2 区是夫兰克-赫兹管所需激励电压的输出连接插孔,其中左侧输出孔为正极,右侧输出孔为负极.

3 区是测试电流指示区:四位七段数码管指示电流值;四个电流量程挡位选择按键,用于选择不同的最大电流量程挡;每一个量程选择同时备有一个选择指示灯,指示当前电流量程挡位.

4区是测试电压指示区:四位七段数码管指示当前选择电压源的电压值;四个电压源选择按键用于选择不同的电压源;每一个电压源选择都备有一个选择指示灯,指示当前选择的电压源.

5区是测试信号输入/输出区:"电流输入"插座输入夫兰克-赫兹管板极电流;"信号输出"和"同步输出"插座可将信号送示波器显示.

6区是调整按键区,用于改变当前电压源电压设定值,设置查询电压点.

7区是工作状态指示区:"通信"指示灯指示实验仪与计算机的通信状态;"启动"按键与"工作方式"按键共同完成多种操作,详细说明见相关栏目.

8区是电源开关.

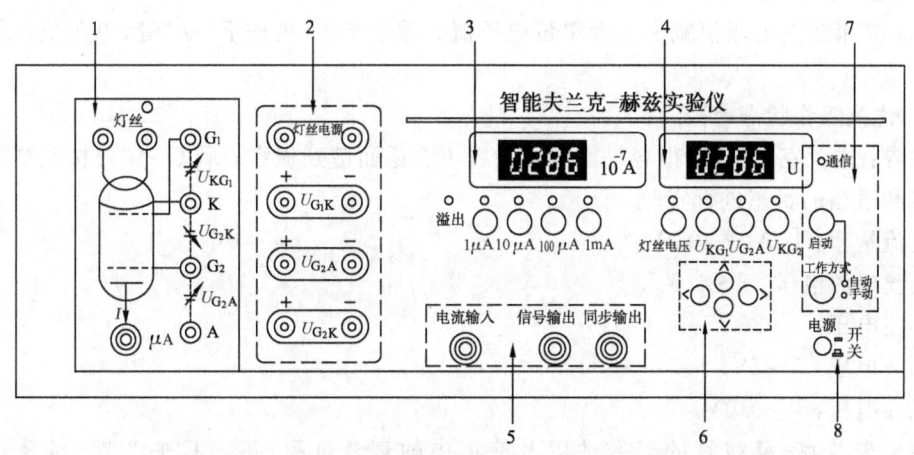

图 24-4 ZKY-FH 型智能夫兰克-赫兹实验仪前面板图

2. ZKY-FH 型智能夫兰克-赫兹实验仪后面板功能说明.

ZKY-FH 型智能夫兰克-赫兹实验仪后面板上有交流电源插座,插座上自带有保险管座,如果实验仪已升级为微机型,则"通信"插座可连计算机;否则,该插座不可使用.

在确认供电电网电压无误后,将随机提供的电源连线插入后面板的电源插座中;连接面板上的连接线.务必反复检查,切勿连错!

3. 开机后的初始状态.

开机后,实验仪面板状态显示如下:

(1) 实验仪的"1mA"电流挡位指示灯亮,表明此时电流的量程为 1mA 挡,电流显示值为 000.0μA.

(2) 实验仪的"灯丝电压"挡位指示灯亮,表明此时修改的电压为灯丝电压,电压显示值为 000.0V,最后一位在闪动,表明现在修改位为最后一位.

(3) "手动"指示灯亮,表明此时实验操作方式为手动操作.

4. 变换电流量程.

如果想变换电流量程,则按下 3 区中的相应电流量程按键,对应的量程指示灯点亮,同时电流指示的小数点位置随之改变,表明量程已变换.

5. 变换电压源.

如果想变换不同的电压,则按下 4 区中的相应电压源按键,对应的电压源指示灯随之点亮,表明电压源变换选择已完成,可以对选择的电压源进行电压值设定和修改.

6. 修改电压值.

按下前面板 6 区上的"<"/">"键,当前电压的修改位将进行循环移动,同时闪动位随之改变,以提示目前修改的电压位置.

按下面板上的"∧"/"∨"键,电压值在当前修改位递增/递减一个增量单位.

注意:

(1) 如果当前电压值加上一个单位电压值的和超过了允许输出的最大电压值,再按下"∧"键,电压值只能修改为最大电压值.

(2) 如果当前电压值减去一个单位电压值的差小于零,再按下"∨"键,电压值只能修改为零.

7. 建议工作状态范围.

警告:夫兰克-赫兹管很容易因电压设置不合适而遭到损害,所以一定要按照规定的实验步骤和适当的状态进行实验.

电流量程:$1\mu A$ 或 $10\mu A$ 挡.

灯丝电源电压:$3 \sim 4.5V$.

U_{G_1K} 电压:$1 \sim 3V$.

U_{G_2A} 电压:$5 \sim 7V$.

U_{G_2K} 电压:$\leqslant 80.0V$.

由于夫兰克-赫兹管的离散性以及使用中的衰老过程,每一只夫兰克-赫兹管的最佳工作状态是不同的,对具体的夫兰克-赫兹管应在上述范围内找出其较理想的工作状态.

图 24-5 为 ZKY-FH 型智能夫兰克-赫兹管面板接线图.

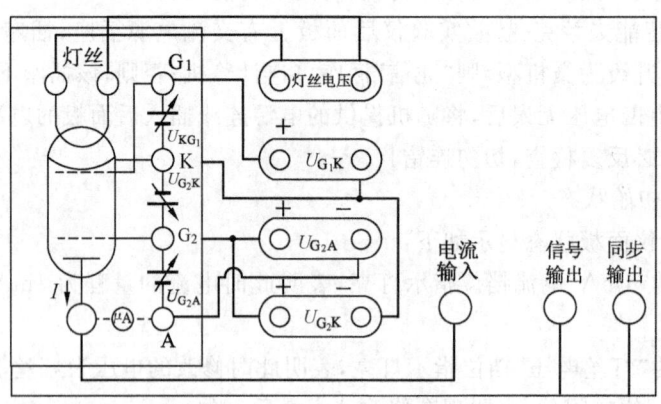

图 24-5　前面板接线图

【实验数据记录】

详细记录实验条件和相应的 $I_A - U_{G_2K}$ 的值.

量程	灯丝电压 V_F/V	第一加速电压 U_{G_1K}/V	拒斥电压 U_{G_2A}/V	第二加速电压 U_{G_2K}/V

U_{G_2K}/V	$I_A/(10^{-7} A)$	U_{G_2K}/V	$I_A/(10^{-7} A)$	U_{G_2K}/V	$I_A/(10^{-7} A)$	U_{G_2K}/V	$I_A/(10^{-7} A)$
0.5		13.0		25.5		38.0	
1.0		13.5		26.0		38.5	
1.5		14.0		26.5		39.0	
2.0		14.5		27.0		39.5	
2.5		15.0		27.5		40.0	
3.0		15.5		28.0		40.5	
3.5		16.0		28.5		41.0	
4.0		16.5		29.0		41.5	
4.5		17.0		29.5		42.0	
5.0		17.5		30.0		42.5	
5.5		18.0		30.5		43.0	
6.0		18.5		31.0		43.5	
6.5		19.0		31.5		44.0	
7.0		19.5		32.0		44.5	
7.5		20.0		32.5		45.0	
8.0		20.5		33.0		45.5	
8.5		21.0		33.5		46.0	
9.0		21.5		34.0		46.5	
9.5		22.0		34.5		47.0	
10.0		22.5		35.0		47.5	
10.5		23.0		35.5		48.0	
11.0		23.5		36.0		48.5	
11.5		24.0		36.5		49.0	
12.0		24.5		37.0		49.5	
12.5		25.0		37.5		50.0	

续表

U_{G_2K}/V	$I_A/(10^{-7}A)$	U_{G_2K}/V	$I_A/(10^{-7}A)$	U_{G_2K}/V	$I_A/(10^{-7}A)$	U_{G_2K}/V	$I_A/(10^{-7}A)$
50.5		58.5		66.5		74.5	
51.0		59.0		67.0		75.0	
51.5		59.5		67.5		75.5	
52.0		60.0		68.0		76.0	
52.5		60.5		68.5		76.5	
53.0		61.0		69.0		77.0	
53.5		61.5		69.5		77.5	
54.0		62.0		70.0		78.0	
54.5		62.5		70.5		78.5	
55.0		63.0		71.0		79.0	
55.5		63.5		71.5		79.5	
56.0		64.0		72.0		80.0	
56.5		64.5		72.5		80.5	
57.0		65.0		73.0		81.0	
57.5		65.5		73.5		81.5	
58.0		66.0		74.0		82.0	

教师签字：＿＿＿＿＿＿

实验日期：＿＿＿＿＿＿

【数据处理与分析】

利用 Excel 软件处理实验数据，画出 I_A-U_{G_2K} 曲线，编辑并打印出来．用曲线的相邻峰或谷位置电势差求平均值，求得氩的第一激发电位 U_0 值．

实验二十五　多普勒效应的研究与应用

当波源和接收器之间有相对运动时,接收器接收到的波的频率与波源发出的频率不同的现象称为多普勒效应.多普勒效应在科学研究、工程技术、交通管理、医疗诊断等各方面都有十分广泛的应用.例如,原子、分子和离子由于热运动使其发射和吸收的光谱线变宽,称为多普勒增宽,在天体物理和受控热核聚变实验装置中,光谱线的多普勒增宽已成为一种分析恒星大气及等离子体物理状态的重要测量和诊断手段.基于多普勒效应原理的雷达系统已广泛应用于导弹、卫星、车辆等运动目标速度的监测.在医学上利用超声波的多普勒效应来检查人体内脏的活动情况、血液的流速等.本实验是一个综合性实验,既可研究超声波的多普勒效应,又可利用多普勒效应将超声探头作为运动传感器,研究物体的运动状态.

【实验目的与要求】

1. 测量超声接收器运动速度与接收频率之间的关系,验证多普勒效应.
2. 学习用多普勒效应的频率与速度的关系测量声速的方法.
3. 利用多普勒效应研究物体的各种运动状态,加深对运动学知识的理解.

【实验原理】

根据声波的多普勒效应公式,当声源与接收器之间有相对运动时,接收器接收到的频率 f 为

$$f = \frac{f_0(u + v_1 \cos\alpha_1)}{u - v_2 \cos\alpha_2} \tag{25-1}$$

式中,f_0 为声源的发射频率,u 为声速,v_1 为接收器的运动速率,α_1 为声源和接收器的连线与接收器运动方向之间的夹角,v_2 为声源的运动速率,α_2 为声源和接收器的连线与声源运动方向之间的夹角.

若声源保持不动,运动物体上的接收器沿声源与接收器连线方向以速度 v 运动,则从式(25-1)可得接收器接收到的频率应为

$$f = \left(1 + \frac{v}{u}\right) f_0 \tag{25-2}$$

当接收器向着声源运动时,v 取正,反之取负.

若 f_0 保持不变,以光电门测量物体的运动速度,并由仪器对接收器接收到的频率自动计数,根据式(25-2),作 $f\text{-}v$ 关系图,可直观地验证多普勒效应,且由实验点作直线,其斜率应为 $k = \frac{f_0}{u}$,由此可计算出声速 $u = \frac{f_0}{k}$.

由式(25-2)可解出:

$$v = u\left(\frac{f}{f_0} - 1\right) \tag{25-3}$$

若已知声速 u 及声源频率 f_0,通过设置使仪器以某种时间间隔对接收器接收到的频率 f 采样计数,由式(25-3)可计算出接收器的运动速度,由此可研究变速运动物体的运动状况及规律.

【实验仪器】

ZKY-DPL 多普勒综合效应实验仪.

ZKY-DPL 多普勒综合效应实验仪由实验装置和实验仪两部分组成,实验仪内置微处理器,带有液晶显示屏,图 25-1 为实验仪的面板图.

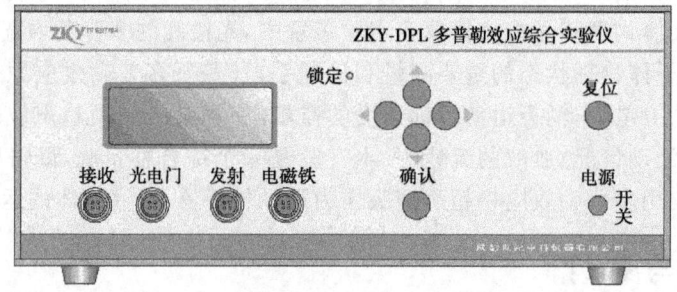

图 25-1　实验仪面板图

实验仪采用菜单式操作,显示屏显示菜单及操作提示,由▲、▼、◄、► 键选择菜单或修改参数,按确认键后仪器执行.操作者只需按提示即可完成操作.

图 25-2 为实验装置图,导轨长 1.2m,两侧有安装槽,所有需固定的附件均安装在导轨上.

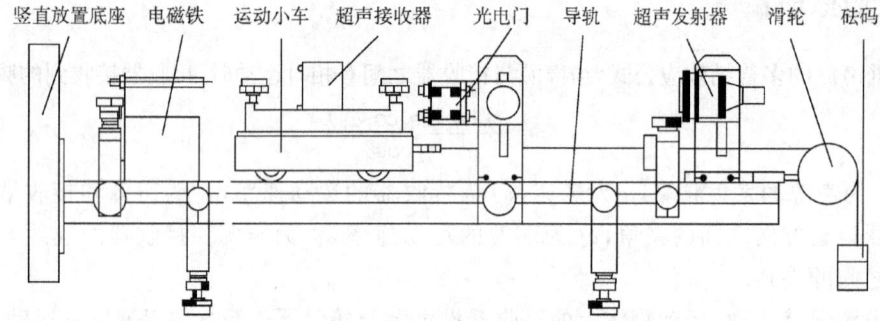

图 25-2　多普勒效应验证实验装置安装示意图

【实验内容】

一、必做内容

1. 实验仪的预调节.

实验仪开机后,首先要求输入室温,这是因为计算物体运动速度时要代入声速,而声速是温度的函数.

第 2 个界面要求对超声发生器的驱动频率进行调谐.调谐时将所用的发射器与接收器接入实验仪,二者相向放置,用 ► 键调节发生器驱动频率,并以接收器谐振电流达到最大作为谐振的判据.在超声应用中,需要将发生器与接收器的频率匹配,并将驱动频率调到谐振频率,才能有效地发射与接收超声波.

2. 验证多普勒效应并由测量数据计算声速.

将水平运动超声发射/接收器及光电门、电磁铁按实验仪上的标示接入实验仪.调谐后,在实验仪的工作模式选择界面中选择"多普勒效应验证实验",按确认键后进入测量界面.用▶键输入测量次数 6,用▼键选择"开始测试",再次按确认键使电磁铁释放,此时光电门与接收器处于工作准备状态.

将仪器按图 25-2 安置好,当光电门处于工作准备状态而小车以不同速度通过光电门后,显示屏会显示小车通过光电门时的平均速度,以及此时小车上接收器接收到的平均频率,并可用▼键选择是否记录此次数据,按确认键后即可进入下一次测试.

完成预定的测量次数后,显示屏会显示 f-v 关系与一组测量数据,若测量点成直线,符合式(25-2)描述的规律,即直观验证了多普勒效应.用▼键翻阅数据并记录数据,用作图法或线性回归法计算 f-v 关系直线的斜率 k,由 k 计算声速 u,并与声速的理论值比较.声速理论值由

$$u_0 = 331\sqrt{1+\frac{t}{273}}\,\text{m/s}$$

计算,t 表示室温.

二、选做内容

1. 研究匀变速直线运动,验证牛顿第二运动定律.

实验时仪器的安装示意图如图 25-3 所示,质量为 M 的垂直运动部件与质量为 m 的砝码托及砝码悬挂于滑轮的两端,测量前砝码托吸在电磁铁上,测量时电磁铁释放砝码,系统在外力作用下做加速运动.若系统中轻质滑轮的质量可忽略不计,则可考虑运动系统的总质量为 $M+m$,所受合外力为 $(M-m)g$(摩擦力忽略不计).

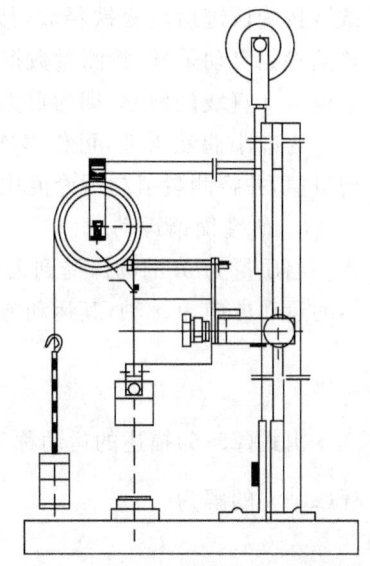

图 25-3 匀变速直线运动安装示意图

根据牛顿第二定律,系统的加速度应为

$$a = \frac{M-m}{M+m}g \tag{25-4}$$

用天平称量垂直运动部件、砝码托及砝码质量,每次取不同质量的砝码放于砝码托上,记录每次实验对应的 m.

将垂直运动发射/接收器接入实验仪,在实验仪的工作模式选择界面中选择"频率调谐",调节垂直运动发射/接收器的谐振频率,完成后回到工作模式选择界面,选择"变速运动测量实验",确认后进入测量设置界面.设置采样点总数为 8,采样步距为 100ms,用▼键选择"开始测试",按确认键使电磁铁释放砝码托,同时实验仪按设置的参数自动采样.

采样结束后界面会显示 v-t 关系图,用▶键选择"数据",将显示的采样次数及相应速度记入表 25-1 中(为避免电磁铁剩磁的影响,第 1 组数据不记.t_n 为采样次数与采样步距的乘积).由记录的 t、v 数据求得 v-t 直线的斜率,即为此次实验的加速度 a.

在结果显示界面中用▶键选择返回,确认后重新回到测量设置界面.改变砝码质量,按以上程序进行新的测量.

将由表 25-1 得出的加速度 a 为纵轴,$\frac{M-m}{M+m}$ 为横轴作图,若为线性关系,符合式(25-4)描述的规律,即验证了牛顿第二定律,且直线的斜率应为重力加速度.

2. 研究自由落体运动，求自由落体加速度.

实验时仪器的安装示意图如图 25-4 所示，将电磁铁移到导轨的上方，测量前垂直运动部件吸在电磁铁上，测量时垂直运动部件自由下落一段距离后被细线拉住.

在实验仪的工作模式选择界面中选择"变速运动测量实验"，设置采样点总数为 8，采样步距为 50ms. 选择"开始测试"，按确认键后电磁铁释放，接收器自由下落，实验仪按设置的参数自动采样. 将测量数据记入表 25-2 中，由测量数据求得 v-t 直线的斜率，即为重力加速度 g.

为减小偶然误差，可作多次测量，将测量的平均值作为测量值，并将测量值与理论值比较，求百分误差.

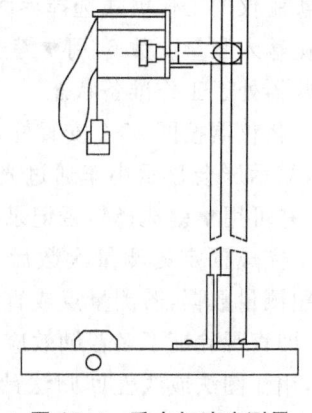

图 25-4　重力加速度测量安装示意图

3. 研究简谐运动.

当质量为 m 的物体受到大小与位移成正比，方向指向平衡位置的力的作用时，若以物体的运动方向为 x 轴，其运动方程为

$$m\frac{d^2 x}{dt^2} = -kx \tag{25-5}$$

由式(25-5)描述的运动称为简谐运动. 当初始条件为 $t=0$ 时，$x_0 = -A_0$，$v = \dfrac{dx}{dt}$，则方程(25-5)的解为

$$x = -A_0 \cos\omega_0 t \tag{25-6}$$

将式(25-6)对时间求导，可得速度方程为

$$v = \omega_0 A_0 \sin\omega_0 t \tag{25-7}$$

由式(25-6)、式(25-7)可知物体做简谐运动时，位移和速度都随时间作周期性变化，式中 $\omega_0 = \sqrt{k/m}$ 为振动的圆频率，k 为弹簧的劲度系数.

测量时仪器的安装类似于图 25-4，将弹簧通过一段细线悬挂于电磁铁上方的挂钩孔中，垂直运动超声接收器的尾翼悬挂在弹簧上，若忽略空气阻力，根据胡克定律，作用力与位移成正比，悬挂在弹簧上的物体应做简谐运动.

实验时先称量垂直运动超声接收器的质量 M，测量接收器悬挂上之后弹簧的伸长量 Δx，记入表 25-3 中，就可计算 k 及 ω_0.

测量简谐运动时设置采样点总数为 150，采样步距为 100ms.

选择"开始测试"，将接收器从平衡位置下拉约 20cm，松手让接收器自由振荡，同时按确认键，让实验仪按设置的参数自动采样，采样结束后会显示如式(25-7)描述的速度随时间的变化关系. 查阅数据，记录第 1 次速度达到最大时的采样次数 $N_{1\max}$ 和第 11 次速度达到最大时的采样次数 $N_{11\max}$，就可计算实际测量的运动周期 T 及角频率 ω，并可计算 ω_0 与 ω 的百分误差.

【思考题】

1. 电磁波与声波的多普勒效应原理是否一致？
2. 本实验中，频率的调节是以什么为标准的？为什么？

第四章 综合性提高实验

【实验数据记录】

自拟多普勒效应的验证实验的数据表格.

表 25-1 匀变速直线运动的测量　　　　　　$M=$ _____ kg

n	2	3	4	5	6	7	8	加速度 $a/(\text{m}\cdot\text{s}^{-2})$	m/kg	$\dfrac{M-m}{M+m}$
$t_n=0.1n/\text{s}$										
$v_n/(\text{m}\cdot\text{s}^{-1})$										
$t_n=0.1n/\text{s}$										
$v_n/(\text{m}\cdot\text{s}^{-1})$										
$t_n=0.1n/\text{s}$										
$v_n/(\text{m}\cdot\text{s}^{-1})$										
$t_n=0.1n/\text{s}$										
$v_n/(\text{m}\cdot\text{s}^{-1})$										

表 25-2 自由落体运动的测量

n	2	3	4	5	6	7	8	$g/(\text{m}\cdot\text{s}^{-2})$
$t_n=0.05n/\text{s}$								
$v_n/(\text{m}\cdot\text{s}^{-1})$								
$t_n=0.05n/\text{s}$								
$v_n/(\text{m}\cdot\text{s}^{-1})$								
$t_n=0.05n/\text{s}$								
$v_n/(\text{m}\cdot\text{s}^{-1})$								
$t_n=0.05n/\text{s}$								
$v_n/(\text{m}\cdot\text{s}^{-1})$								

表 25-3 简谐运动的测量

M/kg	$\Delta x/\text{m}$	$k=\dfrac{mg}{\Delta x}$ /(kg·s^{-2})	$\omega_0=\sqrt{\dfrac{k}{m}}$ /(1/s)	$N_{1\max}$	$N_{11\max}$	$T=0.01(N_{1\max}-N_{11\max})$ /s

教师签字：_____

实验日期：_____

【数据处理与分析】

1. 多普勒效应的验证与声速的测量.

用作图法或线性回归法计算 f-v 关系直线的斜率 k 和声速 u,百分误差 $B=$ _____.

2. 匀变速直线运动的测量.

以 a 为纵轴,$\dfrac{M-m}{M+m}$ 为横轴作图,验证牛顿第二定律.

3. 自由落体运动的测量.

作 v-t 关系曲线,求直线的斜率 g,并求测量值的百分误差.

4. 简谐运动的测量.

计算运动周期、角频率以及角频率的百分误差.

图名:_____

实验二十六 核磁共振实验

在外磁场中,自旋磁矩不为零的原子核能级将发生分裂.若再有一定频率的电磁波作用于它,分裂后的核能级之间将发生共振跃迁,这种现象称为核磁共振(NMR).

1946 年以美国物理学家布洛赫(F. Bloch)和珀塞尔(E. M. Purcell)为首的两个小组几乎同时用不同的方法、各自独立地在水和石蜡样品中发现了物质的核磁共振现象,提出了精确测量核磁矩的新方法.为此他们获得了 1952 年的诺贝尔物理学奖.

如今,核磁共振已在物理、化学、生物、医学等方面获得广泛应用,是测定原子的核磁矩和研究核结构的直接而准确的方法,也是精确测量磁场的重要方法之一.众所周知,1977 年研制成功的人体核磁共振断层扫描仪(NMR-CT)因能获得人体软组织的清晰图像而成功用于许多疑难病症的临床诊断.

本实验用扫场法观察氢核和氟核的核磁共振现象,测量磁场和氟核的 g_F 因子,从而对核自旋和核磁共振现象有一个直观的认识.

【实验目的与要求】

1. 了解核磁共振的基本原理和实验方法.
2. 利用核磁共振测量磁场和氟核 ^{19}F 的 g_F 因子.

【实验原理】

一、共振吸收

1924 年泡利(W. Pauli)提出核自旋的假设,1930 年被埃斯特曼(L. Esterman)在实验中证实,这一原子核基态的重要特性表明原子核不是一个质点,而是有电荷分布,还有自旋角动量和磁矩.实验表明,质子和中子都有自旋,但若一个原子核有两个质子或两个中子,则它们的自旋方向必然相反而相互抵消,使总的核自旋为零.因此,只有质子数和中子数两者(或其一)为奇数的原子核才有核自旋.当核自旋系统处在恒定磁场 B_z 中时,由于核自旋和磁场 B_z 间的相互作用,核能级发生塞曼分裂,一个能级分裂为多个能级.

对氢原子核即质子,若原来的能级为 E_0,氢原子总数为 N,则当这些氢原子处于 z 方向的磁场 B_z 中时,它的能级就会分裂为 E_2 和 E_1 两个能级.磁场越大,能级间距越大,如图 26-1 所示.

图 26-1 核能级的塞曼分裂

设处于上、下两能级的氢原子数分别为 N_2 和 N_1,在热平衡时,氢原子数随能量增加按指数规律下降(满足玻尔兹曼分布),即处在高能级的氢原子数少于在低能级的氢原子数,故

$N_1 > N_2$.

塞曼分裂上、下两能级间能量差 ΔE 与 B_z 成正比：

$$E_2 - E_1 = \Delta E = g\mu_N B_z \tag{26-1}$$

式中，常数 $\mu_N = \dfrac{eh}{4\pi m_p}$ 称为核磁子；g 是一个与原子核结构有关的常数（量纲为 1），称为 g 因子，对于氢核，$g_H = 5.5856947$.

若在垂直于 B_z 方向上加一个频率为 $\nu(10^6 \sim 10^9\,\text{Hz})$ 的电磁场 $B_1\cos 2\pi\nu t$（不影响 B_z 的大小，且 $B_1 \ll B_z$），则当它所对应的能量 $h\nu$ 与塞曼能级分裂间距 ΔE 正好相等时，原子核将吸收能量 $h\nu$ 从低能级跃迁到高能级，发生核磁共振。可见核磁共振的条件为

$$\Delta E = g\mu_N B_z = h\nu \tag{26-2}$$

这时，虽然核自旋粒子由 E_1 到 E_2 的共振吸收跃迁和由 E_2 到 E_1 的共振辐射跃迁的概率相等，但由于 $N_1 > N_2$，故对为数众多的自旋系统，统计上的净结果是以吸收为主，这种现象称为核磁共振吸收。观察核磁共振吸收现象可有两种方法：一种是磁场 B_z 固定，让入射电磁场 B_1 的频率 ν 连续变化，当满足式(26-2)时，出现共振吸收峰，称为扫频法；另一种是把频率 ν 固定，而让 B_z 连续变化，称为扫场法。

二、纵向弛豫和横向弛豫

在核磁共振条件下，核自旋系统处于非平衡态（N_1 与 N_2 的关系不满足玻尔兹曼分布），通过核和晶格之间的相互作用以及核自旋和核自旋之间的相互作用，逐步由非平衡态又恢复到平衡态，这就是弛豫过程。在磁共振时，正是由于受激共振跃迁过程和弛豫过程同时起作用，二者处于动态平衡，方可观察到稳定的共振信号。由核和晶格之间的相互作用形成的弛豫称为纵向弛豫 T_1，由核自旋与核自旋之间的相互作用形成的弛豫称为横向弛豫 T_2。T_1 越小，表示核与晶格的相互作用越强烈。人体组织的骨、脂肪、内脏、血液的 T_1 都不同，所以在医用核磁共振仪上很容易区别它们，T_1 小的共振峰就大。T_2 越小，表示各核自旋之间的相互作用越强烈。实验表明，T_2 的大小反比于盐的浓度，人体组织各部分的盐的浓度都不一样，所以在医用核磁共振仪上可根据 T_2 来区别它们，T_2 小的共振峰就宽。

【实验仪器与实验方法】

HC-3 型核磁共振实验仪、数字频率计、ST16 示波器。

核磁共振实验仪由样品管、永磁铁、音频调制磁场电源、射频边限振荡器等组成。如图 26-2 所示，样品放在样品盒内，置于永磁铁的磁场中。样品管外绕有线圈，构成边限振荡电路的一个电感。永磁铁提供样品能级塞曼分裂所需要的强磁场，其磁感应强度为 B_0；在永磁铁上还加一个小的音频调制磁场，把 $B_m \sin 2\pi\nu_m t$ 的 50 Hz 信号接在

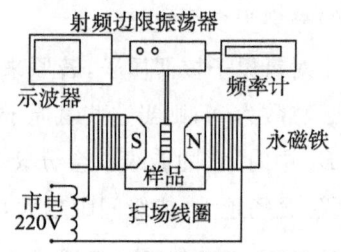

图 26-2 核磁共振实验装置

永磁铁的扫场线圈上($B_m \ll B_0$),B_m 值可连续调节.因此样品处的实际磁场的磁感应强度为
$$B = B_z = B_0 + B_m \sin 2\pi\nu_m t \tag{26-3}$$

射频边限振荡器因处于稳定振荡与非振荡的边缘状态而得名,它提供频率范围大于 50MHz 的射频电磁波,其频率连续可调,并由频率计监视.由于此振荡器的振荡特性处于稳定振荡与非振荡的边缘状态,因而其振荡幅度随振荡电路中的元件性能变化而显著变化.该电感线圈中放有样品,当样品由于核磁共振而吸收能量时,振荡器的输出幅度会明显降低.

检波器与放大器把射频边限振荡器的输出信号进行检波与放大,将它的幅度变化信息输入示波器而显示出来.

图 26-3(a)是用本装置在示波器上观察到的水中质子的共振信号,图 26-3(b)是固态聚四氟乙烯中氟核的共振信号.质子的共振信号出现衰减振荡曲线"尾波",这是由于 50Hz 的扫场变化速度太快,通过共振区所用的时间并不比弛豫时间大很多所致.样品的弛豫时间越长或磁场 B_0 越均匀,尾波越长.对固态的聚四氟乙烯而言,由于弛豫时间 T_2 很小,调制磁场的变化相对十分缓慢,没有尾波出现.

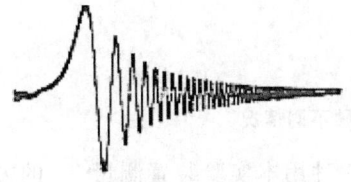
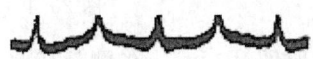

(a) 水中质子的共振信号　　　　(b) 聚四氟乙烯中氟核的共振信号

图 26-3　共振信号波形

根据式(26-2),满足共振条件的边限振荡器的振荡频率应为
$$\nu_0 = g\mu_N B_0 / h \tag{26-4}$$

如果射频边限振荡器的实际振荡频率 $\nu \gg \nu_0$,则共振条件要求样品应处在 $B_{需} \gg B_0$ 的磁场中,但因为 $B_m \ll B_0$,实际磁场 $B = B_z = B_0 + B_m \sin 2\pi\nu_m t \ll B_{需}$,不满足共振条件,即不可能出现共振,射频边限振荡器的输出幅度无变化,示波器显示的只是一条水平线,如图 26-4(a)所示.

若射频边限振荡器的实际振荡频率 $\nu \approx \nu_0$(设 $\nu \geqslant \nu_0$),则共振条件要求 $B_{需} \approx B_0$(且 $B_{需} \geqslant B_0$),在 $B = B_z = B_0 + B_m \sin 2\pi\nu_m t$ 的某些时刻 t' 满足共振条件 $\Delta E = g\mu_N B_z = h\nu$,发生共振,射频边限振荡器的输出幅度下降,示波器上显示出若干个吸收峰(B_z 一个周期内有 2 个),如图 26-4(b)所示.

若射频边限振荡器的实际振荡频率 $\nu = \nu_0$,则共振条件要求 $B_{需} = B_0$.即满足 $B_m \sin 2\pi\nu_m t = 0$,$t = k\pi(k=0,1,2,3,\cdots)$的时刻发生共振,在这些时刻射频边限振荡器的输出振幅下降,示波器上显示出吸收峰.这些峰是等间距的,称为"三峰等间距"的波形,如图 26-4(c)所示.

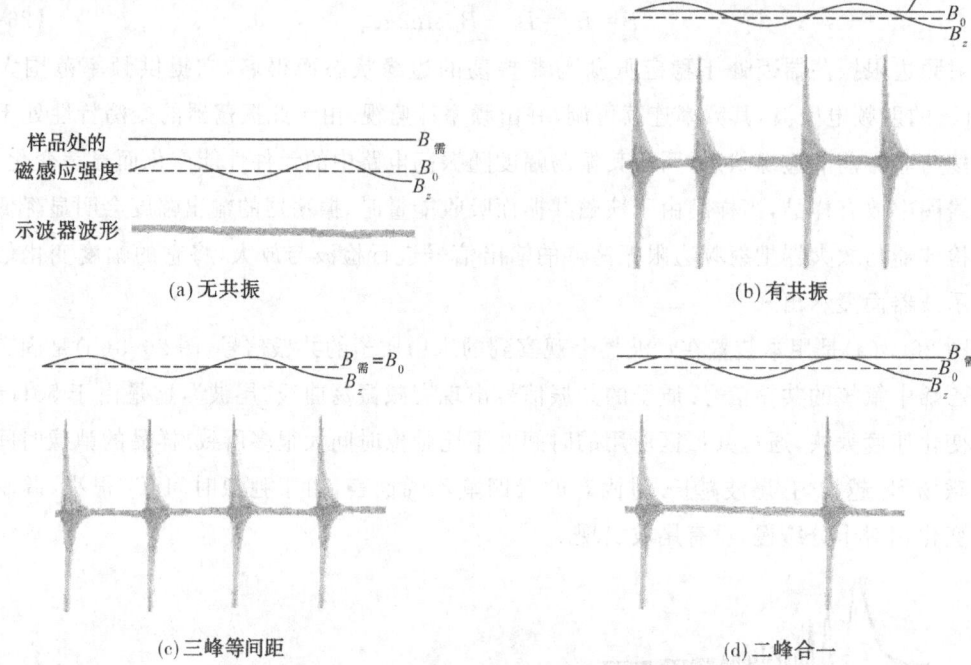

图 26-4 核磁共振实验中的四种不同情况

弛豫时间 T_1 和 T_2 的测量较复杂，下面简单介绍一种用本实验装置测量 T_2 的方法.

可以证明，在忽略其他使峰值变宽的因素条件下，横向弛豫时间可表示为

$$T_2 = \frac{2}{(\omega_0 - \omega_0')\omega_m \Delta t} \tag{26-5}$$

其中，$\omega_0 = 2\pi\nu_0$ 已测得；$\omega_m = 2\pi\nu_m$ 为扫场圆频率；$\omega_0' = 2\pi\nu_0'$ 是共振信号"二峰合一"时的圆频率，此时 $\sin 2\pi\nu_m t = \pm 1$，如图 26-4(d) 所示[当 $B_需 > B_0$ 时，$\omega_0' > \omega_0$，式 (26-5) 中括号内的内容应改为 $(\omega_0' - \omega_0)$]；Δt 则是三峰等间距时共振峰的半高宽，即峰值降低到一半时的宽度，如图 26-5 所示.

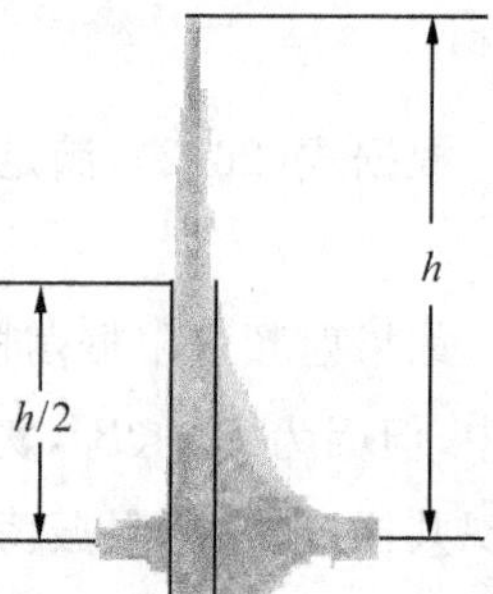

图 26-5 共振峰

频率测量的不确定度分析：频率测量的不确定度 $\Delta\nu$ 决定于频率计的测量误差和确定核磁共振频率时产生的偏差. 实验室使用的频率计，其仪器误差 $\Delta\nu_{ins} = 0.1\,\text{kHz}$；影响 $\Delta\nu$ 的另一重要因素来自对示波器屏幕上核磁共振信号均匀分布的判断所产生的偏差. 根据估测，这种沿示波器屏幕上横轴（即 t 轴）所产生的偏差可达到 0.2 大格，由此对测量样品核磁共振频率将产生偏差，记作 Δ_c，根据核磁共振条件可以推出：$\Delta_c = \frac{0.4\pi}{N}(\nu_0 - \nu_0')$，$N$ 表示相邻三个共振吸收信号在示波器屏幕上所占的大格数，ν_0、ν_0' 与式 (26-5) 中的表述相同.

【实验内容】

一、必做内容

1. 观察水样品中质子的共振信号,测量永磁铁中心的磁感应强度 B_0.

(1) 小心地将样品为水的探头下端的样品盒通过磁铁上方平台的开口插入磁隙中,轻轻地把电路盒安放在平台上,左右移动电路盒,使之大致处于中间位置.

(2) 将电路盒后面板的"频率测试"端与数字频率计连接,并把频率计选择在输入信号不衰减的位置;把电路盒后面板的"检波输出"端与示波器的纵轴信号输入端连接,并把示波器的扫描速度旋钮调节在 5ms/格的位置,纵向放大旋钮调节在 0.1V/格或 0.2V/格的位置.

(3) 打开频率计、示波器、电路盒电源开关,调节电路盒幅度调节旋钮,使频率计有读数,这时在示波器上能观察到噪声信号.

(4) 接通可调变压器的电源,并把输出电压调到 100V 左右.

(5) 利用电路盒上的"频率调节"旋钮缓慢改变频率并同时监视示波器,当示波器上出现质子的共振信号后,在平台上左右移动电路盒,寻找使共振信号幅度最大、尾波中振荡次数最多的位置(为便于比较,此时可调节示波器的扫描速度旋钮,把尾波适当展开),从而使样品处于磁场中最均匀的地方(此处为永磁铁中心).保持这时电路盒的左右位置,并记下电路盒右端在平台标尺上的读数.

(6) 适当调节"幅度"旋钮,使共振信号幅度达到最大或较大数值(注意:调节"幅度"旋钮时,实质上是调节振荡管的工作电流,从而改变振荡管的极间电容,这对频率有影响,因此要相应调节"频率调节"旋钮进行补偿,使频率保持不变).

(7) 逐步降低可调变压器的输出电压以逐步减小扫场幅度.在减小扫场幅度过程中要相应调节频率,使示波器上的共振信号保持间隔为 10ms 的均匀排列.当扫场幅度已尽可能减小,而且共振信号保持为间隔 10ms 的均匀排列时,记下频率计的读数,这个读数就是与样品所在位置的磁场相对应的质子的共振频率 ν_0.

2. 现象观察.

利用样品为水的探头,把电路盒从永磁铁中心向左和向右逐渐移动到边缘,观察移动过程中共振信号波形的变化,并加以解释.

3. 观察固态聚四氟乙烯样品中氟核的共振信号,测量氟核^{19}F 的 g_F 因子.

用样品为固态聚四氟乙烯的探头代替样品为水的探头,并使电路盒放在实验内容 1 同样位置.由于此样品信号较弱,可把示波器的纵向放大旋钮放在 20mV/格或 50mV/格的位置,把可调变压器的输出电压调节在 100V 位置,打开电路盒电源开关并调节频率,找到共振信号后重复实验内容 1 中的步骤(6)和(7).

二、选做内容

1. 测量水的横向弛豫时间 T_2.

把水样品放在磁场中心处,测量 ν_0'.为测准 ν_0',应调节到"二峰合一"的峰值即将消失时进行测量.

2. 频率测量的 B 类不确定度估计.

对水、固态聚四氟乙烯样品分别进行相关测量.

【注意事项】

1. 本实验的关键是通过示波器上的图像正确判断共振频率 ν_0,一定要耐心调试,认真观察对比,务必找准 ν_0.

2. 由于机内电池容量小,使用过程中端电压会缓慢下降;此外,由于频率计读数精度高,因此即使"频率调节"旋钮位置固定不动,电池端电压的下降也会使频率计读数最后一两位缓慢减小,这是正常现象.因此,当调节频率使示波器上共振信号均匀排列时应立即读数.

3. 样品封装在样品盒内,请勿打开或挤压样品盒以免损坏两侧的屏蔽铜片.

4. 为减少干扰和使用方便,本机使用机内 9V 集成电池作为电源,其容量较小,因此探头不使用时应立即关闭电源以免电能损耗.

【预习题】

1. 简述核磁共振的原理并回答什么是扫场法和扫频法.
2. 核磁共振中进行了哪两个过程?
3. NMR 实验中共用了几种磁场?各起什么作用?

【思考题】

1. 是否任何原子核系统均可产生核磁共振现象?为什么水的核磁共振信号只代表氢而不代表氧?为什么聚四氟乙烯样品的核磁共振信号中没有碳的信号?
2. 水和聚四氟乙烯两种样品共振信号的波形有何不同,为什么?

【实验数据记录】

表 26-1 测量永磁铁中心的磁感应强度 B_0

中心位置 _____ cm

次 数	1	2	3	4	5	6
ν_0/MHz						

表 26-2 测量氟原子的 g_F 因子

次 数	1	2	3	4	5	6
ν_0/MHz						

表 26-3 测量水的横向弛豫时间 T_2

$\Delta t =$ _____ ms

ν_0/MHz	ν_m/Hz	ν_0'/MHz
	50	

教师签字：_____

实验日期：_____

【数据处理与分析】

1. 对于水样品,根据式(26-2),计算出永磁铁中心的磁感应强度 B_0($g_H =$ 5.58569, $\mu_N = 5.05079 \times 10^{-27}$ J·T^{-1}, $h = 6.62607 \times 10^{-34}$ J·s).

2. 计算氟原子的 g_F 因子,并与标准值(5.25459)比较,分析误差来源及实验的改进措施.

实验二十七 单缝衍射的光强分布与缝宽的测定

【实验目的与要求】

1. 观察单缝的夫琅和费衍射现象及其随单缝宽度变化的规律,加深对光的衍射理论的理解.
2. 学习光强分布的光电测量方法.
3. 利用衍射花样测定单缝的宽度.

【实验原理】

夫琅和费衍射是平行光的衍射,即要求光源及接收屏到衍射屏的距离都是无限远(远场衍射). 在实验中,它可借助于两个透镜来实现. 如图 27-1 所示,位于透镜 L_1 的前焦面上的单色狭缝光源 S 发出的光,经 L_1 后变成平行光,垂直照射在单缝 D 上,通过 D 衍射后在透镜 L_2 的后焦面上呈现出单缝的衍射图样,它是一组平

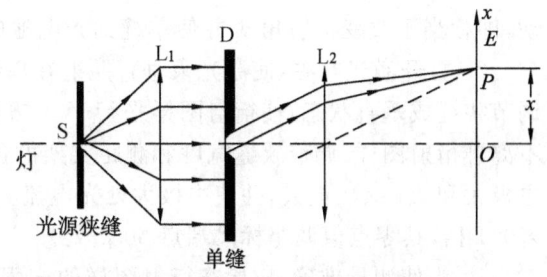

图 27-1 夫琅和费衍射光路图

行于狭缝的明暗相间的条纹. 与光轴平行的衍射光束会聚于屏上 O 处,是中央亮纹的中心,其光强设为 I_0;与光轴成 θ 角的衍射光束则会聚于 P 处. 可以证明,P 处的光强为 I_θ,即

$$I_\theta = I_0 \frac{\sin^2 u}{u^2}, \qquad u = \frac{\pi a \sin\theta}{\lambda} \tag{27-1}$$

式中,a 为狭缝的宽度,λ 为单色光波的波长.

1. 当 $u = \pi a \sin\theta = 0$ 时,$I_\theta = I_0$,衍射光强有最大值. 此光强对应于屏上 O 点,称为主极大. I_0 的大小决定于光源的亮度,并与缝宽 a 的平方成正比.

2. 当 $u = k\pi (k = \pm 1, \pm 2, \pm 3, \cdots)$,即 $a\sin\theta = k\lambda$ 时,$I_\theta = 0$,衍射光强有极小值,对应于屏上暗纹. 由于 θ 值实际上很小,因此可近似地认为暗条纹所对应的衍射角为 $\theta \propto k\lambda/a$. 显然,主极大两侧暗纹之间的角宽度 $\Delta\theta = 2\lambda/a$,而其他相邻暗纹之间的角宽度 $\Delta\theta = \lambda/a$,即中央亮纹的宽度为其他亮纹宽度的两倍.

3. 除中央主极大外,两相邻暗纹之间都有一个次极大. 由式(27-1),可以求得这些次极大的位置出现在 $\sin\theta = \pm 1.43 \frac{\lambda}{a}, \pm 2.46 \frac{\lambda}{a}, \pm 3.47 \frac{\lambda}{a}, \pm 4.48 \frac{\lambda}{a}, \cdots$ 处,其相对光强依次为 $\frac{I_\theta}{I_0} = 0.047, 0.017, 0.008, 0.005, \cdots$. 夫琅和费单缝衍射光强分布曲线如图 27-2 所示.

本实验使用 He-Ne 激光作光源,因为 He-Ne 激光束具有良好的方向性(远场发散角为 1 毫弧度左右),光束细锐,能量集中,加之一般衍射狭缝宽度很小,故准直透镜 L_1 可省略不用. 如果将观察屏放置在距离单缝较远处,即 z 远大于 a,聚焦透镜 L_2 也可省. 实验中,使屏到单缝之间的距离 z 为 1m 左右.

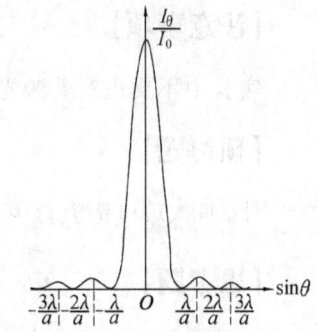

图 27-2 单缝衍射光强分布曲线

【实验仪器】

光具座、He-Ne 激光器、可调节狭缝、光电池、光点检流计、读数显微光学支架.

【实验内容】

一、测量夫琅和费单缝衍射光强分布

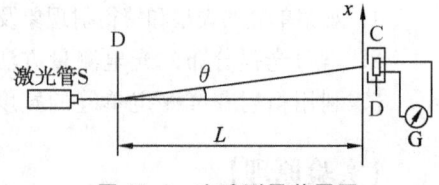

图 27-3 实验测量装置图

1. 按图 27-3 在光具座上依次放置激光管 S、单缝 D 和光电池 C. 光电池（带有进光小孔）装在一个横向测距的支架上，可以沿水平方向（x 方向）移动，即相当于改变衍射角 θ，并使单缝到光电池的距离 z 为 1m 左右.

2. 打开激光电源，使激光束垂直照射在单缝上，可先用纸屏在光电池处观察衍射图样. 调节狭缝成垂直状态，使衍射图样平行于 x 方向展开，以保证光电池横向移动时进光小孔不离开衍射图样. 调节狭缝宽度和测距支架的位置，使光电池至少能完整地测量衍射花样的主极大和 ± 1 级次极大，并使主极大处光电流 i_0 的大小能使检流计偏转 100 格（使用检流计 $\times 0.1$ 挡，其零点值调至标尺端点 60 格处）.

3. 为使测量准确，应检查衍射图样的光强分布是否对称. 方法是用光电池检查 ± 1 级次极大的光电流是否相等，同时粗测一下它们相对于主极大的距离是否相等. 如果不相等，可进一步微调狭缝的横向位置和缝宽（注意将缝宽控制在 0.1~0.3mm 之间）等.

4. 测量光强分布（应在激光器点燃半小时后测量，以保证光强的稳定）. 旋转测距支架上的测微螺旋，使光电池的进光小孔从左到右（或从右到左）逐点扫描，每隔 1mm 记录一次光电流值 i，并注意记录主极大、各级次极大和极小值（测量时，还应注意探测器的暗电流和周围杂散光所引起的光电流，应先测量这部分光电流值，以对测量数据作出修正）.

5. 作相对光强分布曲线. 根据测量数据，在坐标纸上作出相对电流 i/i_0（在光电池线性条件下即相对光强 I/I_0）与位置 x 的关系曲线，即衍射光强分布曲线，并与理论结果进行比较.

二、测量单缝宽度 a

由上面衍射光强分布曲线求单缝宽度 a，并用读数显微镜直接测量 a，将两者结果进行比较.

三、调节可变单缝的宽度，观察衍射图样的变化

实验完毕后，将各仪器的电源关断，光电检流计的倍率挡转至短路状态.

【注意事项】

实验中不要正对着激光束观察.

【预习题】

什么叫夫琅和费衍射？用 He-Ne 激光作光源的实验装置是否满足夫琅和费衍射条件，为什么？

【思考题】

当缝宽增加一倍时，衍射花样的光强和条纹宽度将会怎样改变？如缝宽减半，又怎样改变？

【实验数据记录】

1. 测量单缝衍射的相对光强分布曲线.

i 的修正值 _____

x/mm									
i/格									
i/i_0									
x/mm									
i/格									
i/i_0									
x/mm									
i/格									
i/i_0									
x/mm									
i/格									
i/i_0									

2. 测量单缝宽度 a.

(1) 用衍射法测量单缝宽度 a.

$\lambda =$ _____

测量次数	$x_1(k=+1)$	$x_2(k=-1)$	z	$a=\dfrac{k\lambda}{\theta}=\dfrac{2z\lambda}{|x_1-x_2|}$

(2) 用读数显微镜测量单缝宽度 a(表格自拟).

3. 调节单缝宽度,观察衍射图样的变化.

缝宽变化	衍射图样的变化
单缝变宽	
单缝变窄	

教师签字: _____

实验日期: _____

【数据分析与处理】

1. 根据测量数据,在坐标纸上作出衍射光强分布曲线(在光电池线性条件下,即相对光强 I/I_0 与位置 x 的关系曲线),并与理论结果进行比较.

2. 由衍射光强分布曲线求单缝宽度 a,并用读数显微镜直接测量 a,将两者结果进行比较.

图名:_____

第五章 设计性和研究性实验

实验二十八　单摆设计
（设计性实验）

　　单摆是一种很简单的物理装置，单摆实验内容也不复杂，但单摆实验的设计却体现出设计性实验的基本过程和要求．安排本实验的目的就是要让初学者在接触大学物理实验的开始，将注意力不仅集中在学会使用各种仪器、学习物理量的测量方法等方面，也应初步接触实验设计思想的问题，这样更有利于培养自己的动手能力，分析问题、解决问题的能力以及创新意识．

　　用一不可伸长的轻线悬挂一小球（图 28-1），做幅角 θ 很小的摆动，则构成一单摆．

　　设小球的质量为 m，其质心到摆的支点 O 的距离为 l（摆长）．作用在小球上的切向力大小为 $mg\sin\theta$，它总指向平衡点 O'．当 θ 角很小时，则 $\sin\theta \approx \theta$，切向力的大小为 $mg\theta$，按牛顿第二定律，质点的运动方程为

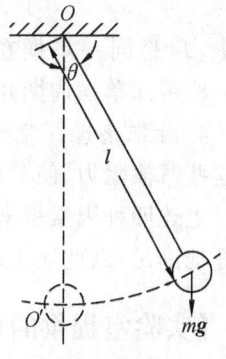

图 28-1　单摆

$$ma_切 = -mg\theta$$

$$ml\frac{d^2\theta}{dt^2} = -mg\theta$$

$$\frac{d^2\theta}{dt^2} = -\frac{g}{l}\theta \tag{28-1}$$

这是一简谐运动方程，可知该简谐运动角频率 ω 的平方等于 $\frac{g}{l}$，由此得出

$$\omega = \frac{2\pi}{T} = \sqrt{\frac{g}{l}}$$

$$T = 2\pi\sqrt{\frac{l}{g}} \tag{28-2}$$

$$g = 4\pi^2 \frac{l}{T^2} \tag{28-3}$$

　　实验时，测量一个周期的相对误差较大，一般是测量小球连续摆动 n 个周期的时间 t，则 $T = \frac{t}{n}$，因此

$$g = 4\pi^2 \frac{n^2 l}{t^2} \tag{28-4}$$

式中，π 和 n 不考虑误差，因此 g 的不确定度传递公式为

$$U_g = g\sqrt{\left(\frac{U_l}{l}\right)^2 + \left(2\frac{U_t}{t}\right)^2} \tag{28-5}$$

上述用单摆测量 g 的方法依据的理论公式是式(28-2)，这个公式的成立是有条件的，否则将使测量产生如下系统误差：

1. 单摆的摆角应很小，如果摆角 $\theta > 5°$，根据振动理论，周期不仅与摆长 l 有关，而且与摆动的角振幅 θ_m 有关，其公式为

$$T = 2\pi\sqrt{\frac{l}{g}}\left(1 + \frac{1}{4}\sin^2\frac{\theta_m}{2} + \frac{9}{64}\sin^4\frac{\theta_m}{2} + \cdots\right) \tag{28-6}$$

2. 悬线质量 m_0 应远小于摆球的质量 m，摆球的半径 r 应远小于摆长 l，实际上任何一个单摆都不是理想的。理论证明，考虑上述因素的影响，其摆动周期为

$$T = 2\pi\sqrt{\frac{l}{g}}\left[\frac{1 + \frac{2r^2}{5l^2} + \frac{m_0}{3m}\left(1 - \frac{2r}{l} + \frac{r^2}{l^2}\right)}{1 + \frac{m_0}{2m}\left(1 - \frac{r}{l}\right)}\right]^{1/2} \tag{28-7}$$

3. 如果考虑空气的浮力，则摆动周期应为

$$T = T_0\left(1 + \frac{\rho_{空气}}{2\rho_{摆球}}\right) \tag{28-8}$$

式中，T_0 是同一单摆在真空中的摆动周期，$\rho_{空气}$ 是空气的密度，$\rho_{摆球}$ 是摆球的密度，由式(28-8)可知单摆周期并非与摆球材料无关，当摆球密度很小时影响较大。

4. 上式忽略了空气的黏滞阻力及其他因素引起的摩擦力。实际上单摆摆动时，由于存在这些摩擦阻力，使单摆不是做简谐运动而是做阻尼振动，周期增大。

上述四种因素带来的误差都是系统误差，均来自理论公式所要求的条件在实验中未能很好地满足，因此属于理论方法误差。

【实验室提供的仪器】

摆幅测量标尺、米尺、游标卡尺、天平、电子秒表、计时计数测速仪(含光电门)等。

【参考资料】

做本实验之前，请认真阅读以下资料：
1. 本书第六章第四节"设计性实验简介"。
2. 本书第六章第二节"测量仪器与测量条件的选择"。
3. 本实验的附录"常用时间测量仪表"。

【设计内容与要求】

一、必做内容

1. 利用单摆测重力加速度 g。

(1) 要求相对不确定度 $\frac{U_g}{g} < 1\%$。根据式(28-5)，利用误差均分原则(见第六章第二

节),自行设计实验方案,包括:① 摆长 l 的测量方法和测量仪器的选择;② 周期 T 的测量方法和测量仪器的选择.

在设计上述实验方案时应注意:① 在实验室所提供的仪器中选择测量仪器;② 在满足测量误差要求的前提下,应选择相对简易的测量方法和测量仪器.

(2) 进行实际测量并对测量数据进行处理和误差分析(参见第一章绪论),求出实验所在地区的重力加速度 g,检验实验结果是否达到设计要求.

2. 研究单摆周期 T 与摆长 l 的关系.

改变摆长,测量周期,作出 l-T^2 关系曲线,并由此曲线求出 g.

二、选做内容

1. 研究摆角对单摆周期的影响.

取摆长 l 为 1m 左右,分别取不同幅角 θ_{mi},测出对应的周期 T_i.以幅角 θ_{mi} 为横坐标,周期 T_i 为纵坐标,作出 T_i-θ_{mi} 关系曲线.并与由式(28-6)表示的理论曲线比较.

由于幅角较大时,衰减较显著,因此可取摆幅始末的平均值作为摆幅 θ_{mi},并可减少每次测量的周期数.(选用何种计时仪表为好?)

2. 研究摆线质量、摆球半径对单摆周期的影响.

为了突出这些因素的影响,将摆球换成乒乓球,摆长选 1m 左右,用计时计数测速仪测出其周期,并与理论式(28-7)计算出的值比较.

在做"选做内容"时,由于这些因素对单摆周期的影响都不大,因此测量时应很仔细.

【设计中应思考的问题】

1. 米尺、游标卡尺、天平、电子秒表、计时计数测速仪等仪器的误差限是多少?
2. 摆长 l 的测量有多种方法,如何选出最佳测量方案?
3. 如何根据误差均分原则,确定摆长 l、周期 T 的测量仪器?

【实验报告要求】

设计性实验的实验报告在写法上与通常的实验报告应有所不同,应注重实验设计思想的叙述,实验方案和实验仪器选择的分析,实验结果的讨论等.本实验的报告要求如下:

1. 简述实验的基本原理.
2. 测量方法和测量仪器选择的依据与分析.
3. 实验操作过程,包括实验步骤、测量数据记录等.
4. 数据处理和误差分析.
5. 讨论(包括对实验中出现的现象和问题的讨论、实验体会、改进意见等).
6. 回答思考题.

【思考题】

1. 用秒表手动测量单摆周期时,从测量技巧上来考虑,应注意哪些方面,才能使周期测得更准确些?

2. 在室内天棚上挂一单摆,摆长很长无法用尺直接测量出来,请设计用简单的工具和方法测出其摆长.

【附录】 常用时间测量仪表

一、停表

停表(秒表)是测量时间间隔的常用仪表,表盘上有一长的秒针和一短的分针(图 28-2),秒针转一周,分针转一格,停表的分度值有几种,常用的有 0.2s 和 0.1s 两种.停表上端的按钮是用来旋紧发条和控制表针转动的.使用停表时,用手握紧停表,大拇指按在按钮上,稍用力即可将其按下.按停表分三步:第一步按下时表针开始转动,第二步按下时表针停止转动,第三步按下时表针弹回零点(回表).

使用停表时的注意事项:

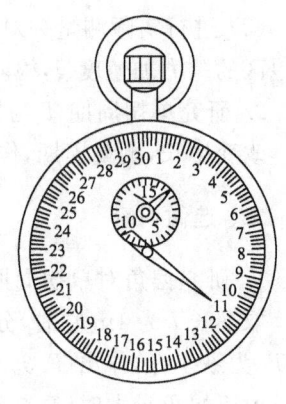

图 28-2　停表

(1) 使用前先上紧发条,但不要过紧,以免损坏发条.

(2) 按表时用力不要过猛,以防损坏机件.

(3) 回表后,如秒针不指零,应记下其数值(零点读数),实验后从测量值中将其减去(注意符号).

(4) 要特别注意防止摔碰停表,不使用时一定要将停表放在实验台中央的盒中.

二、电子秒表

电子秒表是一种比较精密的电子计时仪器,通常精度可达 0.01s. 由于它结构简单,计时精确,操作方便,且功能较丰富,除了可测时外,还具有钟表、闹钟的功能,因此已逐步成为实验室里一种常用的计时测量仪器.

图 28-3 是常用的一种电子秒表(PC397 型)的外形结构,它是一种多功能计时仪. A、B、C 为三个按钮,其中 B 为功能转换钮.

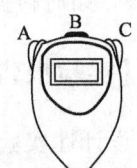

1. 正常情况下,液晶屏显示为时、分、秒、星期. 此时,

(1) 按住 A 钮:显示闹钟闹响的时间,放松后复原.

(2) 按住 C 钮:显示日期,放松后复原.

图 28-3　电子秒表

2. 秒表功能.

(1) 按 B 钮一次,画面出现 0:0000,此时处于秒表功能,画面上左边第一位数表示"分";右边分别表示"0.1 秒"和"0.01 秒";中间两位表示"秒".

(2) 按 C 钮开始计时,再按一次计时暂停;如此反复.

(3) 在计时停止状态,按 A 钮可清零,以便重新计时.

3. 调校闹铃时间.

(1) 连续按 B 钮两次(此时"MO"对应的"—"闪动).

(2) 按 A 钮可依次选择调校"时"或"分".

(3) 按 C 钮若干次,可调整到所需的"时""分"值.

(4) 按 B 钮,回复到正常显示. 闹铃设定完成,此时屏幕右上角出现 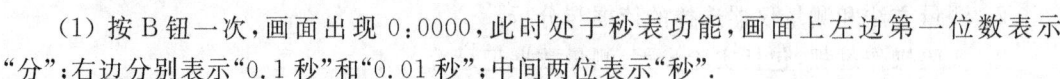 符号.

(5) 如果要取消闹钟功能,可同时按下 A、C 两钮,此时 ♬ 符号消失.

4. 调校时间和日期.

(1) 连续按 B 钮三次,此时"TU"对应的"—"闪动.

(2) 按 A 钮,可选择调整"时、分、秒"和"月、日".

(3) 按 C 钮,可调"时、分、秒、月、日"的数值.

(4) 按 B 钮,回复到正常状态.

注意:虽然电子秒表可以记录到 0.01s 的精度,但由于它计时操作的方式还是和机械式秒表一样,都是用手动操作.由于人的生理反应等因素,人在计时开始和计时结束按动按钮时,总共可能会造成 0.2s 的计时误差.这一点在测量时必须注意.

三、MUJ-ⅢA 计时计数测速仪

该仪器是一种多功能的计时装置,不仅可以用来测量时间,还可以用来测量简谐运动的周期以及用于计数.如果和气垫导轨配合使用,还可用于测量滑块运动的速度、加速度等.这里主要介绍它用来计时、测周期、计数的功能.

其仪器面板如图 28-4 所示,按钮 4 和 6 可用来转换仪器的功能和设定某些数值,2 为数码显示屏,可用来显示测量值和某些设定值.仪器的背面板上有光电门的插座.

1. 计时.在这种状态下,仪器记录的是光电门两次挡光之间的时间间隔.

(1) 按"功能选择/复位"键 4,使"计时"指示灯亮.

(2) 测时.根据实验的要求操作,LED 显示屏将记录下光电门连续两次挡光之间的时间.

(3) 再按一次"功能选择/复位"键,LED 显示屏清零,可进行下一次测量.

2. 测周期.在这种状态下,仪器实际上记录的是物体振动若干次周期的时间.

(1) 按"功能选择/复位"键,使"周期"指示灯亮.

(2) 此时,LED 显示屏将显示"10",表示将会自动记录振动 10 个周期的时间.按"数值转换"键 6,可在 1~100 之间调整此数值,设此值被设定为 n.

(3) 测量.做简谐运动的物体在摆动过程中,将周期性地遮挡光电门的光,每振动一个周期 n 值将会自动减 1.等振动 n 个周期后,LED 显示屏显示的值 t 就是振动 n 个周期所需的时间(单位为毫秒),则周期 $T = \dfrac{t}{n}$.

(4) 按"功能选择/复位"键,使 LED 显示屏复位,重新显示 n 的值,以等待下一次测量.

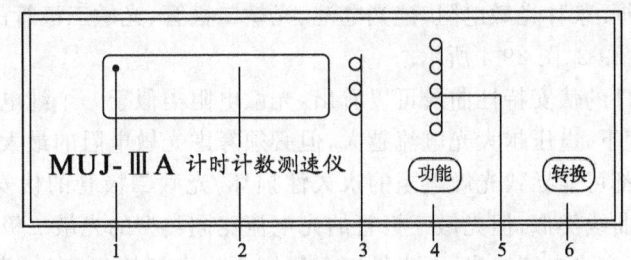

1—溢出指标;2—LED 显示屏;3—测量单位指示灯;
4—"功能选择/复位"键;5—功能转换指示灯;6—"数值转换"键

图 28-4 MUJ-ⅢA 计时计数测速仪示意图

实验二十九 光敏传感器特性的研究

光敏传感器是将光信号转换为电信号的传感器,也称为光电传感器,如光敏电阻、硅光电池、光敏二极管、光敏三极管等.它可用于检测直接引起光强度变化的非电学量,如光强、光照度、辐射测温、气体成分分析等;也可用来检测能转换成光量变化的其他非电学量,如零件直径、表面粗糙度、位移、速度、加速度及物体形状、工作状态识别等.光敏传感器具有非接触、响应快、性能可靠等特点,因而在工业自动控制及智能机器人中得到广泛应用.本实验主要研究光敏二极管、硅光电池两种光敏传感器的基本特性以及由光敏二极管构成的光纤传感器的基本特性和光纤通信基本原理.

【实验目的与要求】

1. 了解光敏二极管的基本特性,测出其伏安特性曲线和光照特性曲线.
2. 了解硅光电池的基本特性,测出其伏安特性曲线和光照特性曲线(选做).
3. 了解光纤传感器的基本特性和光纤通信基本原理.

【实验原理】

光敏传感器的物理基础是光电效应,即光敏材料的电学特性都因受到光的照射而发生变化.光电效应通常分为外光电效应和内光电效应两大类.外光电效应是指在光照射下电子逸出物体表面向外发射的现象,也称光电发射效应.基于这种效应的光电器件有光电管、光电倍增管等.内光电效应是指入射的光强改变物质导电率的物理现象,称为光电导效应.大多数光电控制应用的传感器,如光敏电阻、光敏二极管、光敏三极管、硅光电池等都是内光电效应类传感器.近年来,新的光敏器件不断涌现,如具有高速响应和放大功能的 APD 雪崩式光敏二极管、半导体光敏传感器、光电闸流晶体管、光导摄像管、CCD 图像传感器等,为光敏传感器的应用开创了一新的局面.

一、伏安特性

光敏传感器在一定的入射光强照度下,光敏元件的电流 I 与所加电压 U 之间的关系称为光敏器件的伏安特性.改变照度则可以得到一组伏安特性曲线,它是传感器应用设计时选择电参数的重要依据.某种光敏电阻、硅光电池、光敏二极管、光敏三极管的伏安特性曲线如图 29-1、图 29-2、图 29-3、图 29-4 所示.

从四种光敏器件的伏安特性曲线可以看出,光敏电阻类似于一个纯电阻,其伏安特性线性良好,在一定照度下,电压越大光电流越大,但必须考虑光敏电阻的最大耗散功率,超过额定电压和最大电流都可能导致光敏电阻的永久性损坏.光敏二极管的伏安特性曲线和光敏三极管的伏安特性曲线类似,但光敏三极管的光电流比同类型的光敏二极管大好几十倍,零偏压时,光敏二极管有光电流输出,而光敏三极管则无光电流输出.在一定光照度下硅光电池的伏安特性呈非线性.

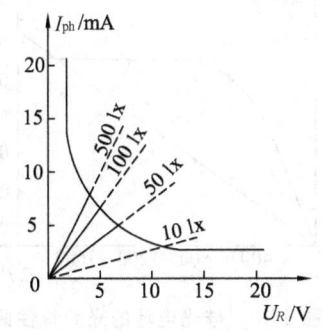
图 29-1 光敏电阻的伏安特性曲线

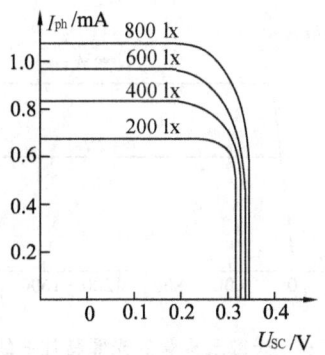
图 29-2 硅光电池的伏安特性曲线

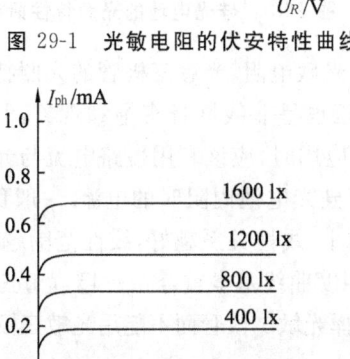
图 29-3 光敏二极管的伏安特性曲线

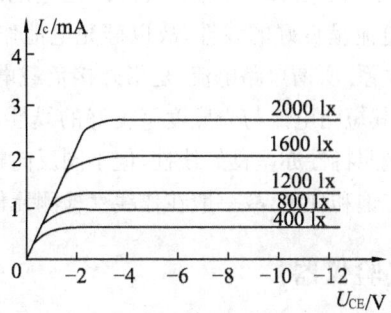
图 29-4 光敏三极管的伏安特性曲线

二、光照特性

光敏传感器的光谱灵敏度与入射光强之间的关系称为光照特性,有时光敏传感器的输出电压或电流与入射光强之间的关系也称为光照特性,它也是光敏传感器应用设计时选择参数的重要依据之一. 某种光敏电阻、光敏二极管、光敏三极管、硅光电池的光照特性如图 29-5、图 29-6、图 29-7、图 29-8 所示.

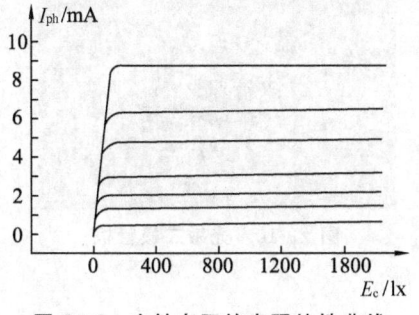
图 29-5 光敏电阻的光照特性曲线

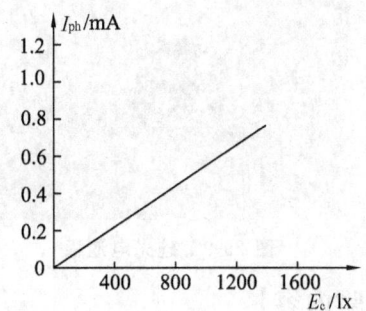
图 29-6 光敏二极管的光照特性曲线

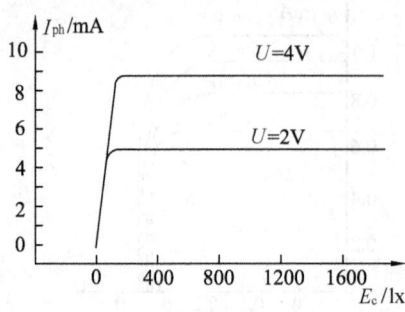 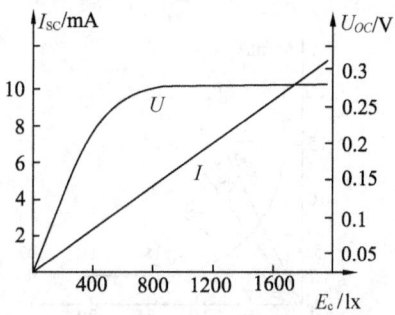

图 29-7　光敏三极管的光照特性曲线　　图 29-8　硅光电池的光照特性曲线

从上述四种光敏器件的光照特性曲线可以看出,光敏电阻、光敏三极管的光照特性呈非线性,一般不适合作线性检测元件.硅光电池的开路电压也呈非线性且有饱和现象,但硅光电池的短路电流呈良好的线性,故以硅光电池作测量元件应用时,应该利用短路电流与光照度的良好线性关系.所谓短路电流,是指外接负载电阻远小于硅光电池内阻时的电流.一般负载在 20Ω 以下时,其短路电流与光照度呈良好的线性,且负载越小,线性关系越好,线性范围越宽.光敏二极管的光照特性亦呈良好线性,但不同反向电压时的照度曲线基本重合在一起.光敏三极管在大电流时有饱和现象,故一般在作线性检测元件时,可选择光敏二极管而不能用光敏三极管.

【实验仪器】

DH-SJ3 光电传感器设计实验仪、信号发生器、电阻箱、电压表、示波器.

DH-SJ3 光电传感器设计实验仪由下列各部分组成:硅光电池板(图 29-9)、光敏二极管板(图 29-10)、红光发射管 LED3、接受管(PHD 101 光电二极管)、Φ2mm 光纤、光纤座、测试架、DH-VC3 直流恒压源、九孔板、多用电表、电阻元件盒以及转接盒等.

实验时,测试架中的光源电源插孔以及传感器插孔均通过转接盒与九孔板相连,其他连接都在九孔板中实现;测试架中可以更换传感器板.

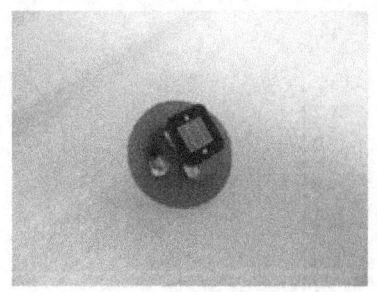 

图 29-9　硅光电池板　　　　　　　　图 29-10　光敏二极管板

【实验内容】

实验所用光源可近似认为是点光源,点光源周围某点的光强 $I \propto \dfrac{1}{r^2}$,可以通过改变点光源到光敏电阻之间的距离来调节相对光强.又因为光源周围某点的光强 $I \propto P = \dfrac{U^2}{R}$,即 $I \propto U^2$,以此也可改变光源电压调节光强.光源电压的调节范围为 0~12V,光源和传感器之间的距离实际调节范围为 5.00～25.00cm.

一、光敏二极管的特性

1. 光敏二极管伏安特性的测量.

(1) 按原理图 29-11 接好实验线路,将光电二极管板置于测试架中,电阻盒置于九孔插板中,电源由 DH-VC3 直流恒压源提供,光源电压为 0～12V(可调).

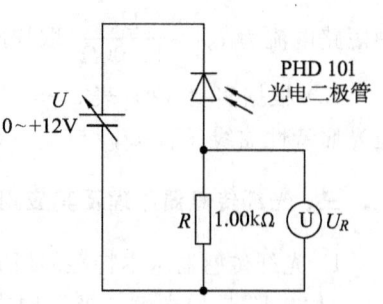

图 29-11　光敏二极管特性测试电路

(2) 设定光源电压为 6V,在较弱的光照条件下,测出加在光敏二极管上的反偏电压与产生的光电流的关系数据(表 29-1),其中光电流 $I_{ph}=\dfrac{U_R}{1.00\mathrm{k}\Omega}$(取样电阻 $R=1.00\mathrm{k}\Omega$);再设定光源电压为 12V,在较强的光照条件下,重复上述实验,进行不同光强的实验数据测量(表 29-2).

(3) 根据实验数据,画出光敏二极管的一组伏安特性曲线(I_{ph}-U_{ph} 曲线).

2. 光敏二极管光照特性的测量.

(1) 按原理图 29-11 接好实验线路.

(2) 设定电压 $U=6\mathrm{V}$,在此外加电压下测出光敏二极管在不同光源电压(相对光照强度从"弱光"到逐步增强)时的光电流数据(表 29-3),即 $I_{ph}=\dfrac{U_R}{1.00\mathrm{k}\Omega}$(取样电阻 $R=1.00\mathrm{k}\Omega$).

(3) 根据实验数据,画出光敏二极管的光照特性曲线(I_{ph}-$U_{光}^2$ 曲线).

二、硅光电池的特性(选做)

1. 硅光电池伏安特性的测量.

将硅光电池板置于测试架中,电阻盒置于九孔插板中,电源由 DH-VC3 直流恒压源提供,R_x 接到暗箱边的插孔中以便于同外部电阻箱相连.光源用钨丝灯,光源电压为 2～12V(可调),串接好电阻箱(0～10kΩ 可调).按图 29-12 连接好实验线路,开关 S 指向"1"时,电压表测量开路电压 U_{OC}.开关指向"2"时,令 $R_x=0$,用电压表测量 R 两端电压 U_R,即可测量短路电流 $I_{SC}=\dfrac{U_R}{10.00\Omega}$(取样电阻 $R=10.00\Omega$).改变 R_x 值,可测量不同负载时硅光电池的输出电压 U_{SC} 与电流 I_{ph}.

(1) 设定光源电压为 6V,在一定的光照条件下,测出硅光电池的开路电压 U_{OC} 和短路电流 I_{SC},以及光电流 I_{ph} 与光电压 U_{ph} 在不同的负载(0～10kΩ)条件下的关系数据,其中 $I_{ph}=\dfrac{U_R}{10.00\Omega}$(取样电阻 $R=10.00\Omega$).

(2) 根据实验数据(表 29-4),画出硅光电池的伏安特性曲线(I_{ph}-U_{ph} 曲线).

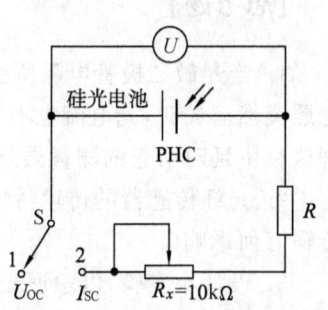

图 29-12　硅光电池特性测试电路

2. 硅光电池光照特性的测量.

(1) 实验线路见图 29-12,将电阻箱调到 0Ω.

(2) 测出硅光电池在不同光源电压(相对光照强度从"弱光"到逐步增强)时的开路电压 U_{OC} 和短路电流 I_{SC},其

中短路电流为 $I_{SC}=\dfrac{U_R}{10.00\Omega}$（取样电阻 $R=10.00\Omega$）.

(3) 根据实验数据（表 29-5、表 29-6），画出硅光电池光照特性曲线（U_{OC}-$U_{光}^2$ 与 I_{SC}-$U_{光}^2$ 曲线）.

三、光纤传感器原理及其应用

1. 光纤传感器基本特性的研究.

图 29-13 是用光敏二极管构成的光纤传感器原理图. 图中 LED3 为红光发射管，提供光纤光源；光通过光纤传输后由光敏二极管接受. LED3、PHD 101 上面的插座用于插光纤座和光纤.

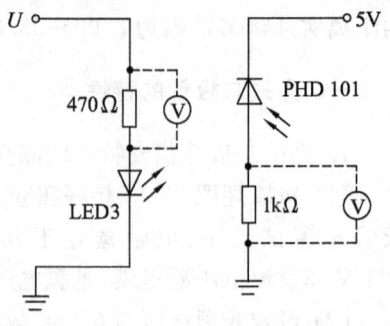

图 29-13　光纤传感器原理

通过改变红光发射管供电电压 U 和电流 $I_1=\dfrac{U_R}{R_1}$（取样电阻 $R_1=470\Omega$）的大小，从而改变光强，分别测量通过光纤传输后，光敏三极管和光敏二极管上产生的光电流 $I_2=\dfrac{U_R}{R_2}$（取样电阻 $R_2=1.00\text{k}\Omega$），得出它们之间的函数关系（表 29-7）. 注意：流过红光发射管 LED3 的最大电流不要超过 40mA，光敏三极管的最大集电极电流为 20mA，功耗最大为 75mW/25℃.

2. 光纤传感器的基本应用——光纤通信.

实验时按图 29-14 进行接线，把信号波形发生器设定为正弦波输出，幅度调到合适值，示波器将会有波形输出；改变正弦波的幅度和频率，接收的波形也将随之改变，并且喇叭盒也发出频率和响度不一样的单频声音. 注意：流过 LED3 的最高峰值电流为 180mA.

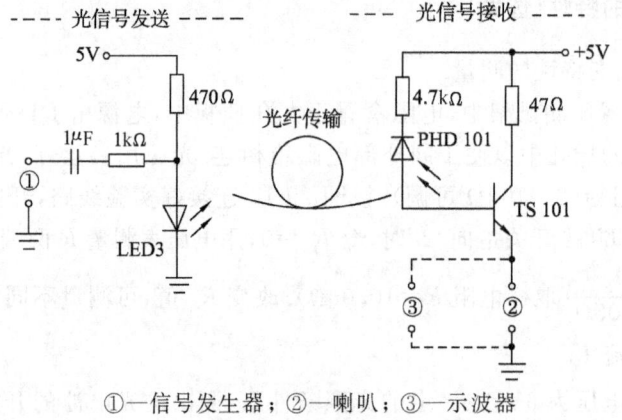

①—信号发生器；②—喇叭；③—示波器

图 29-14　光纤通信的原理

【思考题】

1. 当光敏二极管电阻所受光强发生改变时，光电流要经过一段时间才能达到稳态值，光照突然消失时，光电流也不立刻为零，这说明光敏二极管有延时特性. 试问实验中如何处理这种由延时引起的测量误差？

2. 光纤传感器的传输特性曲线（I_2-I_1 曲线）是否线性？如果不是线性曲线，对信号的传输有何影响？

3. 设计小实验，以验证光照强度与距离的平方成反比（注：把实验装置近似为点光源）. （选做）

【实验数据记录与处理】

表 29-1　光敏二极管伏安特性的测量（弱光）

光源电压 $U_\text{光}$ ＝_____ V　　　取样电阻 $R=1.00\text{k}\Omega$　　　　　　　$x=$_____ cm

路端电压 U/V							
U_R/V							
I_ph/mA							
$U_\text{ph}=(U-U_R)$/V							

表 29-2　光敏二极管伏安特性的测量（强光）

光源电压 $U_\text{光}$ ＝_____ V　　　取样电阻 $R=1.00\text{k}\Omega$　　　　　　　$x=$_____ cm

路端电压 U/V							
U_R/V							
I_ph/mA							
$U_\text{ph}=(U-U_R)$/V							

根据表 29-1 和表 29-2 数据，画出光敏二极管的一组伏安特性曲线（I_ph-U_ph 曲线）.

表 29-3　光敏二极管光照特性的测量

电压 $U=$_____ V　　　取样电阻 $R=1.00\text{k}\Omega$　　　　　　　$x=$_____ cm

光源电压 $U_\text{光}$/V							
U_R/V							
I_ph/mA							
$U_\text{光}^2$/V^2							

根据实验数据，画出光敏二极管的光照特性曲线（I_ph-$U_\text{光}^2$ 曲线）.

表 29-4　硅光电池伏安特性的测量

光源电压 $U_\text{光}$ ＝_____ V　　　取样电阻 $R=10.00\Omega$　　　　　　　$x=$_____ cm

输出电压 U_ph/V							0
U_R/V	0						
I_ph/mA							

开路电压 $U_{\text{OC}}=$_____，短路电流 $I_{\text{SC}}=$_____.

根据实验数据，画出硅光电池的伏安特性曲线（I_ph-U_ph 曲线）.

表 29-5 硅光电池光照特性的测量(U_{OC})

$x=$ _____ cm

U_{OC}/V								
$U_光/V$								
$U_光^2/V^2$								

根据实验数据,画出硅光电池的光照特性曲线(U_{OC}-$U_光^2$曲线).

表 29-6 硅光电池光照特性的测量(I_{SC})

取样电阻 $R=10.00\Omega$ $x=$ _____ cm

U_R/V								
$U_光/V$								
I_{SC}/mA								
$U_光^2/V^2$								

根据实验数据,画出硅光电池的光照特性曲线(I_{SC}-$U_光^2$曲线).

表 29-7 光纤传感器基本特性的测量

$R_1=470\Omega, R_2=1.00k\Omega$

电压 U_1/V							
电压 U_2/V							
I_1/mA							
I_2/mA							

根据实验数据,画出光纤传感器的传输特性曲线(I_2-I_1曲线).

图名:_____

教师签字:_____

实验日期:_____

实验三十　红外通信特性研究及应用

波长范围在 $0.75\sim1000\mu m$ 的电磁波称为红外波,对红外频谱的研究历来是基础研究的重要组成部分.对热辐射的深入研究导致普朗克量子理论的创立.对原子与分子的红外光谱研究,帮助我们洞察它们的电子、振动、旋转的能级结构,并成为材料分析的重要工具.对红外材料的性质,如吸收、发射、反射率、折射率、电光系数等参数的研究,为它们在各个领域的应用奠定了基础.

随着红外技术的成熟,其应用越来越广泛,如红外通信、红外污染监测、红外跟踪、红外报警、红外治疗、红外控制、利用红外成像原理的各种空间监视传感器、机载传感器、房屋安全系统、夜视仪等.

光纤通信早已成为固定通信网的主要传输技术,目前正积极研究将光通信应用于宽带无线通信领域.无论光纤通信还是无线光通信,用的都是红外光.这是因为,光纤通信中,由石英材料构成的光纤在 $0.8\sim1.7\mu m$ 的波段范围内有几个低损耗区,而无线大气通信中,考虑到大气对光波的吸收、散射损耗及避开太阳光散射形成的背景辐射,一般在 $0.81\sim0.86\mu m$、$1.55\sim1.6\mu m$ 两个波段范围内选择通信波长.因此,一般所称的光通信实际就是红外通信.

【实验目的】

1. 了解红外通信的原理及基本特性.
2. 测量红外发射管的输出特性,了解其角度特性.
3. 测量红外接收管的光电特性.
4. 通过实验理解基带调制传输、副载波调制传输、音频信号传输、数字信号传输原理.

【实验原理】

一、红外通信

在现代通信技术中,为了避免信号互相干扰,提高通信质量与通信容量,通常用信号对载波进行调制,用载波传输信号,在接收端再将需要的信号解调还原出来.不管用什么方式调制,调制后的载波要占用一定的频带宽度,如音频信号要占用几千赫的带宽,模拟电视信号要占用 8MHz 的带宽.载波的频率间隔若小于信号带宽,则不同信号间要互相干扰.能够用作无线电通信的频率资源非常有限,国际国内都对通信频率进行统一规划和管理,仍难以满足日益增长的信息需求.通信容量与所用载波频率成正比,与波长成反比,目前微波波长能做到厘米量级,在开发应用毫米波和亚毫米波时遇到了困难.红外波长比微波短得多,用红外波作载波,其潜在的通信容量是微波通信无法比拟的,红外通信就是用红外波作载波的通信方式.

红外传输的介质可以是光纤或空间,本实验采用空间传输.

二、发光二极管 LED

红外通信的光源为半导体激光器或发光二极管,本实验采用发光二极管.

发光二极管是由 P 型和 N 型半导体组成的二极管. P 型半导体中有相当数量的空穴,几乎没有自由电子;N 型半导体中有相当数量的自由电子,几乎没有空穴. 当两种半导体结合在一起形成 P-N 结时,N 区的电子(带负电)向 P 区扩散,P 区的空穴(带正电)向 N 区扩散,在 P-N 结附近形成空间电荷区与势垒电场(图 30-1). 势垒电场会使载流子向扩散的反方向做漂移运动,最终扩散与漂移达到平衡,使流过 P-N 结的净电流为零. 在空间电荷区内,P 区的空穴被来自 N 区的电子复合,N 区的电子被来自 P 区的空穴复合,使该区内几乎没有能导电的载流子,又称为结区或耗尽区.

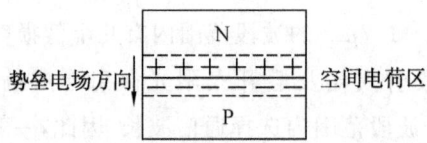

图 30-1　半导体 P-N 结示意图

当加上与势垒电场方向相反的正向偏压时,结区变窄,在外电场作用下,P 区的空穴和 N 区的电子就向对方扩散运动,从而在 P-N 结附近产生电子与空穴的复合,并以热能或光能的形式释放能量. 采用适当的材料,使复合能量以发射光子的形式释放,就构成发光二极管. 采用不同的材料及材料组分,可以控制发光二极管发射光谱的中心波长.

图 30-2、图 30-3 分别为发光二极管的伏安特性与输出特性曲线. 从图 30-2 可见,发光二极管的伏安特性与一般的二极管类似. 从图 30-3 可见,发光二极管输出光功率与驱动电流近似呈线性关系. 这是因为:驱动电流与注入 P-N 结的电荷数成正比,在复合发光的量子效率一定的情况下,输出光功率与注入电荷数成正比.

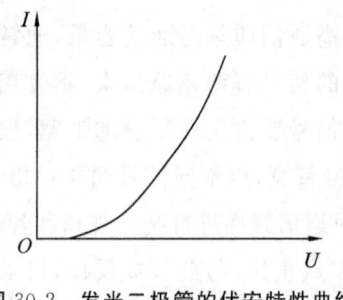

图 30-2　发光二极管的伏安特性曲线

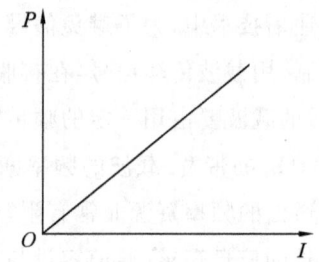

图 30-3　发光二极管的输出特性曲线

发光二极管的发射强度随发射方向而异,方向特性如图 30-4 所示. 图 30-4 中的发射强度以最大值为基准,当方向角度为零度时,其发射强度定义为 100%;当方向角度增大时,其发射强度相对减少;发射强度为最大值的 50%处的光轴方向角度称为方向半值角,此角度越小,即代表元件的指向性越灵敏.

一般使用的红外线发光二极管均附有透镜,使其指向性更灵敏,而图 30-4(a)的曲线就是附有透镜的情况,方向半值角大约为±7°.另外,每一种型号的红外线发光二极管其辐射角度亦有所不同. 图 30-4(b)所示曲线为另一种型号的元件,方向半值角大约为±50°.

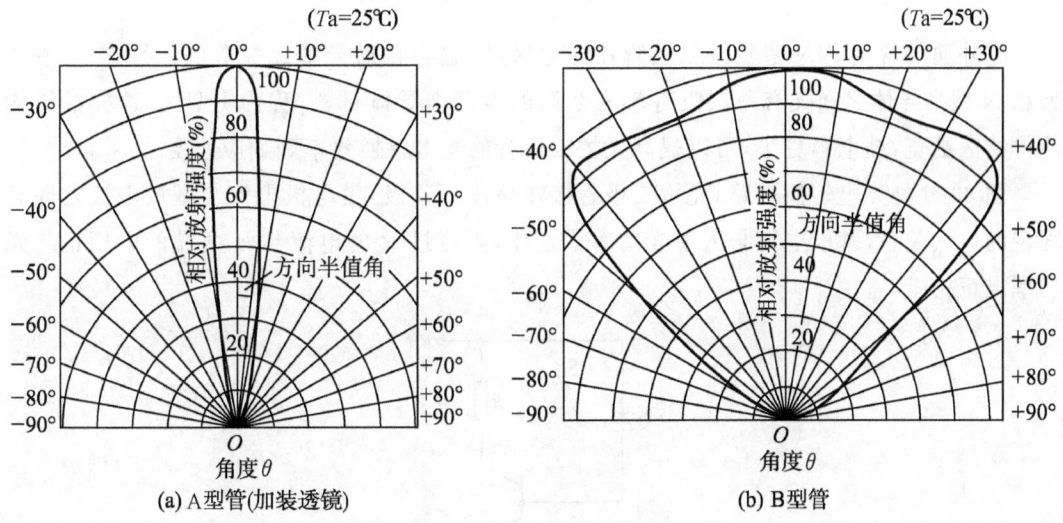

图 30-4 两种红外发光二极管的角度特性曲线

三、光敏二极管 SPD

红外通信接收端由光敏二极管完成光电转换.光敏二极管是工作在无偏压或反向偏置状态下的 P-N 结,反向偏压电场方向与势垒电场方向一致,使结区变宽,无光照时只有很小的暗电流.当 P-N 结受光照射时,价电子吸收光能后挣脱价键的束缚成为自由电子,在结区产生电子-空穴对,在电场作用下,电子向 N 区运动,空穴向 P 区运动,形成光电流.

光敏二极管 SPD 的伏安特性可用下式表示:

$$I = I_0 \left(1 - \exp\frac{qU}{kT}\right) + I_L \tag{30-1}$$

式中,I_0 是无光照的反向饱和电流;U 是二极管的端电压(正向电压为正,反向电压为负);q 为电子电荷量;k 为波耳兹曼常数;T 是结温;I_L 是无偏压状态下光照时的电流,它与照射的光功率成正比.

光敏二极管 SPD 的光电特性曲线是指 SPD 在零偏压状态下,受到光照后产生的电流(光电流)I 随照射光功率 P_0 的变化而变化的关系曲线(图 30-5).

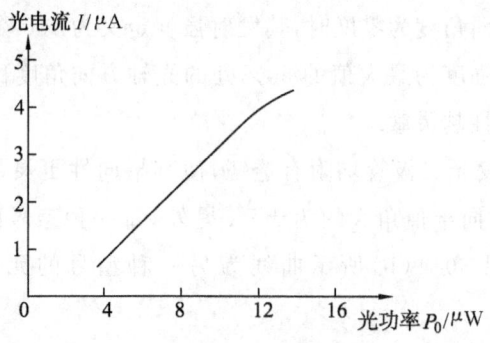

图 30-5　光敏二极管的光电特性曲线

红外通信常用 PIN 型光敏二极管作光电转换．它与普通光敏二极管的区别在于，在 P 型和 N 型半导体之间夹有一层没有渗入杂质的本征半导体材料，称为 I 型区．这样的结构使得结区更宽，结电容更小，可以提高光敏二极管的光电转换效率和响应速度．

图 30-6 是光电转换电路，光敏二极管接在晶体管基极，集电极电流与基极电流之间有固定的放大关系，基极电流与入射光功率成正比，则流过 R 的电流与 R 两端的电压也与光功率成正比．

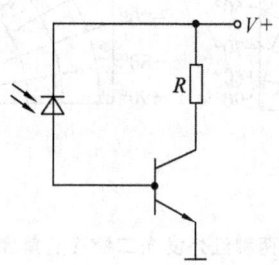

图 30-6　简单的光电转换电路

四、光源的调制

对光源的调制可以采用内调制或外调制．内调制用信号直接控制光源的电流，使光源的发光强度随外加信号变化，内调制易于实现，一般用于中低速传输系统．外调制时光源输出功率恒定，利用光通过介质时的电光效应、声光效应或磁光效应实现信号对光强的调制，一般用于高速传输系统．本实验采用内调制．

图 30-7 是简单的调制电路．调制信号耦合到晶体管基极，晶体管作共发射极连接，流过发光二极管的集电极电流由基极电流控制，R_1、R_2 提供直流偏置电流．图 30-8 是调制原理图．由图 30-8 可见，由于光源的输出光功率与驱动电流呈线性关系，在适当的直流偏置下，随调制信号变化的电流变化由发光二极管转换成了相应的光输出功率变化．

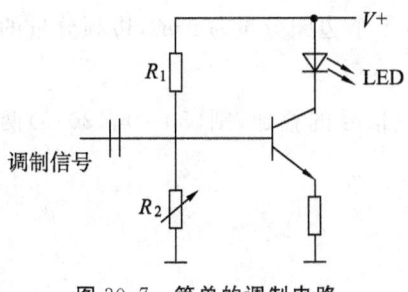

图 30-7　简单的调制电路

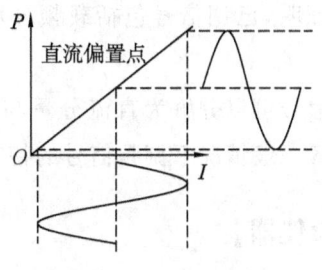

图 30-8　调制原理图

五、副载波调制

由需要传输的信号直接对光源进行调制,称为基带调制.

在某些应用场合,如有线电视需要在同一根光纤上同时传输多路电视信号,此时可用 N 个基带信号对频率为 $f_1, f_2, \cdots, f_N$ 的 N 个副载波频率进行调制,将已调制的 N 个副载波合成一个频分复用信号,驱动发光二极管. 在接收端,由光敏二极管还原频分复用信号,再由带通滤波器分离出副载波,解调后得到需要的基带信号.

对副载波的调制可采用调幅、调频等不同方法. 调频具有抗干扰能力强、信号失真小的优点,本实验采用调频法.

图 30-9 是副载波调制传输框图.

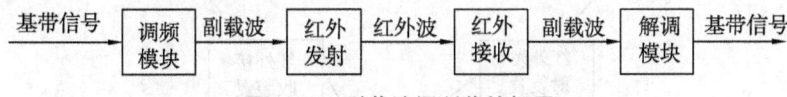

图 30-9　副载波调制传输框图

如果载波的瞬时频率偏移随调制信号 $m(t)$ 作线性变化,即

$$\omega_d(t) = k_f m(t) \tag{30-2}$$

则称为调频. k_f 是调频系数,代表频率调制的灵敏度,单位为 $2\pi \text{Hz/V}$.

调频信号可写成下列一般形式:

$$u(t) = A\cos\left[\omega t + k_f \int_0^t m(\tau)\,\mathrm{d}\tau\right] \tag{30-3}$$

式中,ω 为载波的角频率,$k_f \int_0^t m(\tau)\,\mathrm{d}\tau$ 为调频信号的瞬时相位偏移.

下面考虑两种特殊情况:

假设 $m(t)$ 是电压为 V 的直流信号,则式(30-3)可以写为

$$u(t) = A\cos[(\omega + k_f V)t] \tag{30-4}$$

式(30-4)表明经直流信号调制后的载波仍为余弦波,但角频率偏移了 $k_f V$.

假设 $m(t) = U\cos\Omega t$,则式(30-3)可以写为

$$u(t) = A\cos\left(\omega t + \frac{k_f U}{\Omega}\sin\Omega t\right) \tag{30-5}$$

可以证明,已调信号包括载频分量 ω 和若干个边频分量 $\omega \pm n\Omega$,边频分量的频率间隔为 Ω.

任意信号可以分解为直流分量与若干余弦信号的叠加,则(30-4)、(30-5)两式可以帮助我们理解一般情况下调频信号的特征.

【实验仪器】

红外通信特性实验仪、示波器、信号发生器.

红外通信特性实验仪由红外发射装置、红外接收装置、测试平台(轨道)以及测试镜片组成.

图 30-10 中,红外发射装置产生的各种信号通过发射管发射出去.发出的信号通过空气传输后,由接收管将信号传送到红外接收装置.接收装置将信号处理后,通过仪器面板显示或者示波器观察传输后的各种信号.

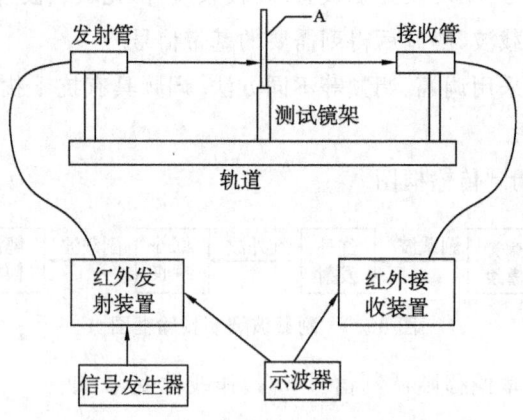

图 30-10 实验系统组成框图

信号发生器可以根据实验需要提供各种信号,示波器用于观测各种信号波形经红外传输后是否失真等特性.

红外发生装置、红外接收装置、轨道部分,三者要保证接地良好.

红外发射与接收装置面板如图 30-11、图 30-12 所示.

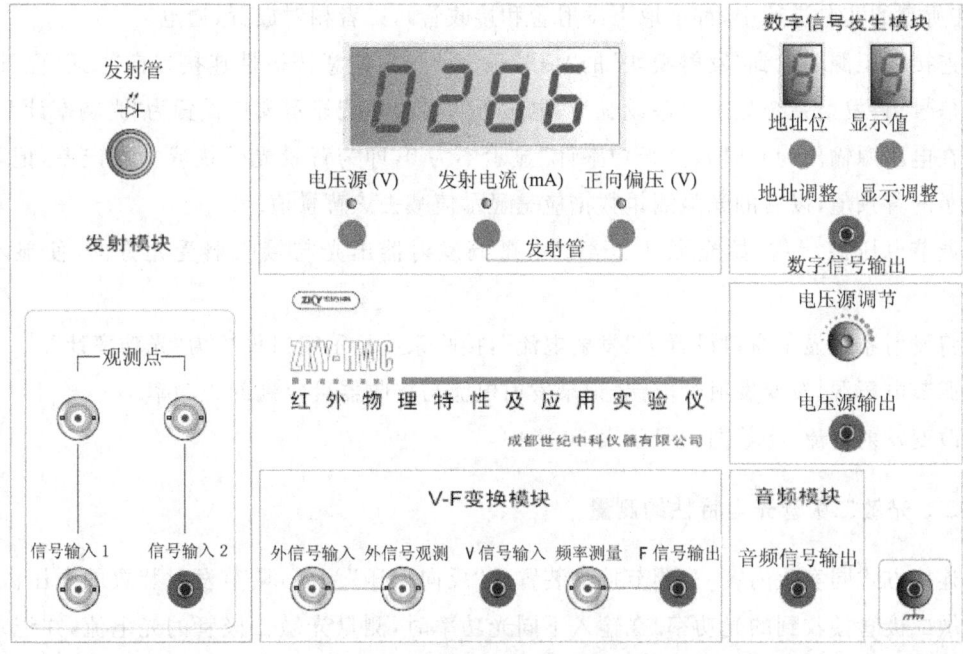

图 30-11　红外发射装置面板图

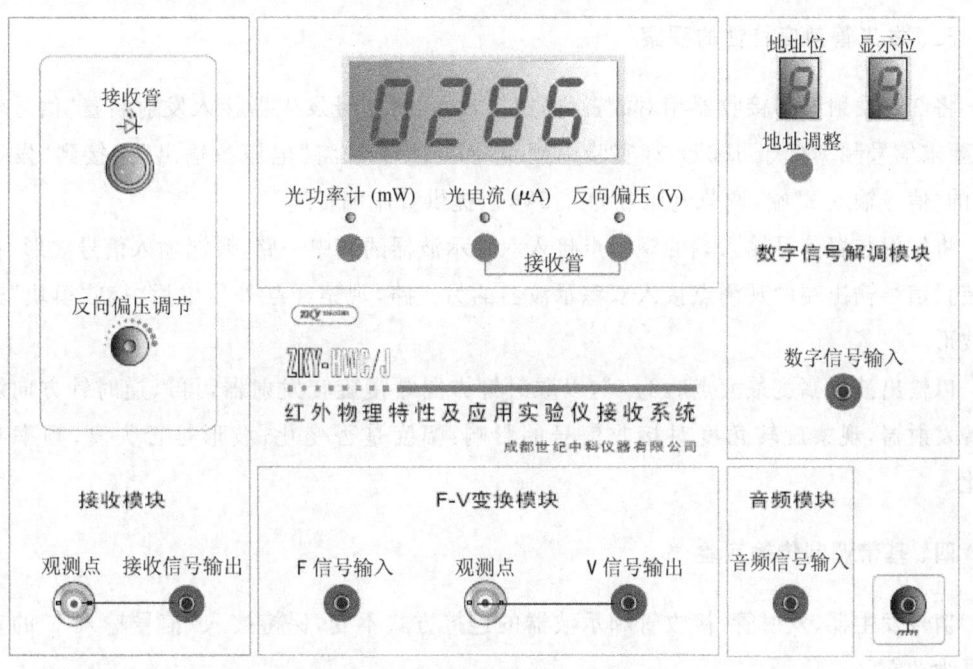

图 30-12　红外接收装置面板图

【实验内容】

一、发光二极管输出特性的测量

将红外发射器连接到发射装置的"发射管"接口，接收器连接到接收装置的"接收管"接口(在所有的实验进行中,都不取下发射管和接收管),二者相对放置,通电.

连接电压源输出到"发射模块"的"信号输入2"端(注意按极性连接),向"发射管"输入直流信号.将发射系统显示窗口设置为"电压源",接收系统显示窗口设置为"光功率计".

在电压源输出为0时,若"光功率计"显示不为0,即为背景光干扰或0点误差,记下此时显示的背景值,以后的光强测量数据应是显示值减去该背景值.

调节电压源,使初始光强 $I_0>4\text{mW}$,微调发射器出光与接收器受光方向,使显示值最大.

将发射系统显示窗口设置为"发射电流",接收系统显示窗口设置为"光功率计".

调节电压源,改变发射管电流,记录发射电流与接收器接收到的光功率.

改变发射电流,将数据记录于表30-1中.

二、光敏二极管光电特性的测量

连接方式同实验内容一.调节接收装置的"反向偏压"为零,调节发射装置的电压源,改变光敏二极管接收到的光功率.在输入不同光功率时,测量光敏二极管的光电流,并记录于表30-2中.

三、发光管角度特性的观察

将红外发射器与接收器相对放置,固定接收器,将信号发生器接入发射装置"信号输入1",要求信号频率低于100kHz(实验中频率约取1kHz).将"电压源输出"连接到"发射模块"的"信号输入2"端,调节电压源为2.5V,以提供直流偏置.

将发射装置信号输入端的观测点接入双踪示波器的其中一路,观测输入信号波形.将接收装置信号输出端的观测点接入双踪示波器的另一路,观察经红外传输后"接收模块"输出的波形.

以输出波形幅度最大点时为0°,以顺时针方向缓慢旋转发射器,再以逆时针方向缓慢旋转发射器,观察旋转角度对接收信号的影响:幅度是否变化,波形是否失真,频率有无变化.

四、基带调制传输实验

信号发生器、发射管、接收管和示波器的连接方式不变,保持接入"信号输入1"的直流偏置为2.5V.

缓慢旋转红外发射器,当输出波形幅度最大时,固定发射管位置,调节输出信号频率约为1kHz,观测信号经红外传输后,波形是否失真,频率有无变化,记入表30-3中.

调节信号发生器的输出幅度,当输入信号幅度超过一定值后,可观测到接收信号明显失真,记录接收信号不失真对应的输入信号电压幅值范围,记入表30-3中.

转动接收器角度以改变接收到的光强,以此模拟传输过程中的衰减,或用遮挡物遮挡,观测其对输出的影响,并记入表 30-3 中.

五、副载波调制传输实验

1. 观测调频电路的电压、频率关系.

将发射装置中的"电压源输出"接入"V-F 变换模块"的"V 信号输入"端,用直流信号作调制信号.根据调频原理,直流信号调制后的载波角频率偏移 $k_{\mathrm{f}}V$. 将"F 信号输出"的"频率测量"端接入示波器,观测输入电压与 F 信号输出频率之间的 V-F 变换关系.调节电压源,观察示波器上输出信号的周期变化,用频率计测量频率改变.将输出频率 f_V 随电压的变化记入表 30-4 中.

2. 副载波调制传输实验.

通过信号发生器,将频率约为 1kHz(与基带调制实验信号频率相同)、幅度 $V_{\text{P-P}}$ 小于 5V 的正弦信号接入发射装置"V-F 变换模块"的"外信号输入"端,再将"V-F 变换模块"的"F 信号输出"端接入"发射模块"的"信号输入 2"端,用副载波信号作发光二极管调制信号.

此时接收装置接收信号输出端输出的是经光敏二极管还原的副载波信号,将"接收信号输出"接入"F-V 变换模块"的"F 信号输入"端,在"V 信号输出"端输出经解调后的信号.

用示波器观测经调频、红外传输后解调的信号波形("F-V 变换模块"的"观测点").利用三通管同时用频率计观测解调信号的频率.从信号发生器读取基带信号的电压幅度 $V_{\text{P-P}}$,用示波器测量解调信号的电压幅值 $V_{\text{P-P}}$,用频率计测量解调信号的频率.

保持信号发生器输出频率不变,调节输出幅度,当输入信号幅度超过一定值后,可观测到接收信号明显失真,在表 30-5 中记录接收信号不失真对应的基带信号电压幅值范围.比较并分析两种传输方法对信号幅值范围的影响.

转动接收器角度以改变接收到的光强,以此模拟传输过程中的衰减,或用遮挡物遮挡,观测对输出的影响,记入表 30-5 中.

六、音频信号传输实验

1. 基带调制法.

将发射装置"音频信号输出"端接入"发射模块"的"信号输入 1"端,将"电压源输出"端连接到"发射模块"的"信号输入 2"端,调节电压源为 2.5V,以提供直流偏置.

将接收装置"接收信号输出"端接入音频模块"音频信号输入"端.

倾听音频模块播放出来的音乐.定性观察红外接收器角度变化、遮挡等外界因素对传输的影响,陈述你的感受.

2. 副载波调制(调频).

将发射装置"音频信号输出"端接入发射装置"V-F 变换模块"的"V 信号输入"端,再将"V-F 变换模块"中的"F 信号输出"端接入"发射模块"的"信号输入 2"端,用副载波信号作发光二极管调制信号.将接收信号输出接入"F-V 变换模块"的"F 信号输入"端,在"V 信号输出"端输出经解调后的音频信号,并将其接入"音频模块"的"音频信号输入"端.

倾听音频模块播放出来的音乐.定性观察红外接收器角度变化、遮挡等外界因素对传输的影响,比较两种调制对传输衰减程度的影响.

七、数字信号传输实验

若需传输的信号本身是数字形式,或将模拟信号数字化(模数转换)后进行传输,称为数字信号传输.数字信号传输具有抗干扰能力强,传输质量高;易于进行加密和解密,保密性强;可以通过时分复用提高信道利用率;便于建立综合业务数字网等优点,是今后通信业务的发展方向.

本实验用编码器发送二进制数字信号(地址和数据),并用数码管显示地址一致时所发送的数据.

将发射装置"数字信号输出"端接入"发射模块"的信号输入端,接收装置"接收信号输出"端接入"数字信号解调模块"的"数字信号输入"端.

设置发射地址和接收地址,设置发射装置的数字显示.可以观测到,地址一致,信号正常传输时,接收数字随发射数字而改变.地址不一致或光信号不能正常传输时,数字信号不能正常接收.

在改变地址位和数字位的时候,用示波器观察改变时的传输波形(接"发射模块"的"观测点"),以加深对二进制数字信号传输的理解.

【注意事项】

1. 实验时应反复微调发射管与接收管同轴,在功率显示值最大时将发射管与接收管紧固.
2. 用导线连接发射装置与接收装置的接地端.
3. 用坐标纸或计算机作图,并按要求处理数据.

【预习题】

1. 发光二极管的发光原理是什么?
2. 光敏二极管是怎样形成光电流的?

【思考题】

1. 副载波调制与基带调制相比,有什么优点?
2. 请根据实验画出副载波调制实验电路、光路传输框图.

【实验数据记录与处理】

表 30-1　发光二极管输出特性的测量

发射管电流/mA							
光功率/mW							

作所测发光二极管的输出特性曲线.

讨论所作曲线与图 30-3 所描述的规律是否符合.

表 30-2　光敏二极管光电特性的测量

光功率/mW							
光电流/μA							

作光敏二极管的光电特性曲线.

讨论所作曲线与图 30-5 所描述的规律是否符合.

表 30-3　基带调制传输实验

发光二极管调制电路输入信号			光敏二极管光电转换电路输出信号		
波形	频率/kHz	输出不失真输入电压范围	波形	频率/kHz	衰减对输出的影响
正弦波					

对表 30-3 结果作定性讨论.

表 30-4　调频电路的 f_V-V 关系

输入电压/V							
输出频率 f_V/kHz							
输出角频率 ω/s^{-1}							

以输入电压为横坐标,输出角频率 $\omega_V = 2\pi f_V$ 为纵坐标,在坐标纸上作图.直线的斜率为调频系数 k_f,求出 k_f.

表 30-5　副载波调制传输实验

基带信号			红外传输后解调的基带信号		
幅度/V	频率/kHz	输出不失真输入电压范围	幅度/V	频率/kHz	衰减对输出的影响

分析表 30-4 与表 30-5,在输入同频信号且输出信号不失真时,比较基带调制与副载波调制两种方法输入信号的幅度范围,及衰减对输出稳定性的影响.

教师签字:＿＿＿＿＿

实验日期:＿＿＿＿＿

图名：_____

实验三十一 燃料电池综合特性的测定

燃料电池以氢和氧为燃料,通过电化学反应直接产生电力,能量转换效率高于燃烧燃料的热机.燃料电池的反应生成物为水,对环境无污染,单位体积氢的储能密度远高于现有的其他电池.因此,它的应用从最早的宇航等特殊领域,到电动汽车、手机电池等日常生活的各个方面,各国都投入巨资进行研发.

燃料电池的燃料氢可通过电解水获得,也可由矿物或生物原料转化制得,反应所需的氧从空气中获得.本实验包含太阳能电池发电(光能-电能转换)、电解水制取氢气(电能-氢能转换)、燃料电池发电(氢能-电能转换)几个环节,形成了完整的能量转换、储存、使用的链条.

【实验目的】

1. 了解燃料电池的工作原理,测量其输出特性.
2. 测量质子交换膜电解池特性,验证法拉第电解定律.
3. 测量太阳能电池特性.
4. 理解本实验能量转换过程:光能→太阳能电池→电能→电解池→氢能(能量储存)→燃料电池→电能.

【实验原理】

1839年,英国人格罗夫(W. R. Grove)发明了燃料电池,历经近两百年,在材料、结构、工艺不断改进之后,其已进入了实用阶段.按燃料电池使用的电解质或燃料类型,可将现在和近期可行的燃料电池分为碱性燃料电池、质子交换膜燃料电池、直接甲醇燃料电池、磷酸燃料电池、熔融碳酸盐燃料电池、固体氧化物燃料电池6种主要类型,本实验研究其中的质子交换膜燃料电池.

一、燃料电池

质子交换膜(PEM,Proton Exchange Membrane)燃料电池在常温下工作,具有启动快速、结构紧凑的优点,最适宜作汽车或其他可移动设备的电源,近年来发展很快,其基本结构如图31-1所示.目前广泛采用的全氟磺酸质子交换膜为固体聚合物薄膜,厚度为0.05~0.1mm,它提供氢离子(质子)从阳极到达阴极的通道,而电子或气体不能通过.催化层是将纳米量级的铂粒子用化学或物理的方法附着在质子交换膜表面,厚度约0.03mm,对阳极氢的氧化和阴极氧的还原起催化作用.膜两边的阳极和阴极由石墨化的碳纸或碳布做成,厚度为0.2~0.5mm,导电性能良好,其上的微孔提供气体进入催化层的通道,又称为扩散.

商品燃料电池为了提供足够的输出电压和功率,需将若干单体电池串联或并联在一起,流场板一般由导电良好的石墨或金属做成,与单体电池的阳极和阴极形成良好的电接触,称为双极板,其上加工有供气体流通的通道.实验用燃料电池为直观起见,采用有机玻璃做流场板.

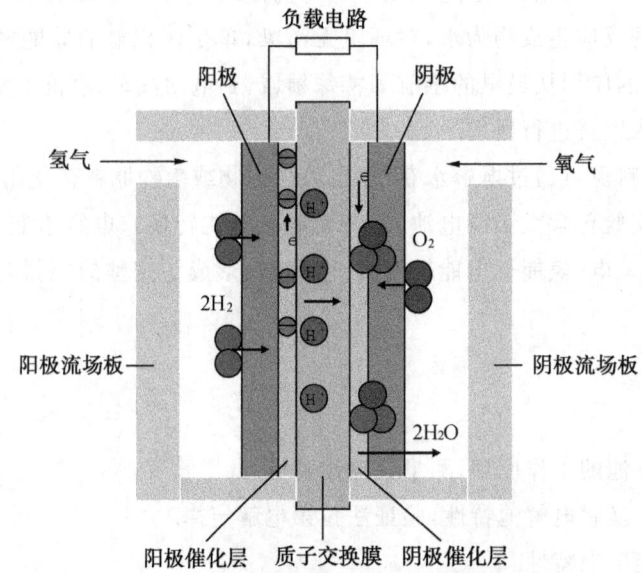

图 31-1 质子交换膜燃料电池结构示意图

进入阳极的氢气通过电极上的扩散层到达质子交换膜,氢分子在阳极催化剂的作用下解离为 2 个氢离子,即质子,并释放出 2 个电子,阳极反应为

$$H_2 = 2H^+ + 2e \tag{31-1}$$

氢离子以水合质子 $H^+(nH_2O)$ 的形式,在质子交换膜中从一个磺酸基转移到另一个磺酸基,最后到达阴极,实现质子导电,质子的这种转移导致阳极带负电.

在电池的另一端,氧气或空气通过阴极扩散层到达阴极催化层,在阴极催化层的作用下,氧与氢离子和电子反应生成水,阴极反应为

$$O_2 + 4H^+ + 4e = 2H_2O \tag{31-2}$$

阴极反应使阴极缺少电子而带正电,结果在阴、阳极间产生电压,在阴、阳极间接通外电路,就可以向负载输出电能.总的化学反应如下:

$$2H_2 + O_2 = 2H_2O \tag{31-3}$$

(阴极与阳极:在电化学中,失去电子的反应称为氧化,得到电子的反应称为还原.产生氧化反应的电极是阳极,产生还原反应的电极是阴极.对电池而言,阴极是电的正极,阳极是电的负极.)

二、水的电解

水电解产生氢气和氧气,与燃料电池中氢气和氧气反应生成水互为逆过程.

水电解装置同样因电解质的不同而各异,碱性溶液和质子交换膜是最好的电解质.若以质

子交换膜为电解质,可在图 31-1 右边电极接电源正极形成电解的阳极,在其上产生氧化反应 $2H_2O = O_2 + 4H^+ + 4e$. 左边电极接电源负极形成电解的阴极,阳极产生的氢离子通过质子交换膜到达阴极后,产生还原反应 $2H^+ + 2e = H_2$. 即在右边电极析出氧,左边电极析出氢.

作燃料电池或作电解器的电极在制造上通常有所差别,燃料电池的电极应利于气体吸收,而电解器需要尽快排出气体.燃料电池阴极产生的水应随时排出,以免阻塞气体通道,而电解器的阳极必须被水淹没.

三、太阳能电池

太阳能电池利用半导体 P-N 结受光照射时的光伏效应发电,太阳能电池的基本结构就是一个大面积平面 P-N 结.P-N 结示意图如图 31-1 所示.

当光电池受光照射时,部分电子被激发而产生电子-空穴对,在结区激发的电子和空穴分别被势垒电场推向 N 区和 P 区,使 N 区有过量的电子而带负电,P 区有过量的空穴而带正电,P-N 结两端形成电压,这就是光伏效应.若将 P-N 结两端接入外电路,就可向负载输出电能.

【实验仪器】

仪器的构成如图 31-2 所示.

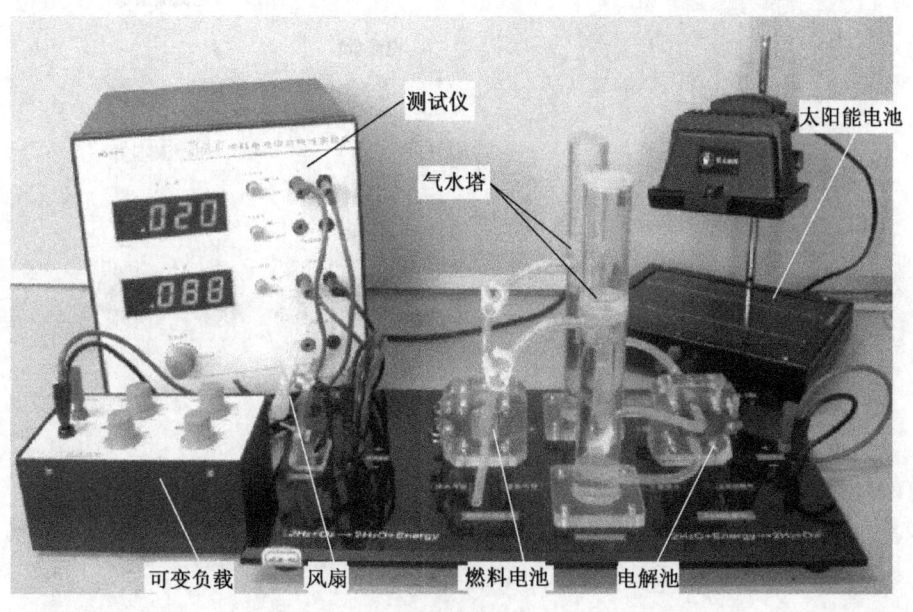

图 31-2 燃料电池综合实验仪

质子交换膜必须含有足够的水分,才能保证质子的传导.但水含量又不能过高,否则电极被水淹没,水阻塞气体通道,燃料不能传导到质子交换膜参与反应.如何保持良好的水平衡是燃料电池设计的关键.为保持水平衡,电池正常工作时排水口打开,在电解电流不变时,燃料供应量是恒定的.若负载选择不当,电池输出电流太小,未参加反应的气体从排水口泄漏,燃料利用率及效率都低.选择适当负载时,燃料利用率约为 90%.

气水塔为电解池提供纯水(2 次蒸馏水),可分别储存电解池产生的氢气和氧气,为燃料电池提供燃料气体.每个气水塔都是上、下两层结构,上、下层之间通过插入下层的连通管连接,下层顶部有一输气管连接到燃料电池.初始时,下层近似充满水,电解池工作时产生的气体汇聚在下层顶部,通过输气管输出.若关闭输气管开关,气体产生的压力会使水从下层进入上层,而将气体储存在下层的顶部,通过管壁上的刻度可知储存气体的体积.两个气水塔之间还有一个水连通管,加水时打开使两塔水位平衡,实验时切记关闭该连通管.

风扇作为定性观察时的负载,可变负载作为定量测量时的负载.

测试仪可测量电流、电压.若不用太阳能电池作电解池的电源,可从测试仪供电输出端口向电解池供电.实验前需预热 15min.

如图 31-3 所示为 ZKY-RLDC 燃料电池综合特性测试仪的前面板图.

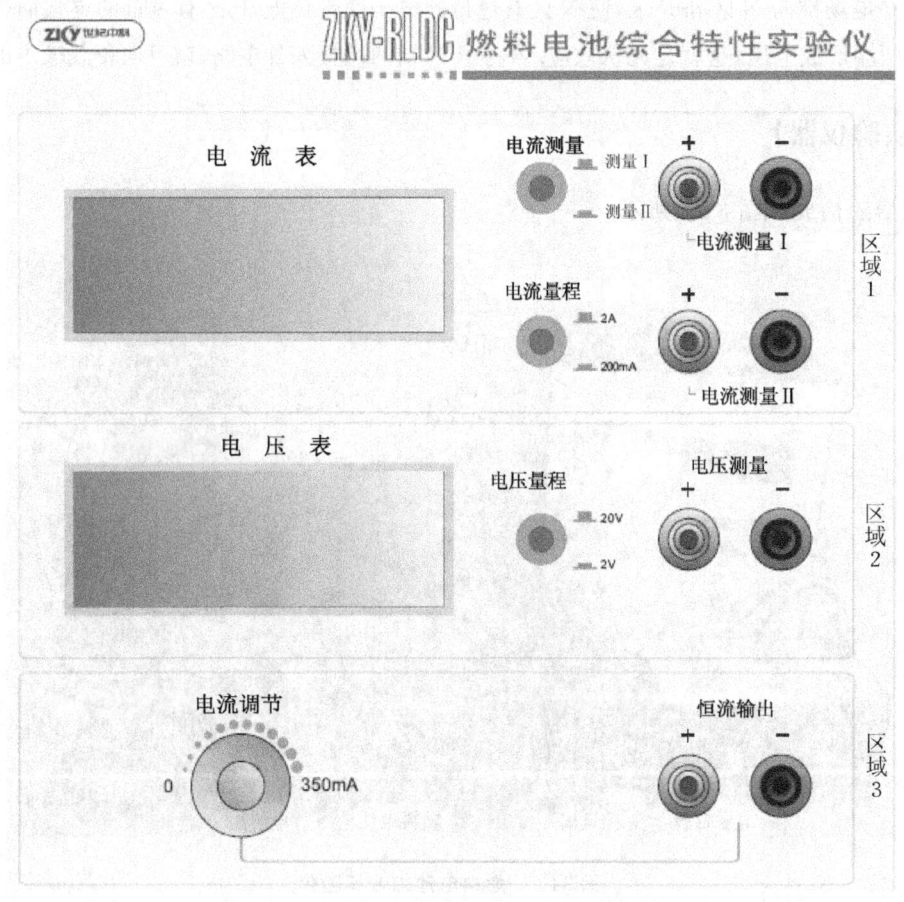

图 31-3　燃料电池实验仪前面板示意图

区域 1——电流表部分,作为一个独立的电流表使用.其中:

两个挡位:2A 挡和 200mA 挡,可通过电流挡位切换开关选择合适的电流挡位测量电流.

两个测量通道:电流测量Ⅰ和电流测量Ⅱ,通过电流测量切换键可以同时测量两条通道的电流.

区域 2——电压表部分,作为一个独立的电压表使用,共有两个挡位:20V 挡和 2V 挡,可通过电压挡位切换开关选择合适的电压挡位测量电压.

区域 3——恒流源部分,为燃料电池的电解池部分提供一个 0~350mA 的可变恒流源.

【实验内容】

一、质子交换膜电解池的特性测量

理论分析表明,若不考虑电解池的能量损失,在电解池上加 1.48V 电压就可使水分解为氢气和氧气,实际上由于各种损失,输入电压高于 1.6V 时,电解池才开始工作.

电解池的效率为

$$\eta_{电解} = \frac{1.48}{U_{输入}} \times 100\% \tag{31-4}$$

输入电压较低时虽然能量利用率较高,但电流小,电解的速率低,通常使电解池输入电压约为 2V.

根据法拉第电解定律,电解生成物的量与输入电荷量成正比.在标准状态下(温度为 0℃,电解器产生的氢气保持在 1 个大气压),设电解电流为 I,经过时间 t 生产的氢气体积(氧气体积为氢气体积的一半)的理论值为

$$V_{氢气} = \frac{It}{2F} \times 22.4 \text{L} \tag{31-5}$$

式中,$F = eN = 9.65 \times 10^4$ C/mol 为法拉第常数,$e = 1.602 \times 10^{-19}$ C 为电子电荷量,$N = 6.022 \times 10^{23}$ 为阿伏加德罗常数,$\frac{It}{2F}$ 为产生的氢分子的摩尔(克分子)数,22.4L 为标准状态下气体的摩尔体积.

若实验时的摄氏温度为 T,所在地区气压为 p,根据理想气体状态方程,可对式(31-5)做修正:

$$V_{氢气} = \frac{273.16 + T}{273.16} \cdot \frac{p_0}{p} \cdot \frac{It}{2F} \times 22.4 \text{L} \tag{31-6}$$

式中,p_0 为标准大气压.自然环境中,大气压受各种因素的影响,如温度和海拔高度等,其中海拔对大气压的影响最为明显.由国家标准 GB4797.2—2005 可查到,海拔每升高 1000m,大气压下降约 10%.

由于水的相对分子质量为 18,且每克水的体积为 1cm³,故电解池消耗的水的体积为

$$V_{水} = \frac{It}{2F} \times 18 \text{cm}^3 = 9.33It \times 10^{-5} \text{ cm}^3 \tag{31-7}$$

式(31-6)、式(31-7)的计算对燃料电池同样适用,只是其中的 I 代表燃料电池输出电流,$V_{氢气}$ 代表燃料消耗量,$V_{水}$ 代表电池中水的生成量.

确认气水塔水位在水位上限与下限之间.

将测试仪的电压源输出端串联电流表后接入电解池,将电压表并联到电解池两端.

将气水塔输气管止水夹关闭,调节恒流源输出到最大(旋钮顺时针旋转到底),让电解池迅速产生气体.当气水塔下层的气体低于最低刻度线的时候,打开气水塔输气管止水夹,排出气水塔下层的空气.如此反复2~3次后,气水塔下层的空气基本排尽,剩下的就是纯净的氢气和氧气了.根据电解池输入电流的大小,调节恒流源的输出电流,待电解池输出气体稳定后(约1min),关闭气水塔输气管.测量输入电流、电压及产生一定体积气体的时间.

二、燃料电池输出特性的测量

在一定的温度与气体压力下,改变负载电阻的大小,测量燃料电池的输出电压与输出电流之间的关系,如图31-4所示.电化学家将其称为极化特性曲线,习惯用电压作纵坐标,电流作横坐标.

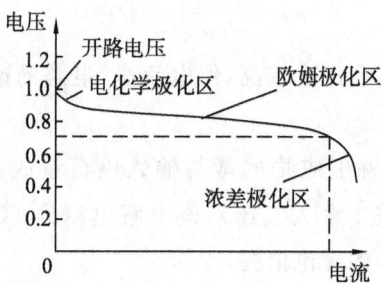

图 31-4 燃料电池的极化特性曲线

理论分析表明,如果燃料的所有能量都被转换成电能,则理想电动势为1.48V.实际燃料的能量不可能全部转换成电能,如总有一部分能量转换成热能,少量的燃料分子或电子穿过质子交换膜形成内部短路电流等,故燃料电池的开路电压低于理想电动势.

随着电流从零增大,输出电压有一段下降较快,主要是因为电极表面的反应速度有限,有电流输出时,电极表面的带电状态改变,驱动电子输出阳极或输入阴极时,产生的部分电压会被损耗掉,这一段被称为电化学极化区.

输出电压的线性下降区的电压降,主要是电子通过电极材料及各种连接部件,离子通过电解质的阻力引起的,这种电压降与电流成比例,所以被称为欧姆极化区.

输出电流过大时,燃料供应不足,电极表面的反应物浓度下降,使输出电压迅速降低,而输出电流基本不再增加,这一段被称为浓差极化区.

综合考虑燃料的利用率(恒流供应燃料时可表示为燃料电池电流与电解电流之比)及输出电压与理想电动势的差异,燃料电池的效率为

$$\eta_{电池} = \frac{I_{电池}}{I_{电解}} \times \frac{U_{输出}}{1.48} \times 100\% = \frac{P_{输出}}{1.48 \times I_{电解}} 100\% \tag{31-8}$$

某一输出电流时燃料电池的输出功率相当于图31-4中虚线所围出的矩形区,在使用燃

料电池时,应根据伏安特性曲线,选择适当的负载匹配,使效率与输出功率达到最大.

实验时让电解池输入电流保持在 300mA,关闭风扇.

将电压测量端口接到燃料电池输出端,打开燃料电池与气水塔之间的氢气、氧气连接开关,等待约 10min,让电池中的燃料浓度达到平衡值,电压稳定后记录开路电压值.

将电流量程按钮切换到 200mA,可变负载调至最大,电流测量端口与可变负载串联后接入燃料电池输出端,改变负载电阻的大小,稳定后记录电压、电流值.

负载电阻猛然调得很低时,电流会猛然升到很高,甚至超过电解电流值,这种情况是不稳定的,重新恢复稳定需较长时间. 为避免出现这种情况,输出电流高于 210mA 后,每次调节减小电阻 0.5Ω;输出电流高于 240mA 后,每次调节减小电阻 0.2Ω,每测量一点的平衡时间稍长一些. 稳定后记录电压、电流值.

实验完毕,关闭燃料电池与气水塔之间的氢气、氧气连接开关,切断电解池输入电源.

三、太阳能电池的特性测量

在一定的光照条件下,改变太阳能电池负载电阻的大小,测量输出电压与输出电流之间的关系,如图 31-5 所示.

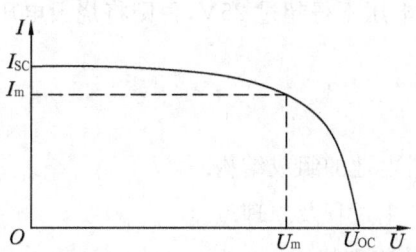

图 31-5　太阳能电池的伏安特性曲线

U_{OC} 代表开路电压,I_{SC} 代表短路电流,图 31-5 中虚线围出的面积为太阳能电池的最大输出功率. 与最大功率对应的电压称为最大工作电压 U_m,对应的电流称为最大工作电流 I_m.

表征太阳能电池特性的基本参数还包括光谱响应特性、光电转换效率、填充因子等.

填充因子 FF 定义为

$$FF = \frac{U_m I_m}{U_{OC} I_{SC}} \tag{31-9}$$

它是评价太阳能电池输出特性好坏的一个重要参数,它的值越高,表明太阳能电池输出特性越趋近于矩形,电池的光电转换效率越高.

将电流测量端口与可变负载串联后接入太阳能电池的输出端,将电压表并联到太阳能电池两端. 保持光照条件不变,改变太阳能电池负载电阻的大小,测量输出电压、电流值,并计算输出功率.

【注意事项】

1. 实验时必须关闭两个气水塔之间的连通管.
2. 该实验系统必须使用去离子水或二次蒸馏水,容器必须清洁干净,否则将损坏系统.
3. PEM 电解池的最高工作电压为 6V,最大输入电流为 1000mA,否则将极大地损伤 PEM 电解池.
4. PEM 电解池所加的电源极性必须正确,否则将毁坏电解池并有起火燃烧的可能.
5. 绝不允许将任何电源加于 PEM 燃料电池输出端,否则将损坏燃料电池.
6. 气水塔中所加入的水面高度必须在上水位线与下水位线之间,以保证 PEM 燃料电池正常工作.
7. 该系统主体系有机玻璃制成,使用中需小心,以免打坏和损伤.
8. 太阳能电池板和配套光源在工作时温度很高,切不可用手触摸,以免被烫伤.
9. 绝不允许用水打湿太阳能电池板和配套光源,以免触电和损坏该部件.
10. 配套"可变负载"所能承受的最大功率是 1W,只能用于该实验系统中.
11. 电流表的输入电流不得超过 2A,否则将烧毁电流表.
12. 电压表的最高输入电压不得超过 25V,否则将烧毁电压表.

【预习题】

1. 简述质子交换膜燃料电池的组成结构.
2. 简述实验中氢气的产生过程及原理.
3. 简述半导体 P-N 结的物理特性.

【思考题】

1. 简述质子交换膜燃料电池的工作原理.
2. 燃料电池的极化特性曲线可分为哪些区域? 其产生机制是什么?
3. 简述光伏效应.

【实验数据记录及处理】

1. 电解池的特性测量.

室温＿＿＿＿

输入电流 I/A	输入电压/V	时间 t/s	电荷量 It/C	氢气产生量 测量值/L	氢气产生量 理论值/L
0.150					
0.300					

对比氢气体积的测量值与理论值，讨论结果是否遵从法拉第电解定律.

2. 燃料电池输出特性的测量.

电解电流＝＿＿＿＿mA

输出电压 U/V								
输出电流 I/mA								
功率 $P=UI$/mW								

作出所测燃料电池的极化曲线，作出该电池输出功率随输出电压的变化曲线.
该燃料电池最大输出功率是多少？最大输出功率时对应的效率是多少？

3. 太阳能电池输出特性的测量.

输出电压 U/V								
输出电流 I/mA								
功率 $P=UI$/mW								

作出所测太阳能电池的伏安特性曲线，作出该电池输出功率随输出电压的变化曲线.

该太阳能电池的开路电压 U_{oc}、短路电流 I_{sc} 是多少？最大输出功率 P_m 是多少？最大工作电压 U_m、最大工作电流 I_m 是多少？填充因子 FF 是多少？

教师签字：＿＿＿＿

实验日期：＿＿＿＿

图名：_____

实验三十二　碰撞打靶研究抛体运动

物体间的碰撞是自然界中普遍存在的现象,从宏观的天体碰撞到微观的粒子碰撞都是物理学中极其重要的研究课题.碰撞是物体运动的特殊形式,其特点是在很短的时间间隔内物体的速度发生突然的变化.本实验是一个设计性实验,通过两个球体的碰撞,碰撞前的单摆运动和碰撞后的平抛运动,研究此过程中的能量转换和动量转换与守恒,并分析和讨论此过程中的能量损失情况.

【实验目的与要求】

1. 研究两球碰撞的运动规律.
2. 讨论不同材质的球体之间碰撞过程中的动量和能量的转换与守恒.
3. 比较实验值和理论值的差异,分析实验现象.

【实验原理】

图 32-1 是碰撞打靶的简单示意图.质量为 m_1 的撞击球在距底盘高为 h 时,具有重力势能 $E_p = m_1 g h$(以底盘位置为重力势能零点),当它摆下时与位于升降台上(高为 y)的被撞击球 m_2 发生正碰,碰撞前撞击球具有的动能为(不计空气阻力)

$$E_k = m_1 g (h-y) = \frac{1}{2} m_1 v_0^2$$

若碰撞是弹性碰撞,则两球碰撞过程中系统的机械能守恒:

$$\frac{1}{2} m_1 v_0^2 = \frac{1}{2} m_1 v_1^2 + \frac{1}{2} m_2 v_2^2$$

式中 m_1、m_2 分别为撞击球和被撞球的质量,v_0 为碰撞前撞击球的速度,v_1、v_2 分别为碰撞后两球的速度.两球在碰撞过程中,水平方向不受外力,系统动量守恒,即

$$m_1 v_0 = m_1 v_1 + m_2 v_2$$

碰撞后,被撞击球 m_2 做平抛运动,其运动学方程为

$$x = v_2 t$$

$$y - \frac{d_2}{2} = \frac{1}{2} g t^2$$

式中,t 为从抛出开始计算的时间,x 为物体在该时间内水平方向移动的距离,$y - \frac{d_2}{2}$ 为物体在该时间内竖直下落的距离,g 为重力加速度.

实际碰撞过程中,物体肯定会产生变形,同时会发生声、光与热等物理现象,所以一般碰撞过程很复杂,在碰撞过程中将有一部分机械能转化为其他运动形式的能量,机械能不守恒.

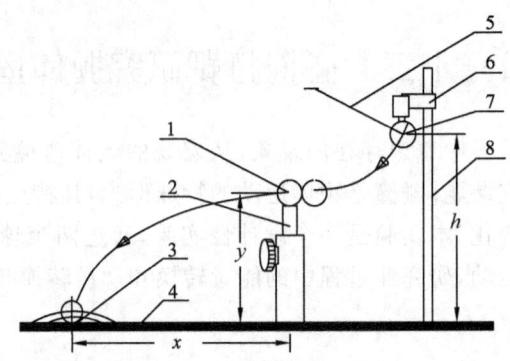

1—被撞球；2—升降台；3—靶心；4—底盘；5—线绳；6—升降架；7—撞击球；8—移动尺

图 32-1 碰撞打靶示意图

【实验仪器】

CP-1 型碰撞打靶实验仪、电子天平、游标卡尺、铁球、铝球、铜球.

CP-1 型碰撞打靶实验仪如图 32-2 所示.

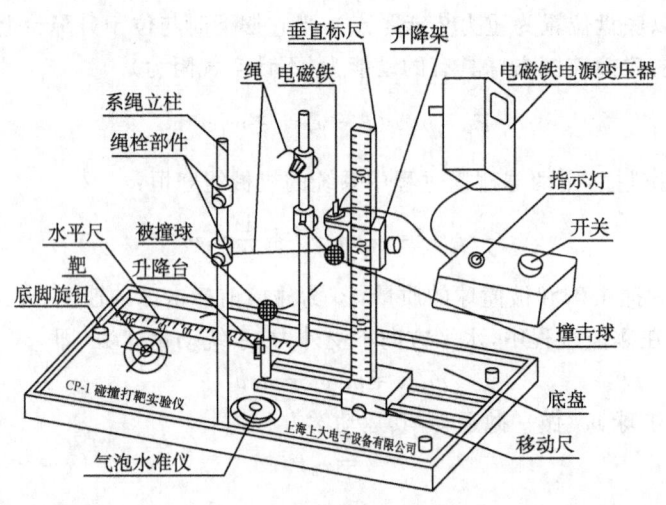

图 32-2 CP-1 型碰撞打靶实验仪

  底盘是一个内凹式的盒体，是整个仪器的基底，它用三只螺丝调节仪器的水平. 底盘的中央是一个升降台，它由圆柱形的外套、内柱及固定螺钉三部分组成. 内柱可自由升降，选择适当的高度后，再用固定螺钉将其固定. 实验时将被撞球放在内柱的顶端，端面光滑，以减少摩擦. 底盘的右侧有一条滑槽，可供其上的竖尺在水平方向移动. 竖尺上有一个升降架，可在尺上升降. 升降架上有一块小磁铁，用细绳挂在杆上的撞击球 m_1（铁球）被吸在磁铁下，实验时，按下装于电磁铁控制盒上的按钮开关，指示灯熄灭，电磁铁释放，即可使撞击球自由下摆并撞击到被撞球 m_2，底盘的左侧放一张靶纸（实验者自画）以检验碰撞结果.

【实验内容】

一、必做内容

1. 调节底盘水平. 用气泡水准仪调节仪器水平,使得升降台上可以稳定地放置被撞球,若难以放置可微调水平.

2. 用游标卡尺测量实验用球的直径,每种球测量 5 次,并记录数据.

3. 用电子秤称量上述用球的质量并记录数据.

4. 确定靶心的位置. 根据靶心的位置,测出 x,调节升降台的高度 y,并据此算出撞击球的高度 h_0.

5. 调节绳栓部件,使两根系绳的有效长度相等,系绳点在两立柱上的高度相等,使撞击球在摆动到最低点时能和被撞球进行正碰.

6. 用铁球作为被撞球,m_2 放在升降台上,把撞击球 m_1 吸在磁铁下,调节升降架使它的高度为 h_0,左右移动竖尺,使两细绳拉直.

7. 按下按钮,使 m_1 撞击 m_2,记下 m_2 击中靶纸的位置 x',确定实际击中的位置后,应注意将 m_1 的高度升高(升高多少?)才可真正击中靶心.

8. 调整 m_1 的高度,再次撞击,测量 m_2 击中的位置,反复多次,直到 m_2 击中靶心,确定实际击中靶心时 m_1 的高度 h 值.(为了减小误差,应多次撞击取平均值)

9. 观察撞击球 m_1 在碰撞前后的运动状态,观察撞击球 m_1 在不碰撞时的运动状态,分析碰撞过程前后各种能量损失的原因和大小.

二、选做内容

1. 以直径相同、质量不同的被撞球进行上述实验,分别找出其能量损失的大小和主要来源.

2. 以直径、质量均不同的被撞球重复上述实验,分别找出其能量损失的大小和主要来源.

【预习题】

1. 推导由 x 和 y 计算 h_0 的公式.

2. 推导由 x' 和 y 计算高度差 $h - h_0 = \Delta h$ 的公式.

3. 如果不放被撞球,撞击球在摆动回来时能否达到原来的高度? 这说明了什么?

【思考题】

1. 找出本实验中产生 Δh 的各种原因(除计算错误和操作不当原因外).
2. 此实验中绳子的张力对小球是否做功？为什么？
3. 本实验中,球体不用金属,用石蜡或软木可以吗？为什么？

【实验数据记录】

1. 铁球作为被撞球.

撞击球：$m_1=$ _____ , $d_1=$ _____ . 被撞球：$m_2=$ _____ , $d_2=$ _____ .
$y=$ _____ , $x=$ _____ , 计算出 $h_0=$ _____ .

表 32-1　铁球碰撞测量　　　　　　　　　　单位：cm

	1	2	3	4	5	6	平均值
h							

$\Delta h = \bar{h} - h_0 =$

2. 铜球作为被撞球.
自拟表格并记录数据.
3. 铝球作为被撞球.
自拟表格并记录数据.

【数据分析与处理】

1. 不同情况下能量损失 ΔE 为多少？
2. 分析碰撞过程前后各种能量损失的原因.

实验三十三 微波光学实验——布拉格衍射

X射线衍射与电子衍射已成为测定晶体结构的常用手段. X射线波长短,很难直接观察. 微波的衍射现象可以用"模拟晶体"来实现,直观明了. 微波和X射线一样具有电磁波特性,通过微波光学实验可以初步了解晶体结构分析的基本方法和光学衍射的物理原理等.

【实验目的与要求】

1. 学习布拉格衍射的原理和方法.
2. 学习晶体分析的初步知识.

【实验原理】

一、微波的特性

微波是电磁波频谱中极为重要的一个波段,波长在1mm~1m之间,频率为3×10^8~3×10^{11}Hz. 微波具有波长短、频率高、穿透性强等特点,因其直线传播和良好的反射特性使它在通信、雷达、导航等方面得到广泛应用. 同时,微波可以穿透地球周围的电离层而不被反射. 这一不同于短波的反射特性,使其可广泛用于通信领域. 而其量子特性(在微波波段,单个量子的能量约为10^{-6}~10^{-3}eV,刚好处于原子或分子发射或吸收的波长范围内)为研究原子和分子结构提供了有力的手段.

二、微波的产生

微波信号不能用类似无线电发生器的器件产生,而需要采用微波谐振腔和微波电子管或微波晶体管来产生.

1. 谐振腔通常为一个闭合的腔体,其内表面用良导体制成. 为提高其品质因数Q,要求表面光洁并镀银. 谐振频率取决于腔体的形状和大小.

2. 微波电子管或微波晶体管均可视为体效应二极管,它是利用砷化镓、砷化铟、磷化铟等化合物制成的半导体固体振荡器. 载流子在半导体的内部运动有两种能态,由于器件总有边界面,而晶体杂质浓度不均匀,当外加电场为某一值时,会出现不稳定性,即产生微波振荡.

三、晶体的布拉格衍射

晶体有规则的几何形状,晶体中原子按规则排列组成晶格. 最简单的晶体是立方晶体,在立方体的每个顶角上有一个原子,如图33-1所示. 这些原子可看成处于不同的平面上,这些平面称为晶面. 晶体可看成由许多等距、平行的晶面重复排列而成,这些晶面组成晶面簇. 晶面簇用晶面指数表示(图33-2). 晶面指数的定义为:原子所在平面在x、y、z三个坐标轴上的截距长度的倒数的简单整

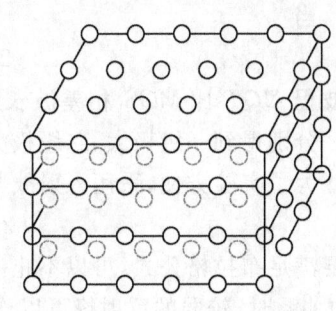

图33-1 立方晶体

数比,又称密勒指数,用(h,k,l)表示.对于立方晶系,由于对称性的缘故,可以任意选取坐标轴及其正负号.因此,对于(100)类的晶面簇有6组是等效的,(110)类有12组是等效的,(111)类有8组是等效的.最近邻的两个晶面间的距离用d_{hkl}表示.一簇平行的晶面(h,k,l)之间的距离相同,不同簇的晶面,其晶面间距不同.密勒指数小的晶面簇,其晶面间距大.

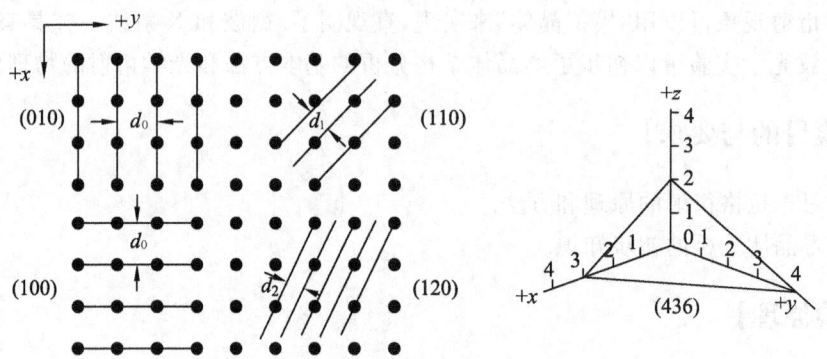

图 33-2　简单立方晶体中的几个晶面簇

以方形点阵晶体(立方晶体)为研究对象,当射线射向晶体,观测不同晶面上点阵的反射波产生的干涉应符合的条件,即下面要讨论的布拉格公式.现以水平面上的某一晶面加以分析,设"原子"之间的距离为d,当一束射线以θ角掠射到(100)晶面上,一部分射线将被表面层的原子所散射,其余部分的射线将被晶体内部的各晶面上的原子所散射.我们知道各层晶面上的原子散射的本质是因为原子在入射的电磁场的胁迫下做与其同频率的受迫振荡,然后向周围发出电磁波,而按反射定律的方向反射的射线强度最大.

由图 33-3 知,相邻两个平面上 Q 与 O 点反射线之间的波程差为

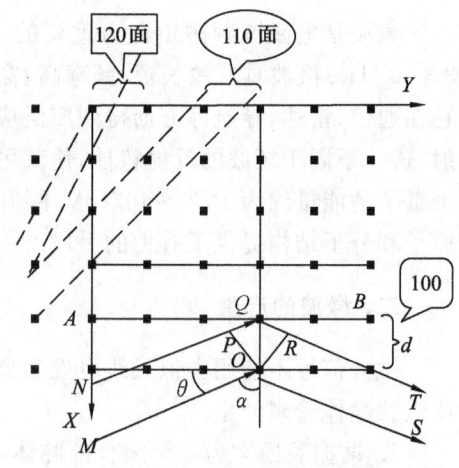

图 33-3　晶体的布拉格衍射

$$\overline{PQ}+\overline{QR}=2d\sin\theta$$

式中,d 为晶面间距,对于(100)面,它等于晶胞长;θ 为入射波(或反射波)与所研究晶面的掠射角(布拉格角或半衍射角).

当

$$2d\sin\theta=n\lambda \quad (n=1,2,3,\cdots) \tag{33-1}$$

即波程 NQT 比 MOS 相差波长的整数倍时,两列波同相位,它们相互加强,对应 $n=1,2,3,\cdots$ 分别得到一级极大、二级极大等,式(33-1)称为布拉格公式.

为了实验方便,采用入射线与晶面法线的夹角(即通称为入射角 α)时,则有

$$2d\cos\alpha=n\lambda \quad (n=1,2,3,\cdots) \tag{33-2}$$

只要满足布拉格公式,可以不止一簇平面产生反射.因此,对某簇平面作相对强度与入射角 α 的关系时,较弱的反射峰可以作为背景存在.同一簇反射面,也可以有不同反射级次的反射峰.

实际晶体的晶格常数约为 10^{-8} cm,只有波长很短的 X 射线才能产生衍射.但 X 射线波长短,很难直接观察,而用尺寸较大的"模拟晶体"和波长较长的微波可观察到"晶体"的衍射现象,从而了解测定晶体结构的常用方法.图 33-4 为晶体衍射实验示意图.

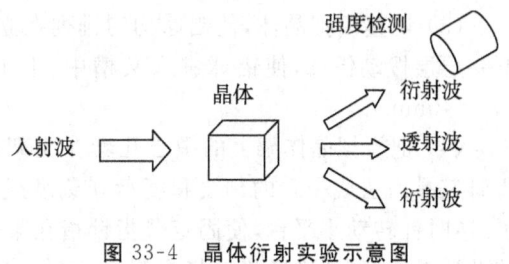

图 33-4 晶体衍射实验示意图

【实验仪器】

DH926 型微波分光仪、DH1121B 型 3cm 微波发生器、模拟晶体.

微波分光仪结构如图 33-5 所示,其主要部件包括:

1. 微波发生器 M 和发射喇叭 D 产生单一波长 λ 的微波束.

2. 简单立方模拟晶体 C,晶格常数为 4.0cm,是由塑料绳穿连的均匀排列在立方晶体格点上的铝球组成的方阵.可用叉形(梳形)膜片调整相邻球间距离为 4cm,形成一个简单的立方模拟晶体.

3. 微波接收喇叭 T 和微安表,将接收的微波信号转变为直流电流,并由微安表显示信号的强弱.

4. 晶体支架 B 用于安放模拟晶体,支架可绕中心轴旋转,周边有指示旋转角度的刻度.

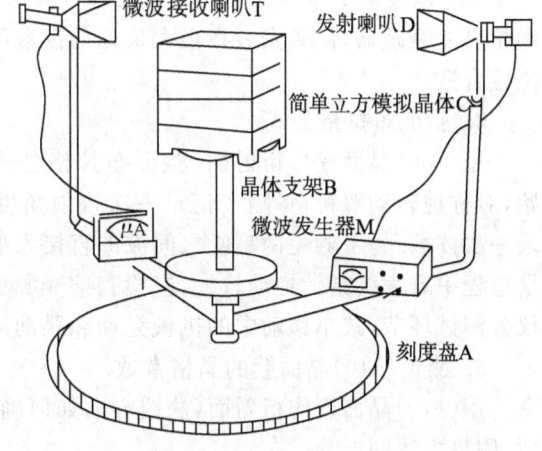

图 33-5 微波分光仪结构

5. 分度转台和读数机构.当被研究晶面的法线与分度盘上 0°线一致时,入射线与反射线的方向在分度盘上有相同的读数,不易搞错,操作方便.所以实验前首先旋转分度平台(平台上不放被测部件),使 0°刻线与固定臂上指针对正,再转动活动臂上的指针,使之与分度平台 180°刻线对正,然后将安装在底座上的塑料螺钉拧紧,使活动臂不能自由摆动,读出指示器读数;然后松开螺钉,移动活动臂向左右转动同样角度(如 20°)时,观看指示器读数左右移动时偏转是否相同,如果不同,略微旋转接收喇叭,反复调节直至左右指示器偏转相等为止.

【实验内容】

一、必做内容——验证布拉格公式

1. 调试实验装置.

(1)调整微波分光仪的发射和接收喇叭.两喇叭位置的指针分别指于工作平台的 0°、180°刻度处,在两个喇叭天线之间用一根细线绳拉紧,使喇叭天线的轴线在一条直线上,两喇叭口面互相正对并与地面垂直.

(2)将支座放在工作平台上,并利用平台上的定位销和刻线对正支座,拉起平台上四个压紧螺钉,旋转一个角度后放下,即可压紧支座.

(3) 调整模拟晶体,使铝球均匀排列在立方晶体的格点上.利用叉形(梳形)膜片分别上下一层层拨动铝球,使铝球进入叉槽中,上下左右调节模拟晶体球,使之成为一方形点阵($a_0 = 40$mm).

(4) 把模拟晶体架上的中心孔套在支架的梢子上,同时使支架下面小圆盘的某一条与所研究晶面法线一致的刻线和度盘0°刻度线一致,这时小平台的0°刻度就与法线方向一致了.逆时针转动小平台,使固定臂指针指在某一刻度处,该刻度数就是入射角α,然后顺时针转动活动臂,使活动臂指针指在刻度盘0°的另一侧与α值相等的刻度处,从而使反射角也等于α.

(5) 按下DH1121B型3cm微波发生器"电源"按键,数字表应发亮,"工作状态"按键在"等幅"状态,此时固态源便开始振荡,微波能量从波导口输出.

(6) 检波指示器(微安表头)上的读数表示衍射波的强度.粗略测出衍射极大值的位置,调整可变衰减器,使微安表在极大值处的读数不超过量程而有较大的指示,此时可变衰减器位置合适.

2. 验证布拉格公式.

用(100)晶面簇作衍射面,验证布拉格公式.实验中微波波长$\lambda = 32$mm.测量从30°开始,对称地转动双臂,每隔2°记录一次入射角度α和衍射波强度I.在极大值附近每半度记录一次读数.为了避免两喇叭之间波的直接入射,入射角取值范围最好在30°~70°之间(测量过程中若表头指针晃动较大,应检查信号源稳定性,系统电线连接是否良好;或锁紧分光仪各测试环节,减小移动中的机械晃动和跳动).

3. 测量(110)晶面簇的晶格常数.

用(110)晶面簇作衍射面(法线方向如何确定?),已知微波波长测量模拟晶体的晶格常数,测量方法同上.

4. 测定微波波长.

已知模拟晶体晶格常数$a = b = c = 4.0$cm,用(110)晶面簇作为散射点阵面测微波波长,测量方法同上.由a_0计算d_{110},再求微波波长.

二、选做内容

已知波长,测定晶格常数.改变b、c值,测定正交晶体的晶格常数a、b、c,用(100)、(010)、(001)晶面为散射点阵面,分别测得θ_a、θ_b、θ_c,利用式(33-1)算出a、b、c的值(自拟数据表格).

【注意事项】

为了避免两喇叭之间波的直接入射,入射角取值范围最好在30°~70°之间.

【预习题】

1. 微波有哪些特点?
2. 晶体(模拟晶体)在布拉格衍射中实际起什么作用?

【思考题】

1. 什么叫晶面和晶面间距?

2. 为什么(100)晶面只能看到 2 级衍射？其他面呢？

【实验数据记录】

表 33-1　验证布拉格公式(立方晶体)　　　　　$\lambda=$ _____

I	α/度												
(100)面													

【数据分析与处理】

1. 根据实验数据作出模拟晶体(100)晶面的微波强度与掠射角($\theta=\dfrac{\pi}{2}-\alpha$)的 θ-I 关系曲线．由曲线求出模拟晶体(100)晶面的 1 级($n=1$)和 2 级($n=2$)衍射波加强的掠射角 θ_1、θ_2，由布拉格公式 $2d\sin\theta=n\lambda$ 计算 d_{100}，根据 $d_{hkl}=\dfrac{a_0}{\sqrt{h^2+k^2+l^2}}$ 计算晶格常数 a_0．与已知 $a_0=40$mm 比较，计算其百分误差．

2. 作出模拟晶体(110)晶面微波强度与掠射角的关系曲线，求出模拟晶体(110)的 1 级衍射波加强的掠射角 θ_1，计算 d_{110}，再次计算晶格常数 a_0，并计算其百分误差．

3. 已知模拟晶体晶格常数 $a=b=c=4.0$cm，由(110)晶面的微波强度与掠射角的关系曲线确定相应于第 1 级的掠射角 θ_1，计算波长．

实验三十四 全息照相

1948年,英国科学家盖伯(D. Gabor)提出了一种摄制和再现立体物像的原理——全息照相.普通照相是通过透镜把物体在感光胶片平面上所成像的照度分布记录下来,记录的只是光信号的强度.所谓"全息照相",就是要把物体上发出的光信号的全部信息,包括光波的振幅和相位全部记录下来,再利用适当的方法,可重现出逼真的三维图像. 1960年出现的激光,为全息照相提供了十分理想的光源,促进了全息术的发展,使之成为科学技术上一个崭新的领域.现在,全息术在干涉计量、无损检测、信息存储与处理、遥感技术、生物医学和国防科研等领域中获得了极为广泛的应用,甚至进入我们的日常生活,如产品商标、书籍装帧以及小工艺品等.盖伯也因发明全息术在1971年获得诺贝尔物理学奖.

【实验目的与要求】

1. 了解全息照相的基本原理和实验装置.
2. 初步掌握漫反射全息图的拍摄方法和再现技术.
3. 掌握全息照相的主要特点.

【实验原理】

一、全息照相与普通照相的区别

照相是将物体上各点发出或反射的光记录在感光材料上.由光的波动理论知道,光波是电磁波.一个实际的物体发射或反射的光波比较复杂,但是一般可以看成是由许多不同频率的单色光波的叠加,即

$$x = \sum_{i=1}^{n} A_i \cos\left(\omega_i t + \varphi_i - \frac{2\pi r_i}{\lambda_i}\right)$$

式中, A_i 为振幅, ω_i 为圆频率, φ_i 为波源的初相位.因此,任何一定频率的光波都包含着振幅 A 和相位 $\left(\omega t + \varphi - \frac{2\pi r}{\lambda}\right)$ 两类信息.光的频率、振幅和相位分别表征物体的颜色、明暗、形状和远近.

普通照相底片上记录的图像只反映了物体上各点发光的强弱变化,也就是只记录了物光的振幅和频率信息,而丢失了物光的相位信息,所以在照相纸上显示的只是物体的二维平面像,丧失了物体的三维特征.

全息照相与普通照相完全不同,它不用透镜或其他成像装置,而是利用光的干涉,把光波的振幅和相位信息全部记录了下来.在一定条件下,得到的全息图还能将所记录的全部信息完全再现出来,因而再现的像是一个逼真的三维立体像.所以全息照相是一种完全新型独特的照相技术.

二、全息照片的获得

如图34-1所示,相干性极好的He-Ne激光器发出激光束,经分束镜分成两束:一束称

为物光,它经全反射镜2反射至扩束镜3后射向被拍摄物体4,再由物体反射后投向底片5(全息干版);另一束光经全反射镜6至扩束镜7扩束后直接照到全息干版,称为参考光.物光和参考光出自同一束激光,这两束光具有高度的时间相干性和空间相干性,在全息干版上相互叠加干涉,形成干涉条纹.由于被摄物体发出的波是不规则的,这种复杂的物光波是由无数物点发出的球面波叠加而成的,因此,

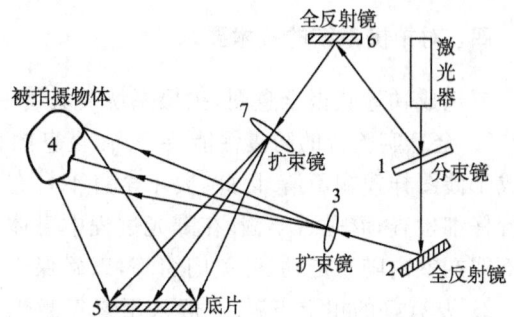

图 34-1 拍摄漫反射全息图的光路

在全息干版上记录的干涉图样是一个由无数组干涉条纹形成的肉眼不能识别的全息图.

由上可知,全息照相采用了一种将相位关系换成相位振幅关系的方法,把相位关系以干涉条纹明暗变化的形式记录在全息干版上,可以这样来解释这一过程:设有两束平面单色光,以某一夹角投射到屏上,则形成一组平行、等距的干涉条纹,干涉条纹上各点的明暗主要决定于两光波在该点的相位关系(和两光波的振幅也有关系).例如,在某些地方两列波以相同相位到达,它们的振幅叠加,形成亮条纹;如两列光波以相反相位到达,则振幅相减,形成暗条纹;其他地方随相位差的不同而有不同的亮度.当由复杂物体反射的不规则光波与参考光波相干涉时,形成的干涉条纹也是不规则的,就会形成复杂的全息图.

由波的叠加原理知,干涉条纹的明暗对比程度(即反差)与两束光的振幅有关:如两束光振幅相等,则反差最大;如振幅一大一小,则反差小.而干涉条纹的形状、疏密等几何特征则反映了物光波前相位的信息.因此,全息干版上各点的光强是参考光和到达该点的整个物体的漫反射光干涉的结果,和物点之间不存在一一对应的关系,所以全息图上条纹的形状与被摄物体没有任何几何相似性,而图上任何一小部分都包含着整个物体的信息.

三、全息照片的再现

感光后的全息干版经显影、定影等处理后,得到的全息照片记录的是无数干涉条纹.它相当于一个"衍射光栅",要看到被摄物体的像,必须用一束同参考光的波长和传播方向完全相同的光束照射全息照片,这束光叫再现光(图 34-2).在本实验中用原来的参考光作为再现光,把吹干后的全息底片按原来的方向夹持在干版架上,挡掉物光束,这样再现光经全息

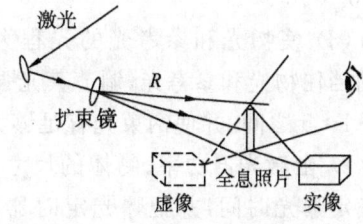

图 34-2 全息照相再现光路

照片(即"光栅")便发生衍射.因此,在原先拍摄时放置物体的方向上就能看到与原物形象完全一样的立体虚像.除了这个虚像之外,在全息照片观察者一侧还会形成一个实像.这两个像相当于光栅所产生的在零级两侧的两个一级衍射成像.通过全息照片去看物体的像,犹如从窗口去观察原来物体一样,当人们移动眼睛从不同角度观察时,就好像面对原物一样可以看到它不同侧面的形象,甚至在某个角度被物遮住的东西在另一角度也可以看到它.更有趣的是,如果取全息照片的一个碎片,通过这一小块仍能看到整片记录的全部形象.

四、对拍摄系统的技术要求

要想成功地获得全息图,拍摄系统要具备一定的技术要求,主要有:

1. 全息实验台的防震性能要好. 在全息照相时,如果物光波和参考光波稍有抖动,就会造成干涉图样模糊不清. 因此,要求全息平台有很好的抗震性能. 对全息台上的光学元件需进行仔细检查,看是否牢固. 在曝光过程中身体任何部位都不要触及全息台,避免高声谈话,更不能在室内随意走动、开关门窗等,以确保干涉条纹无漂移.

2. 要有好的相干光源. 一般采用氦氖激光作为光源,同时要求物光波和参考光波的光程尽量相等,光程差尽量小,以保证物光波和参考光波有良好的相干性.

3. 物光和参考光的光强比要合适. 一般选择 1∶2 到 1∶5 之间为宜,两者间的夹角在 30°～90°之间.

【实验仪器】

OHT 激光全息实验台、He-Ne 激光器、分光镜、反射镜三块、扩束镜两只、调节支架若干、白屏、米尺、光开关及曝光定时器一套、被摄物、照相冲洗设备、全息干版.

【实验内容】

1. 全息照相光路调整.

按图 34-3 所示光路安排各光学元件,并作如下调整:

(1) 使各元件基本等高.

(2) 在底片架上夹一块白屏,使参考光均匀照在白屏上,入射光均匀照亮被摄物体,且其漫反射光能照射到白屏上,调节两束光的夹角为 30°～90°.

(3) 使物光和参考光的光程大致相等,可分别挡住物光和参考光,调节其光强比约在 1∶2 至 1∶5 之间,并使两束光有足够大的重叠区.

2. 由激光器功率、物体的尺寸和表面反射率确定曝光时间,并把曝光定时器的时间旋钮置于相应的位置进行曝光.

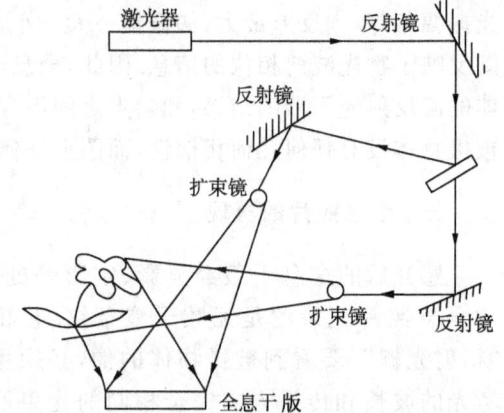

图 34-3 全息照相实验光路图

3. 全息图的记录.

关闭室内照明灯,拿下白屏,关掉激光器,在暗室条件下把全息干版装在干版架上,注意使底片的药膜面对着物光和参考光,稍等片刻(约 1～2min),待系统稳定后,根据实验室提供的参考曝光时间,打开激光器,取下底片待处理.(注意切勿再使底片曝光)

4. 照相底片的冲洗.

在照相暗室中,将曝光后的全息干版放入准备好的显影液中(3min 左右),待干版有一定的黑度后取出放入停影液约 2.5min 后,再放入定影液内定影,6～10min 后取出,再放入漂白溶液中作漂白处理,最后取出全息干版吹干后就得到一张全息图.

5. 全息图的再现观察.

用经扩束后的激光沿原参考光入射方向照明全息图,透过底片并朝着放置原物位置方向进行观察,可看到一个清晰、立体的原物虚像,体会全息图的特性.(用黑纸把全息图挡掉一部分,相当于把全息图打碎后再观察物体的虚像)

【注意事项】

1. 为保证全息照片的质量,各光学元件应保持清洁.若光学元件表面被污染或有灰尘,应按实验室规定方法处理,切忌用手、手帕或纸片等擦拭.

2. 绝对不能用眼睛直视未经扩束的激光束,以免造成视网膜永久损伤.

【预习题】

1. 普通照相和全息照相的区别在哪里?
2. 全息照相的两个过程是什么?怎样才能把物光的全部信息同时记录下来呢?
3. 如何获得全息图的再现像?
4. 为什么物光和参考光的光程要大致相等,即光程差为何要尽量地小?

【思考题】

1. 拍摄一张高质量的全息图应注意哪些问题?
2. 绘出拍摄全息图的基本光路,说明拍摄时的技术要求.
3. 全息图的主要特点是什么?
4. 为什么被打碎的全息片仍然能再现出被摄物体的像?

实验三十五　多用表的设计与制作
（设计性实验）

多用表是最常用的电学测量仪表，它的基本结构是由一只微安表头，并联上若干分流电阻，就组成了多量程的电流表；在此基础上，再串联若干分压电阻，就组成了多量程的电压表；如果将电流表再配上电池，又可组成测电阻的欧姆表；如果在表头电路内接入二极管整流，还可以用来测量交流电压．虽然多用表的功能多，电路较复杂，但所用的基本原理都是直流电路中的分流、分压原理．学习设计、制作一只多用表，既可以锻炼我们灵活运用基础知识的能力，又可以培养我们的动手能力．

【设计内容和要求】

设计制作一只多用表，各挡要求如下：
1. 直流电流挡：500mA、100mA、10mA、1mA，共四挡．
2. 直流电压挡：250V、50V、5V，共三挡．
3. 电阻挡：×1kΩ 一挡．

设计参数：
1. 表头：灵敏度 $I_g=100\mu A$，内阻 r_g 为 1.6kΩ 左右．
2. 环形回路电压值 U_0 取 0.75V．
3. 直流电压挡每伏欧姆数 $K_{RU}=4kΩ/V$．
4. 电阻挡中值电阻 $R_中=8kΩ$．

【实验室提供的仪器】

微安表头一只，分线开关一只，分流分压电阻若干，表盒一只，电烙铁一把，校正用电压表、电流表各一只（多量程），电阻箱一只，电源一只．

【参考资料】

1. 本实验的附录．
2. 杨述武．普通物理实验(2)电磁学部分．5 版[M]．北京：高等教育出版社，2015．
3. 梁灿彬．电磁学．北京：高等教育出版社，1980．

【设计中应思考的问题】

1. 为什么多量程电流表大都采用闭路抽头式分流电路？这种电路的特点是什么？
2. 什么叫闭路抽头式分流电路的环形回路电压值 U_0？
3. 怎样根据 U_0 计算各电流挡量程的分流电阻？画出多用表电流挡的设计线路图．
4. 电压表的每伏欧姆数表示什么意义？如何根据它的值确定改装成电压表所用的电流表的量程？画出多用表直流电压挡的设计线路图，并计算所用电阻数值．
5. 多用表测电阻的原理是什么？什么叫中值电阻？多用表表盘上欧姆挡刻度是如何

标定的?

6. 多用表中调零电位器是怎样起到调零作用的?怎样计算它的阻值?

7. 画出电阻挡的设计线路,并计算所用元件的规格.

【实验报告要求】

1. 说明本实验的目的和意义.

2. 阐述设计过程.(包括电压表、电流表、电阻表的分电路图,元件数值的计算过程,完整电路图等).

3. 调试过程.

4. 校正数据记录.

5. 讨论.(包括实验中有关问题的讨论、实验心得体会、意见和建议等)

【思考题】

如何改进你设计的电路,使其能测量交流电压?

【附录】 多用表的设计与制作阅读资料

多用表是一种可以测量电路中交(直)流电流、电压及电阻等多种电学量的仪表,因其结构简单,使用方便,并且对每种测量挡又有多个量程,故成为生产实践及科学实验中不可缺少的检测仪表之一.

多用表从结构上说,主要由磁电型电流表(通常称为表头)、转换开关和测量电路三部分组成.下面着重介绍测量电路及其设计原理.

一、直流电流挡的设计

根据并联电阻的分流作用可以扩大电流表的量程,电流表就是利用小量程的微安表并联一只低电阻而成的.在多量程电流表中,各分流电阻的接法有两种:一种为开路置换式,如图35-1所示;另一种称为环形分流式,亦称闭路抽头式,一般多量程电流表和多用表电流挡的分流线路往往采用这种接法.

环形分流电路如图35-2所示,设表头的量程为I_g(亦称表头的灵敏度),将分流电阻分

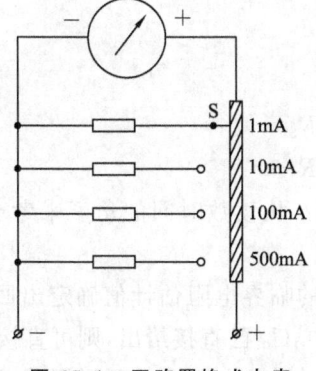

图 35-1 开路置换式电表

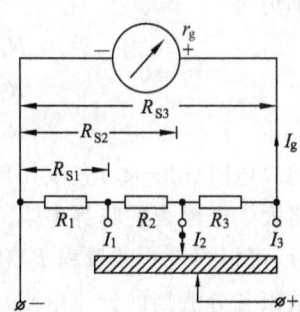

图 35-2 闭路抽头式电流表

成若干只电阻串联起来,并进行抽头,分流电阻变小,电流表量程则被扩大,不同抽头处对应的分流电阻不同,从而可获得不同量程的直流电流表.

当转换开关接至 I_3 时,
$$(R_1+R_2+R_3)(I_3-I_g)=r_g I_g$$

令
$$R_{S3}=R_1+R_2+R_3$$

则
$$R_{S3} I_3=(r_g+R_{S3})I_g \tag{35-1}$$

当转换开关接至 I_2 时,有
$$(I_2-I_g)(R_1+R_2)=(r_g+R_3)I_g$$

令
$$R_{S2}=R_1+R_2$$

则
$$R_{S2} I_2=(r_g+R_{S3})I_g \tag{35-2}$$

当转换开关接至 I_1 时,有
$$(I_1-I_g)R_1=(r_g+R_2+R_3)I_g$$

令
$$R_1=R_{S1}$$

则
$$R_{S1} I_1=(r_g+R_{S3})I_g \tag{35-3}$$

可以看出在式(35-1)、式(35-2)、式(35-3)中,等号右端完全相同,因此环形分流线路具有下述特点:各挡的电流量程 I_i 与该量程的分流电阻 R_{Si} 的乘积 $I_i R_{Si}$ 是个常数,这个常数也就是表头的量程 I_g 与整个环形回路总电阻 (R_S+r_g) 的乘积 $I_g(R_S+r_g)$. 其中 R_S 表示普遍情况下与表头并联的分流电阻总值,在图 35-2 中即为 R_{S3}. 我们称 $I_g(R_S+r_g)$ 为环形回路电压值或简称回路电压,用符号"U_0"表示,因此可写成

$$I_i R_{Si}=(R_S+r_g)I_g=U_0 \tag{35-4}$$

环形回路电压值 U_0 是包括多用表在内的多量程电流表电路设计中的重要参数. 如果适当选择 U_0 值,那么根据式(35-4)可求得各量程所需的分流电阻值:

$$R_{Si}=\frac{(R_S+r_g)I_g}{I_i}=\frac{U_0}{I_i} \tag{35-5}$$

各抽头电阻分别为

$$\begin{aligned} R_1&=R_{S1} \\ R_2&=R_{S2}-R_{S1} \\ R_3&=R_{S3}-R_{S2} \end{aligned} \tag{35-6}$$

整个环形电路的总电阻 (r_g+R_S) 应该如何选取呢? 从读数时间的角度来考虑,环形回路的总电阻值最好略大于电流表的临界电阻.

实际设计时,可根据表头的量程 I_g 和该表头的临界电阻估计值确定出回路电压 U_0,然后由式(35-6)求出各分流挡的分流电阻. 本实验中,U_0 已直接给出,则可直接由式(35-6)求出各分流挡的分流电阻;同时由 $U_0=I_g(r_g+R_S)$ 还可求出所需的环形回路总电阻 R_S,如果

R_S 大于各抽头电阻之和,则需要在电流表一端串接一只一定阻值的电阻,如图 35-3 中 R_6 所示.

二、直流电压挡的设计

利用串联电路的分压作用可以扩大表头的量程,电压表就是利用小量程的微安表(或毫安表)串联一只高阻值电阻而成的,如图 35-4 所示. 串联电阻 R_M 也称为倍率电阻,它在电压表中起着扩大表头电压量程的作用. 在直流电压挡设计中,根据所要扩大的电压量程 U,其所需的倍率电阻之值可从表头的内阻 r_g 和表头的电压量程 U_g(或电流量程 I_g)计算出来. 由于

$$U = I_g(r_g + R_M) = U_g + I_g R_M$$

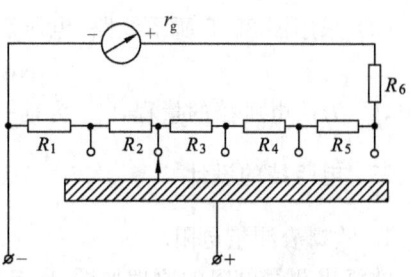

图 35-3 闭路抽头式电流表设计示例

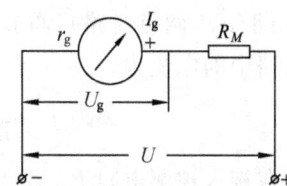

图 35-4 电压表线路图

所以

$$R_M = \frac{1}{I_g}(U - U_g) = \frac{r_g}{U_g}(U - U_g) = K_{RU}(U - U_g) \quad (35\text{-}7)$$

式中

$$K_{RU} = \frac{r_g}{U_g} = \frac{1}{I_g} \tag{35-8}$$

称为电压表的每伏欧姆数,单位为欧/伏(以 Ω/V 或 $k\Omega/V$ 表示). 由式(35-8)可看出 K_{RU} 的直接意义是:在 1V 的电压作用下,要使表头指针作满刻度偏转电压表所需的电阻值,也可以理解成电压表的量程每增加 1V 所需增加的串联电阻值. 一只电压表的 K_{RU} 值愈大,在一定的量程 U_x 下,其电压表的内阻(它等于倍率电阻 R_M 与表头内阻 r_g 之和)也就愈大,测量时对待测电路的影响也就愈小. 由式(35-8)还可看出,K_{RU} 等于(用其改装成电压表的)表头量程 I_g 的倒数,所以要获得高内阻的电压表(K_{RU} 大),就要用灵敏度高的电流表头(I_g 小)改装. 一般电压表的 K_{RU} 值在 $1k\Omega/V$ 以上,而多用表的直流电压挡其 K_{RU} 值可达 $20k\Omega/V$ 左右.

由于多用表中电流挡和电压挡共用一个表头,因此在设计直流电压挡时,可按下述过程进行:

(1) 首先根据设计参数 K_{RU},由式(35-8)求出所需电流表的量程 I_g;由于此值一般不等于实际表头的量程,为避免混淆,这里以 I_{gU} 表示,即 $I_{gU} = 1/K_{RU}$.

(2) 通常 $I_{gU} > I_g$,为了获得一个量程为 I_{gU} 的"等效表头",利用前面的直流电流挡,在设计闭路抽头式分流电路时,将 I_{gU} 也作为一个量程,其相应的抽头就是"等效表头"的接线端头,如图 35-5 所示. 并求出该等效表头的内阻 r_{gU}.

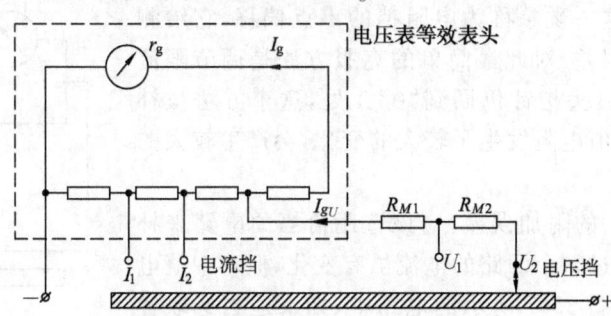

图 35-5 多挡直流电流、电压表线路

(3) 采用图 35-5 所示线路,电压表各挡倍率电阻可由下式求得:
$$R_{Mi} = K_{RU}(U_i - U_{前}) \quad (35-9)$$
式中,U_i 为该电压挡的量程,$U_{前}$ 为前一挡的量程.

三、电阻挡的设计

1. 欧姆表测量电阻.

欧姆表测量电阻的原理如图 35-6 所示,图中 E 为干电池的电势,a、b 两端接入被测电阻 R_x,R_D 为限流电阻,当 $R_x = 0$ 时(相当于 a、b 两点短路),调节 R_D,使电流表有满刻度偏转,即这时电路中的电流为

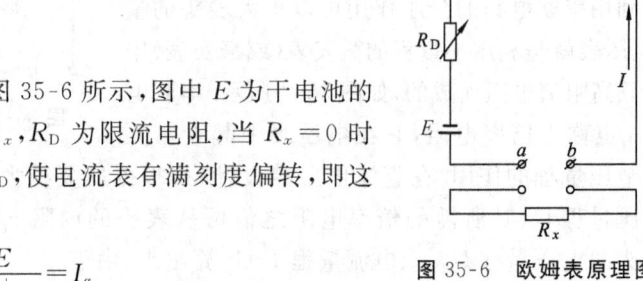

图 35-6 欧姆表原理图

$$I_0 = \frac{E}{R_D + r_g} = I_g$$

在接入被测电阻 R_x 后,电路中的工作电流为

$$I = \frac{E}{r_g + R_D + R_x} \quad (35-10)$$

从式(35-10)可以看出:

(1) 当干电池电压 E 保持不变时,表头指针的偏转大小与被测电阻的大小是一一对应的.如果表头的标度尺按与电流对应的电阻值进行刻度,则该表头就可以直接测量电阻.欧姆表标度尺上的电阻值,实质上是由通过表头的电流值来标定它所对应的电阻值.当 a、b 两点开路,即 R_x 为无穷大时,则 $I = 0$,这时电流表指针指在零位.当 $R_x = 0$ 时,指针指示满刻度.可见当被测电阻由零变到无穷大时表头指针则由满刻度变到零,所以欧姆挡的标度尺和电流、电压挡的标度尺的刻度方向相反,而且欧姆挡的标度尺的刻度是非均匀的.

(2) 当 $R_x = r_g + R_D$ 时,有

$$I = \frac{E}{r_g + R_D + R_x} = \frac{E}{2(r_g + R_D)} = \frac{I_0}{2}$$

可见,当被测电阻 R_x 等于欧姆表内部总电阻$(r_g + R_D)$时,欧姆表指针指在表盘标度尺的中心.令

$$R_{中} = r_g + R_D \quad (35-11)$$

称为欧姆表的中值电阻.所以欧姆表的中值电阻实际上就是该挡欧姆表的总内阻值.

2. 调零电路.

如果干电池的电动势发生改变,那么将表棒短路,指针就不会指在"0"Ω 处,这一现象称为电阻挡的零点偏移,它给测量带来一定的系统误差.对此最简单的克服方法是调节限流电阻 R_D 的阻值,使表头指针仍回到"0"Ω 处,这个方法虽补偿了零点漂移,但中值电阻发生了较大的变化,会产生较大的测量误差.

为了不引进较大的附加误差,应该选用恰当的电路来补偿零点偏移,使得流过整个回路的电流虽有变化,但对中值电阻阻值影响很小.在图 35-7 所示的电路中,如果适当选取各电阻的阻值,就能基本满足这个要求.这个电路的特点是:在

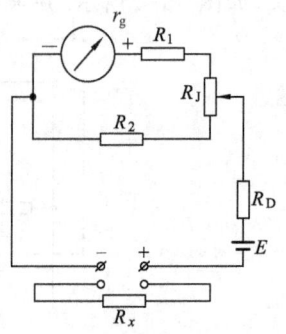

图 35-7 欧姆表的调零线路

表头回路里接入对零点偏移起补偿作用的电位器 R_J,电位器的滑动触头把 R_J 分成两部分,一部分与表头串联,其余部分则与表头并联.

当电池的电动势高于标称值时,电路中的总电流偏大,可将滑动触头下移,以增大与表头串联的阻值而减小与表头并联的阻值,使分流增加.当实际的电动势低于标称值时,可将滑动触头上移,使分流减少.总之,当电池的电动势变化时,调节电位器 R_J 的滑动触头,可以使表棒短路时流经电流表的电流保持满标度电流.电位器 R_J 称为调零电位器,改变调零电位器 R_J 的滑动触头时,整个表头回路的等效电阻 $R_{g\Omega}$ 随之改变.因而中值电阻 $R_{\text{中}}=R_D+R_{g\Omega}$ 同样发生变化.但是,这种调零电路对中值电阻的影响要较图 35-6 电路小,产生的测量误差也较小,在一般多用表中,大都采用图 35-7 所示的电路作为电阻挡的调零电路.

3. 电阻挡电路的设计.

应先以欧姆表最小工作电流挡(即电流灵敏度最高)来计算,其设计步骤如下:

(1) 中值电阻是根据欧姆表使用电池的电动势大小和直流电流表的灵敏度高低来决定的.多用表一般采用 1.50V 干电池,为了保证在 1.35~1.65V 之间正常使用,计算时可取 1.25~1.75V 作为电池工作范围.其计算公式如下:

$$R_{\text{中}} \leqslant \frac{E_{\min}}{I_{\min}} \tag{35-12}$$

式中,$E_{\min}$ 为最小电池电压,$I_{\min}$ 为电流表可取的最小量程,$R_{\text{中}}$ 为计算方便可取整数,取 2~3 位有效数字.(本实验中已给定 $R_{\text{中}}=8\text{k}\Omega$)

(2) 调零电位器 R_J 的计算.先求出电池电压变化引起的工作电流大小.

最小工作电流 $\qquad\qquad\qquad I_{\min} \approx \dfrac{E_{\min}}{R_{\text{中}}}$

最大工作电流 $\qquad\qquad\qquad I_{\max} \approx \dfrac{E_{\max}}{R_{\text{中}}}$

式中,$E_{\min}$ 取 1.25V(或 1.35V),$E_{\max}$ 取 1.75V(或 1.65V).

再求出与最小和最大工作电流相应的分流电阻 R_S,有

$$R_{S\min}=\frac{U_0}{I_{\min}}\quad(R_{S\min} \text{ 为最小工作电流的分流电阻})$$

$$R_{S\max}=\frac{U_0}{I_{\max}}\quad(R_{S\max} \text{ 为最大工作电流的分流电阻})$$

式中,U_0 为回路电压.

调零电位器 $R_J \geqslant R_{S\min}-R_{S\max}$ 并取整数,以保证在电池电压变化范围内能调节零点,即调满标度.

(3) 限流电阻 R_D 的计算(以电池电压为 1.50V 时计算).

求欧姆表的工作电流 $I_{1.50\text{V}}$,即

$$I_{1.50\text{V}}=\frac{E_{1.50\text{V}}}{R_{\text{中}}}=\frac{1.50\text{V}}{R_{\text{中}}}$$

计算 $I_{1.50\text{V}}$ 所对应的分流电阻为

$$R_{1.50\text{V}}=\frac{U_0}{I_{1.50\text{V}}}$$

计算 $I_{1.50\text{V}}$ 抽头处表头的等效电阻 $R_{g\Omega}$.

计算限流电阻 R_D（R_D 为 $R\times 1\text{k}\Omega$ 挡的限流电阻）为

$$R_D = R_{\text{中}} - R_{g\Omega}$$

（4）各量程电阻的计算.（本实验中，只有一个量程，此步不做）

改变电阻挡量程实际上就是改变电表的总阻，对于其他电阻挡的内阻均是在最高挡的内阻上并联一电阻，使其并联的等效电阻等于要改装挡的内阻（即该挡的中心电阻值）. 各挡电路如图 35-8 所示.

并联电阻 $R_{S\times X}$ 具体计算公式如下：

$$R_{\text{中}\times X} = \frac{R_{S\times X} R_{\text{中}\times 1\text{k}\Omega}}{R_{S\times X} + R_{\text{中}\times 1\text{k}\Omega}} + r_g \tag{35-13}$$

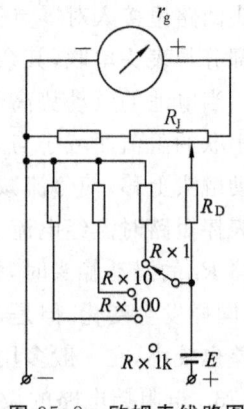

图 35-8 欧姆表线路图

式中，$R_{S\times X}$ 为被测挡的并联电阻，$R_{\text{中}\times X}$ 为被测挡的总电阻，等于中心值×倍率，$R_{\text{中}\times 1\text{k}\Omega}$ 为 $R_{\times 1\text{k}\Omega}$ 的总内阻，r_g 为电池及接线电阻等（一般取 $0.5\sim 1\Omega$），对 $R\times 1\Omega$、$R\times 10\Omega$ 挡应当扣除，其他可忽略不计.

由式（35-13）不难求出所需的并联电阻之值为

$$R_{S\times X} = \frac{R_{\text{中}\times 1\text{k}\Omega} R_{\text{中}\times X}}{R_{\text{中}\times 1\text{k}\Omega} - R_{\text{中}\times X}} - r_E \tag{35-14}$$

*四、交流电压挡的设计（此节内容仅供参考，本实验不做）

多用表所用的表头是磁电式电表，它只适用于直流的测量，对于交流信号必须通过整流电路变换成直流后才可测量. 图 35-9 所示为半波整流式电路，其中 D_1 为串联于表头的二极管，二极管 D_2 是为了保护 D_1 在反向时不被击穿而设置的，其工作过程如下：

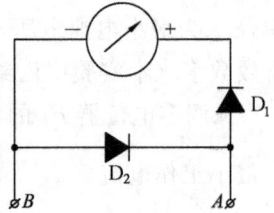

图 35-9 半波整流式电路

当 A 端为高电位（+）时，电流流经路线为 $D_1 \to$ 表头 $\to B$；当 B 端为高位（+）时，电流流经路线为 $D_2 \to A$，不流过表头，因此每周期内只有半周通过表头，故称半波整流. 在计算时，可根据不同的整流电路形式，将输入端的交流电流值按总效率换算成输出端的直流电流值，而配以相应的直流电流挡，作为交流有效值读数指示值，其计算公式如下：

输出直流电流：

$$I_{-} = I_{\sim} \times \eta \tag{35-15}$$

式中，$I_{\sim}$ 为输入端的交流电流；η 为整流总效率，整流总效率为

$$\eta = p \times k \times \eta_0$$

式中，p 为整流因数（全波为 1，半波为 0.5）；k 称为波纹系数，为交流有效值和平均值的转换系数，其值为 0.9005；η_0 为整流元件的整流效率，按不同元件而异，计算时可取 98%. 由上式可知：

全波整流效率 $\eta_{\text{全}} = 1\times 0.9005\times 0.98 = 0.882$

半波整流效率 $\eta_{\text{半}} = 0.5\times 0.9005\times 0.98 = 0.441$

交流电压挡的设计除了上述采用整流电路以及考虑用交流总效率 η 换算外，其他原理和电路均与直流挡设计相同. 首先根据交流电压表每伏电阻值确定交流电压挡的工作电流，算出整流后相对应的直流电流，然后用计算直流电压表的方法算出它的分流电阻及表头的等效内阻 $R_{g\Omega}$，最后就可算出倍率电阻 R_M.

实验三十六　黑　匣　子
（设计性实验）

所谓"黑匣子"，是指一个密封的小盒子，盒外的面板上装有若干接线柱，盒内藏有一些元件（通常为电阻、电容、电感、二极管、电池等），以一定方式与接线柱相连．要求实验者用所规定的仪器设备设法将匣内元件的接法、参数测出来．由于盒子是密闭的，不能直接观察到内部情况，故称其为"黑匣子"．

【黑匣子一】

面板上有 a、b、c、d、e 五个接线柱．已知盒内有变压器、二极管、电容器各一个，其中变压器初级线圈两个端头分别和两个接线柱相连；另三个接线柱中，每两个接线柱之间分别接有二极管、电容器和变压器次级线圈．

1. 规定使用的仪器：指针式多用表．
2. 任务：确定 a、b、c、d、e 五个接线柱之间分别接有什么元件，画出接线图，并说明理由．

【黑匣子二】

面板上有 a、b、c、d 四个接线柱，盒内有三个元件，可能是电池、电阻、电感、电容或二极管，三个元件按串联方式连接．

1. 规定使用的仪器：XD-2 型低频信号发生器、指针式多用表、导线．
2. 任务：确定这三个元件的性质（是电池、电阻、电感、电容或二极管中的哪一种？），及其如何与这四个接线柱 a、b、c、d 相连（画出接线图），并说明理由．

【黑匣子三】

面板上有 a、b、c 三个接线柱，盒内有三个元件，它们是电阻、大容量的电容和二极管，它们按"Y"型或"△"型接法与三个接线柱相连．

1. 规定使用的仪器：直流稳压电源、指针式多用表、开关、秒表、导线．
2. 任务：确定元件连接方式，画出接线图，测出电容器的容量．

实验三十七　测量棱镜材料的色散曲线
（设计性实验）

一般用光学参量折射率 n 和吸收系数 α 来表征材料的光学性质，而 n 和 α 都是光波波长的函数.理论与实验均证明材料的折射率 n 随通过材料的光波波长值变化，此现象叫做材料的色散现象.实验时测定材料对不同光波波长的折射率，可以得到折射率 n 与光波波长 λ 的关系曲线，这就是该材料的色散曲线，即 n-λ 曲线.

【设计内容与要求】

1. 查阅有关资料，说明测量棱镜材料色散曲线的实验原理.
2. 根据实验原理及实验室提供的仪器，设计测量棱镜材料色散曲线的方法.
3. 根据设计方案进行实验.
4. 作 n-λ 曲线，并计算该曲线的有关系数.

【实验室提供的仪器】

分光计、高压汞灯、钠光灯、玻璃三棱镜.

【参考资料】

姚启钧.光学教程.5版[M].北京：高等教育出版社，2014.

【设计中应思考的问题】

1. 什么叫色散现象？
2. 用什么物理量可以表示色散的主要特点？该物理量与哪两个因素有关？
3. 写出色散曲线的表达式.
4. 什么叫正常色散现象？什么叫反常色散现象？
5. 色散曲线具有哪些特点？
6. 如何计算色散曲线的有关系数？

【实验报告要求】

1. 写出实验目的和要求.
2. 简述本实验的基本原理和设计思想.
3. 记录所用仪器的规格、型号.
4. 记录实验步骤.
5. 设计数据表格，记录实验数据，进行数据处理.
6. 分析实验结果，讨论实验中出现的各种问题.
7. 谈谈本实验的收获、体会和建议.

【思考题】

计算色散曲线系数的方法有几种？对各方法进行分析和比较.

实验三十八　密立根油滴实验

电荷的量子性表明，一般带电体的电荷量是电子电荷的整数倍．用寻找个别粒子电荷的方法来直接证明电荷的分立性，并首先准确地测定电子电荷的数值，是在1911年由美国物理学家密立根完成的．密立根在这一实验工作上花费了近10年的心血，从而取得了具有重大意义的结果，那就是：(1) 证明了电荷的不连续性．(2) 测量并得出了元电荷即电子电荷量，其值为 1.60×10^{-19} C．随着测量精度的不断提高，目前给出的最好结果为 $e = (1.60217733 \pm 0.00000049) \times 10^{-19}$ C．密立根正是由于这一实验的巨大成就，荣获了1923年的诺贝尔物理学奖．

【实验目的与要求】

1. 掌握用油滴仪测量油滴所带电荷量的原理和方法．
2. 验证电荷的量子性，并测定电子的电荷量．

【实验原理】

密立根油滴实验测定电子电荷的基本设计思想是使带电油滴在测量范围内处于受力平衡状态．按运动方式可分为动态测量法和平衡测量法．

一、动态测量法

考虑重力场中一个足够小油滴的运动，设此油滴半径为 r，质量为 m_1，空气是黏滞流体，故此运动油滴除受重力和浮力外，还受黏滞阻力的作用．由 Stokes 定律，黏滞阻力与物体的运动速度成正比．设油滴以速度 v_f 匀速下落，则有

$$m_1 g - m_2 g = K v_f \tag{38-1}$$

此处 m_2 为与油滴同体积的空气质量，$m_2 g$ 为油滴所受浮力，K 为比例系数，g 为重力加速度．油滴在空气及重力场中的受力情况如图 38-1 所示．

若此油滴所带电荷量为 q，并处在场强为 E 的均匀电场中，设电场力 qE 方向与重力方向相反，如图 38-2 所示，如果油滴以速度 v_r 匀速上升，则有

$$qE = (m_1 - m_2)g + K v_r \tag{38-2}$$

由式(38-1)和式(38-2)消去 K，可解出

$$q = \frac{(m_1 - m_2)g}{E v_f}(v_f + v_r) \tag{38-3}$$

由式(38-3)可以看出，要测量油滴上携带的电荷量 q，需要分别测出 m_1、m_2、E、v_f、v_r 等物理量．

实验中由喷雾器喷出的小油滴的半径 r 是微米数量级，直接测量其质量 m_1 比较困难，为此希望消去 m_1．设油与空气的密度分别为 ρ_1、ρ_2，于是半径为 r 的油滴的视重（重力与浮力之差）为

$$m_1 g - m_2 g = \frac{4}{3}\pi r^3 (\rho_1 - \rho_2) g \tag{38-4}$$

图 38-1　重力场中油滴受力示意图　　图 38-2　电场中油滴受力示意图

由 Stokes 定律,黏滞流体对球形运动物体的阻力与物体运动速度成正比,其比例系数 K 为 $6\pi\eta r$,此处 η 为黏度,r 为物体半径. 将式(38-4)代入式(38-1),有

$$v_f = \frac{2gr^2}{9\eta}(\rho_1 - \rho_2) \tag{38-5}$$

因此

$$r = \left[\frac{9\eta v_f}{2g(\rho_1 - \rho_2)}\right]^{\frac{1}{2}} \tag{38-6}$$

将式(38-6)代入式(38-3)并整理,得到

$$q = 9\sqrt{2}\pi\left[\frac{\eta^3}{(\rho_1 - \rho_2)g}\right]^{\frac{1}{2}}\frac{1}{E}\left(1 + \frac{v_r}{v_f}\right)v_f^{\frac{3}{2}} \tag{38-7}$$

因此,如果测出 v_r、v_f 和 η、ρ_1、ρ_2、E 等宏观量,即可得到 q 值.

Stokes 定律是以连续介质为前提的,当油滴小到其直径与空气分子的间隙相当时,空气已不能被看成是连续介质,其黏度 η 需作相应的修正:

$$\eta' = \frac{\eta}{1 + \frac{b}{pr}}$$

此处 p 为空气压强,b 为修正常数,$b = 0.00823\text{N/m}(6.17 \times 10^{-6}\text{m} \cdot \text{cmHg})$,因此

$$v_f = \frac{2gr^2}{9\eta}(\rho_1 - \rho_2)\left(1 + \frac{b}{pr}\right) \tag{38-8}$$

当精度要求不是太高时,常采用近似计算方法,即先将 v_f 值代入式(38-6),计算得

$$r_0 = \left[\frac{9\eta v_f}{2g(\rho_1 - \rho_2)}\right]^{\frac{1}{2}} \tag{38-9}$$

再将此 r_0 值代入 η' 中,并以 η' 代入式(38-7),得

$$q = 9\sqrt{2}\pi\left[\frac{\eta^3}{(\rho_1 - \rho_2)g}\right]^{\frac{1}{2}}\frac{1}{E}\left(1 + \frac{v_r}{v_f}\right)v_f^{\frac{3}{2}}\left[\frac{1}{1 + \frac{b}{pr_0}}\right]^{\frac{3}{2}} \tag{38-10}$$

实验中固定油滴运动的距离,通过测量油滴在距离 s 内所需要的运动时间来求得其运动速度,且电场强度 $E = \frac{U}{d}$,d 为平行板间的距离,U 为所加的电压,因此,式(38-10)可写成

$$q = 9\sqrt{2}\pi d\left[\frac{(\eta s)^3}{(\rho_1 - \rho_2)g}\right]^{\frac{1}{2}} \cdot \frac{1}{U}\left(\frac{1}{t_f} + \frac{1}{t_r}\right)\left(\frac{1}{t_f}\right)^{\frac{1}{2}} \cdot \left[\frac{1}{1 + \frac{b}{pr_0}}\right]^{\frac{3}{2}} \tag{38-11}$$

将式中一些在实验过程一旦选定之后就不变的量,如 d、s、$(\rho_1-\rho_2)$ 及 η 等常数一起用 C 代表,式(38-11)简化成

$$q=C\frac{1}{U}\left(\frac{1}{t_f}+\frac{1}{t_r}\right)\left(\frac{1}{t_f}\right)^{\frac{1}{2}}\left[\frac{1}{1+\frac{b}{pr_0}}\right]^{\frac{3}{2}} \tag{38-11'}$$

由此可知,测量油滴上的电荷量只体现在 U、t_f、t_r 的不同,对同一油滴,t_f 相同,U 与 t_r 不同,标志着电荷的不同.

二、平衡测量法

平衡测量法是使油滴在均匀电场中静止在某一位置,当油滴在电场中平衡时,油滴在两极板间受到的电场力 qE、重力 m_1g 和浮力 m_2g 达到平衡,即

$$qE=(m_1-m_2)g$$

将式(38-4)、式(38-9)和 η' 代入式(38-11),并注意到 $\frac{1}{t_r}=0$,则有

$$q=9\sqrt{2}\pi d\left[\frac{(\eta s)^3}{(\rho_1-\rho_2)g}\right]^{\frac{1}{2}}\frac{1}{U}\left(\frac{1}{t_f}\right)^{\frac{3}{2}}\left[\frac{1}{1+\frac{b}{pr_0}}\right]^{\frac{3}{2}} \tag{38-12}$$

三、元电荷的测量方法

测量油滴上所带的电荷的目的是要找出电荷的最小单位 e. 为此可以对不同的油滴分别测出其所带的电荷量 q_i,它们应近似为某一最小单位的整数倍,即油滴电荷量的最大公约数,或油滴所带电荷量之差的最大公约数,即为元电荷.

实验中也可采用紫外线、X 射线或放射源等改变同一油滴所带的电荷量,测量油滴上所带电荷量的改变值 Δq_i,而 Δq_i 值应是元电荷的整数倍,即 $\Delta q_i=n_i e$.

【实验仪器】

密立根油滴仪由主机、CCD 成像系统、油滴盒、监视器等部件组成. 其中主机包括可控高压电源、计时装置、A/D 采样、视频处理等单元模块. CCD 成像系统包括 CCD 传感器、光学成像部件等. 油滴盒包括高压电极、照明设备、防风罩等部件. 监视器是视频信号输出设备. 仪器部件示意图如图 38-3 所示.

CCD 模块及光学成像系统用来捕捉暗室中油滴的像,同时将图像信息传给主机的视频处理模块. 实验过程中可以通过调焦旋钮来改变物距,使油滴的像清晰地呈现在 CCD 传感器的窗口内.

平衡电压调节旋钮可以调整极板之间的电压,用来控制油滴的平衡、下落及提升;极性切换按键用来切换上、下极板的正、负极性;工作状态切换按键用来切换仪器的工作状态;平衡、提升切换按键可以控制油滴平衡或提升;确认按键可以将测量数据显示在屏幕上.

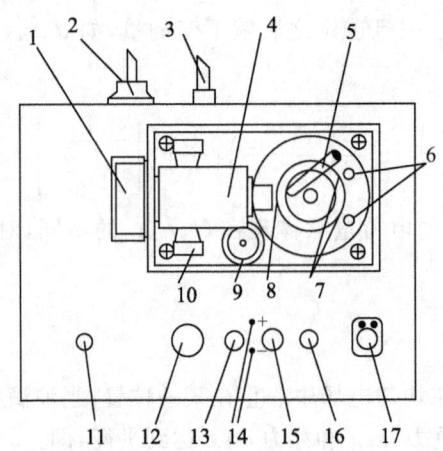

1—CCD 模块；2—电源线；3—Q9 视频线缆；4—光学系统；5—上极板压簧；6—光源；7—进光孔；8—观察孔；9—水准泡；10—调焦旋钮；11—电源开关；12—平衡电压调节旋钮；13—极性切换按键；14—状态指示灯；15—工作状态切换按键；16—平衡、提升切换按键；17—确认按键

图 38-3　实验仪器部件示意图

油滴盒是一个关键部件，具体结构如图 38-4 所示．上、下极板之间通过胶木圆环支撑，三者之间的接触面经过机械精加工后可以将极板间的不平行度、间距误差控制在 0.01mm 以下．这种结构基本上消除了极板间的"势垒效应"及"边缘效应"，较好地保证了油滴处在匀强电场之中，从而有效地减小了实验误差．

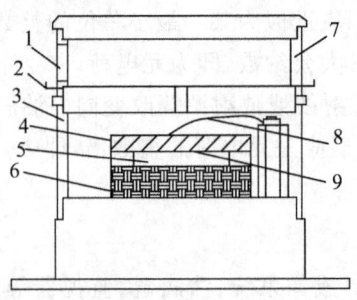

1—喷雾口；2—进油量开关；3—防风罩；4—上极板；5—油滴室；
6—下极板；7—油雾杯；8—上极板压簧；9—落油孔

图 38-4　油滴盒装置示意图

胶木圆环上开有两个进光孔和一个观察孔，光源通过进光孔给油滴室提供照明，而成像系统则通过观察孔捕捉油滴的像．

照明由带聚光的高亮度发光二极管提供，其使用寿命长、不易损坏；油雾杯可以暂存油雾，使油雾不至于过早地散逸；进油量开关可以控制落油量；防风罩可以避免外界空气流动对油滴的影响．

【实验内容】

一、调整油滴实验仪器

1. 水平调整.

调整实验仪底部的旋钮,通过水准仪将实验平台调平,使平衡电场方向与重力方向平行以免引起实验误差.极板平面是否水平决定了油滴在下落或提升过程中是否发生前后、左右的漂移.

2. 喷雾器的使用.

用喷雾器吸少量钟表油,使钟表油湮没提油管口下方,注意油不要太多,以免实验过程中不慎将油倾倒至油滴盒内堵塞落油孔.将喷雾器提油管口朝上,用手挤压气囊,喷出油滴.

3. CCD 成像系统调整.

打开仪器电源,从喷雾口喷入油滴,此时监视器上应该出现油滴的像.若没有看到油滴的像,则需调整成像旋钮使其前后移动或检查喷雾器是否有油喷出及落油孔是否堵塞.

二、选择适当的油滴并练习控制油滴

1. 选择适当的油滴.

要做好油滴实验,所选的油滴体积要适中,大的油滴虽然比较亮,但一般带的电荷量多,下降或提升太快,不容易测准确.油滴太小则受布朗运动的影响明显.测量时涨落较大,也不容易测准确.因此,应选择质量适中而带电荷量不多的油滴,建议选择带电荷量在 10 个电子左右,下落时间在 15s 左右的油滴进行测量.

选择方法:若要选择带电荷量较少的油滴,应将仪器置于工作、平衡状态,电压调整至 400V 以上.喷入油滴后,观察提升速度较慢、且体积适中的油滴,同时调整平衡电压旋钮,使选中的油滴趋于平衡,平衡电压应在 150~350V 之间.

2. 平衡电压的确认.

仔细调整平衡电压调节旋钮,使油滴平衡在某一格线上,等待一段时间,观察油滴是否飘离格线,若其向同一方向飘动,则需重新调整;若其基本稳定在格线或只在格线上下做轻微的布朗运动,则可以认为其基本达到了力学平衡.

3. 控制油滴的运动.

选择适当的油滴,调节平衡电压,使油滴平衡在某一格线上,将工作状态按键切换至 0V 状态,绿色指示灯亮,此时上、下极板同时接地,电场力为零,油滴将在重力、浮力及空气阻力的作用下做下落运动,同时计时器开始记录油滴下落的时间;待油滴下落至预定格线时,将按键切换至工作状态(平衡、提升按键处于平衡状态),此时油滴将停止下落,计时器关闭,可以通过确认键将此次测量数据记录到屏幕上.

将工作状态切换按键切换至工作状态,红色指示灯点亮,此时仪器根据平衡、提升切换按键的不同分两种情形:若置于平衡状态,则可以通过平衡电压调节旋钮调节平衡电压;若置于提升状态,则极板电压将在原平衡电压的基础上再增加 200~300V 的电压,用来向上提升油滴.

确认键用来实时记录屏幕上的电压值以及计时值,最多可记录 5 组数据(自拟表格),循环刷新.

三、正式测量

1. 平衡测量法.

（1）开启电源,将工作状态切换按键切换至工作状态,红色指示灯亮;将平衡、提升切换按键置于平衡状态.

（2）用喷雾器向喷雾杯中喷入油雾,此时监视器上将出现大量油滴,选取适当的油滴,仔细调整平衡电压,使其平衡在某一起始格线(实验中为第二条格线)上.

（3）将工作状态切换按键切换至 0V 状态,此时油滴开始下落,同时计时器启动,开始记录油滴的下落时间.

（4）当油滴下落至最后一格线时,快速地将工作状态切换按键切换至工作状态,油滴将立即停止下落.此时可以通过确认按键将测量结果记录在屏幕上.

（5）将平衡、提升切换按键置于提升状态,油滴将被向上提升,当回到略高于起始位置时,迅速置回平衡状态,然后将工作状态按键置于 0V 状态,使油滴下落一小段距离,使其靠近起始位置.

（6）重新调整平衡电压,重复上面三步,并将数据记录到屏幕上(平衡电压 U 及下落时间 t_f).

要求至少测量 10 个不同的油滴,每个油滴的测量次数应在 3 次以上.

2. 动态测量法(选做).

分别测出下落时间 t_f、提升时间 t_r 及提升电压 U,并代入式(38-11),即可求得油滴所带电荷量 q.

3. 计算元电荷电荷量.

计算出各油滴的电荷量后,求它们的最大公约数,即为基本电荷 e 值.

在实验开始及终了前各读取气压计一次,取其平均值代入公式计算.

【注意事项】

1. 由于油滴在实验过程中处于挥发状态,在对同一油滴进行多次测量时,每次测量前都需要重新调整平衡电压.

2. 动态测量法需要记录提升电压值,因此提升动作完成后,务必按一下确认键或者切换至 0V 一次,重新激活 A/D 采样,否则提升电压将会锁定在屏幕上保持不变.

3. 若油滴在测量过程中突然改变速度,表示在运动中它的电荷量改变了,这种电荷应该舍去,或重新对它进行测量.

4. 若油滴仪落油孔堵塞,可用金属细丝通油孔,但在通孔前一定要先关闭电源,以免高压危险.

【预习题】

用油滴仪测量油滴所带电荷量的原理是什么?

【思考题】

1. 实验时,怎样选择适当的油滴? 如何判断油滴是否静止?
2. 油滴太大或太小,或者所带电荷量太多,对实验结果会产生什么影响?

【附录】

表 38-1　油的密度随温度变化的关系

$T/℃$	0	10	20	30	40
$\rho/(kg·m^{-3})$	991	986	981	976	971

【实验数据记录】

自拟数据表格记录数据.

【数据处理与分析】

利用式(38-12)计算油滴所带电荷量. 式中 U 为平衡电压,t_f 为油滴下落时间,$r_0 = \left[\dfrac{9\eta v_f}{2g(\rho_1-\rho_2)}\right]^{\frac{1}{2}}$,极板间距 $d=5.00\times10^{-3}$ m,空气黏度 $\eta=1.83\times10^{-5}$ kg·m^{-1}·s^{-1},下落距离 $s=1.8\times10^{-3}$ m,油的密度 $\rho_1=981$ kg·m^{-3}(20℃),空气密度 $\rho_2=1.2928$ kg·m^{-3}(标准状况下),重力加速度 $g=9.794$ m·s^{-2},标准大气压强 $p=101325$ Pa(76.0cmHg),修正常数 $b=0.00823$ N/m(6.17×10^{-6} m·cmHg).

第六章 实验总结

在绪论的第一节"物理实验课的目的和任务"中,我们曾明确指出:物理实验是学生进入大学后接受系统实验方法和实验技能训练的开端,肩负着培养和提高学生科学实验素质、实验设计思想、实验方法和实验创新意识的重任.掌握与物理实验有关的基本实验方法和测量方法,对后续课程的学习以及未来从事的技术工作、教学、科研等有着重要的意义.为此,本部分着重在这些方面将贯穿在各个实验中的常用实验方法、测量方法、测量仪器和测量条件的选择、实验中仪器的基本调整与操作技术等知识做一总结.

第一节 物理实验的基本方法与测量方法

物理实验方法是指以一定的物理现象、规律和原理为依据,确立合适的物理模型,研究各种物理量之间关系的科学实验方法.而测量方法是指测量某一物理量时,如何根据要求,在给定的条件下,尽可能地减小系统误差和随机误差,使获得的测量值更为精确的方法.由于现代物理实验离不开定量的测量,所以实验方法和测量方法两者之间相辅相成,互相依存,甚至无法予以严格区分.本部分主要内容有:比较法、放大法、转换法、模拟法和光学测量法等.在学生做过一系列实验后再作总结,可加深学生对物理实验的基本思想和基本方法的认识.

一、比较法

所谓测量,就是将被测量与一个选作标准单位的同类物理量(称为标准量)进行比较的过程.标准量可选用标准量具.例如,用米尺测量某物体的长度时,米尺的最小分度是毫米,就是作为比较用的标准单位.所以比较法是测量方法中最基本、最常用的方法.根据这一测量原则,将被测量与其性质相同的标准量直接进行比较得出的测量值,称为直接比较法.多数物理量是无法通过直接比较法而测出的,我们可以借助于一个中间量,或将被测量进行某种变换,来间接实现比较测量,这种方法称为间接比较法.

实际测量时,常用的比较法有直读法、零示法和交换法等.

1. 直读法.

米尺测长度、电流表测电流强度、秒表测时间等都是由标度直接示值,可直接读出测量值,称为直读法,但有时测量准确性偏低.因此,欲提高测量精度就必须提高量具的精度.为此就需要不同物理量的标准件.例如,用于长度测量的"块规",用于质量测量的高精度砝码等.

2. 零示法.

用电桥测量电阻,要求桥路中检流计指针指零.如图 1 所示,图中 R_1、R_2 称为"比例臂"(其比值称为倍率);R_0 是比较臂,为可调电阻;R_x 是测量臂.当 $\dfrac{R_1}{R_2}$ 比例一定时,调节 R_0,使检流计中无电流通过(检流计指针指零),这时电桥处于平衡状态,于是有

$$R_x = \dfrac{R_1}{R_2} R_0$$

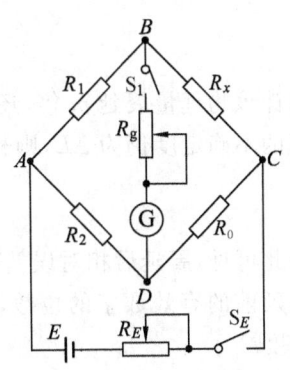

图 1 单臂电桥原理图

由此可见,用电桥测量电阻是在一定倍率下,调节电桥平衡时,被测电阻与比较臂上的标准电阻相比较而得到的.

3. 交换法.

在用比较法测量电阻时,为了减小测量的系统误差,将标准物和被测物互相交换位置进行测量的方法,称为"交换法".例如,图 1 中有 $R_x = \dfrac{R_1}{R_2} R_0$,根据仪器最大误差传递,有

$$\dfrac{\Delta R_x}{R_x} = \dfrac{\Delta R_1}{R_1} + \dfrac{\Delta R_0}{R_0} + \dfrac{\Delta R_2}{R_2}$$

若将 R_x 与 R_0 的位置交换一下,则有 $R_x = \dfrac{R_2}{R_1} R_0'$,因此有 $R_x^2 = R_0 R_0'$,即

$$R_x = \sqrt{R_0 R_0'}$$

由仪器的误差传递,有

$$\dfrac{\Delta R_x}{R_x} = \dfrac{1}{2}\left(\dfrac{\Delta R_0}{R_0} + \dfrac{\Delta R_0'}{R_0'}\right) \approx \dfrac{\Delta R_0}{R_0}$$

可见,在电桥测量中使用交换法,可以消除比例臂 R_1、R_2 所引起的误差,而使测量结果精度仅决定于 R_0 的误差.

二、放大法

在物理实验中,常常会遇到一些微小的量,用给定的某种仪器进行测量会造成很大的误差,甚至无法进行测量.如果能将被测量按照一定的规律加以放大,就可达到既能测量、又能减小误差的目的.把被测量按一定的规律加以放大,再进行测量的方法称为放大法.

1. 累计放大法.

在被测量能够简单重叠的条件下,将它展延若干倍,再进行测量的方法,称为累计放大法.例如,测量均匀铜丝的直径,可在一根光滑的圆柱体上密绕 100 匝,测出其密布的长度 l,则铜丝的直径 D 为

$$D = \dfrac{l}{100}$$

累计放大法的优点是在不改变测量性质的情况下,将被测量展延若干倍后再进行测量,从而增加测量结果的有效数字位数,减小测量值的相对误差.现分析如下.

设某仪器对某物理量进行了单次测量,测量值为 L,仪器误差为 ΔL(或极限误差),则相对不确定度 E_r 为

$$E_\mathrm{r} = \frac{\Delta L}{L}$$

若让该物理量展延 m 倍,还用同样的仪器对它进行单次测量,其测量值应为 mL,而该测量值的不确定度仍为 ΔL,则相对不确定度 E_r' 为

$$E_\mathrm{r}' = \frac{\Delta L}{mL} = \frac{E_\mathrm{r}}{m}$$

由此可见,展延后相对误差减小了.同时,由于展延后的测量值 mL 的有效数字的位数大于展延前的有效数字的位数,所以测量结果的有效数字的位数必然增加,从而提高了测量的精度.

应当指出,在使用累计放大法时,应注意两点:一是在展延过程中被测量不能发生变化;二是在展延过程中应努力避免引入新的误差因素(如细铜丝密绕时中间出现的间隙).

2. 机械放大法.

利用机械部件之间的几何关系,使标准单位量在测量过程中得到放大的方法,称为机械放大法.机械放大法可以提高测量仪器的分辨率,增加测量结果的有效数字位数.例如,螺旋测微器利用螺杆鼓轮(微分筒)机构,使仪器的最小格值从 1mm 变为 0.01mm,从而提高测量精度.又如在分光计读数盘的设计中,为了提高仪器的测量精度,采用两种方法:一是增大刻盘的半径,因为刻盘的半径越大,仪器的分辨率越高;二是应用游标的读数原理,增设游标读数装置.

3. 电磁放大法.

要对微弱的电信号(电流、电压或功率)有效地进行观察和测量,常采用电子学中的放大线路.例如,在"实验二十三 光电效应法测普朗克常量"中,就是将微弱的光电流通过微电流测量放大器后进行测量的.此外,利用示波管或显像管将电信号放大,除具有直观显示的优点外,还可以进行定量的测量.

在非电学量的测量中,常将非电学量转换为电学量,再将该电学量放大后进行测量,已成为科技工作者常用的测量方法.

4. 光学放大法.

光学放大法有两种,一种是被测物通过光学仪器形成放大的像,便于观察和判别.例如,常用的测微目镜、读数显微镜等.另一种是通过测量放大后的物理量,间接测得本身较小的物理量.例如,在"实验八 拉伸法测金属丝的杨氏弹性模量"中,利用光杠杆法测量金属丝在受到应力后长度发生的微小变化.光杠杆是一种常用的光学放大法,它不仅可测长度的微小变化,亦可测角度的微小变化.由于光学放大具有稳定性好、受环境干扰小的特点,故它得到了广泛的应用.

三、换测法

在测量中,对于某些不能直接与标准量比较的被测量,需将其转换成能与标准量相比较的物理量之后再进行测量,这种方法称为"转换测量法",简称"换测法".由于物理量之间存在多种效应,所以有各种不同的换测法.换测法大致可分为参量换测法和能量换测法两大类.

1. 参量换测法.

利用各种参量变换及其变化的相互关系来测量某一物理量的方法,称为参量换测法.参量换测法是一种常用的测量方法,几乎贯穿于整个物理实验的领域中.例如,在"实验八 拉伸法测金属丝的杨氏弹性模量"中,根据胡克定律,在弹性限度内,胁强$\frac{F}{S}$与胁变$\frac{\Delta L}{L}$成正比,即

$$\frac{F}{S}=E\frac{\Delta L}{L}$$

式中,E为金属丝的杨氏弹性模量.利用此关系,将杨氏弹性模量E的测量转为胁强$\frac{F}{S}$和胁变$\frac{\Delta L}{L}$的测量,即通过测量F、S、ΔL和L,将它们代入上式,就可求出金属丝的杨氏弹性模量E.又如在"实验十二 分光计的使用 用光栅测波长"中,根据光栅衍射方程,衍射光谱中明纹的条件为

$$d\sin\varphi_k=\pm k\lambda \quad (k=0,1,2,\cdots)$$

式中,d为光栅常量,λ为入射波的波长,k为明纹级数,φ_k为第k级明纹的衍射角.根据光栅衍射方程,将入射光波波长λ的测量转换为第k级明纹衍射角φ_k的测量.实验时,光栅常量d已知,用分光计测出第k级明纹的衍射角φ_k,即可算出入射光的波长λ.

2. 能量换测法.

能量换测法是指将某种形式的物理量,通过能量变换器(也叫传感器)变成另一种形式的物理量的测量方法.传感器可以将一种类型的物理量转换成另一种类型的物理量.能量换测法的种类很多,下面仅介绍几种比较典型的能量换测.

(1) 热电换测.这是将热学量转换成电学量的测量.例如,在"实验二十 非良导热材料导热系数的测定"中,将温度的测量转换成热电偶温差电动势的测量.利用电阻随温度变化的规律,亦可将温度的测量转换成金属电阻的测量(实验二十二 非平衡电桥的原理与应用).

(2) 压电换测.这是压力和电压之间的转换测量.例如,在"实验十九 动力学共振法测定材料的杨氏弹性模量"中,从信号源发生器产生的电信号输入到发射换能器后,利用电致伸缩效应转换为机械振动.机械振动在样品棒上传播的机械波与其反射波相干涉形成驻波.再通过接收换能器,利用压电效应将机械振动转换成电信号,输入到示波器进行测量,从而确定不同位置的共振频率.推出节点共振频率,即可计算出材料的杨氏弹性模量.

(3) 光电换测.这是光学量与电学量之间的转换测量.其变换原理是光电效应.转换器件有光电管、光电倍增管、光电池、光敏电阻、光敏二极管和光敏三极管等.在"实验二十三 光电效应法测普朗克常量"中,我们已接触到光电管,并测量它们的某些物理特性.在"实验二十九 光电传感器研究与应用"中又用到发光二极管、光敏二极管等光电转换原件.目前各种光电转换器在控制系统、光通信系统以及计算机的光电输入设备中已获得了极其广泛的应用.

(4) 磁电换测.这是磁学量与电学量之间的转换测量.磁感应强度是不易直接测量的,利用磁电换测后,使其测量变得简便、快速.例如,在"实验十四 霍尔效应及磁场的测定"中,利用霍尔效应,将磁感应强度的测量转换成霍尔元件的工作电流和霍尔电压的测量.

四、模拟法

物理实验的任务首先要使被研究的物理过程再现,进而对其反复地观察和测试.但是这对不少课题是很难实现的.例如,要设计一项水利工程,应当对设计的工程进行实地的测试,这是无法办到的.模拟法为这类实验提供了理论上的依据和切实可行的方法.

不直接研究某物理现象或过程本身,而是用与该现象或过程相似的模型来进行研究的方法,称为模拟法.

模拟法是以相似理论为基础,根据相似理论,设计与被测量原型(被测物、被测现象等)有物理或数学相似的模型,然后通过模型的测量间接测得所研究原型的性质及其规律.这样使得一些难以测量甚至无法测量的物理量,通过模拟法可以进行测量.模拟法可分为物理模拟法和数学模拟法,现分别介绍如下:

1. 物理模拟法.

保持同一物理本质的模拟方法称为物理模拟法.例如,在实验三十六中,让波长较长的微波入射到"模拟晶体"上,测量、分析、研究其衍射规律,就是用物理模拟法模拟在分析实际晶体的结构时,用波长较短的 X 射线入射晶体,产生布拉格衍射的过程.

模型与原型按比例地缩小(或放大),这是物理模拟法的重要条件.只有满足客体(实验条件)与主体(样品或模型)都与原型保持严格的性质、形状及过程(特征点)相似,物理模拟才能成立,这就是模型相似定律.

物理模拟法有如下特点:
(1) 依据模型相似定律;
(2) 模型和实物有相同的物理过程和相同的物理性质;
(3) 有相同的量纲和相同的函数关系.

2. 数学模拟法.

两个不同性质的物理现象和过程,依赖于数学形式的相似而进行的模拟方法,称为数学模拟法.

在"实验六 模拟法描绘静电场"中,用稳恒电流场来模拟静电场就是一种数学模拟的典型例子.我们知道,直接对静电场进行测量是十分困难的,因为任何测量仪器引入静电场中,都将明显地改变静电场的原有状态.由于反映稳恒电流场性质的场方程与反映静电场性质的场方程是相似的,它们都满足拉普拉斯方程,即

$$\frac{\partial^2 U}{\partial x^2}+\frac{\partial^2 U}{\partial y^2}+\frac{\partial^2 U}{\partial z^2}=0$$

式中 U 为电势,所以可以用稳恒电流场来模拟静电场.如果稳恒电流场的空间电极形状和边界条件(由电极表面、导电纸和空气分界面组成)与被研究的静电场相同,则通过测定稳恒电流场的分布就可确定静电场的分布.

数学模拟法有如下特点:
(1) 有相似的数学函数表达式;
(2) 满足相应的边界条件和初始条件;
(3) 可以是不同物理量,量纲亦可不同.

五、光学实验方法

1. 干涉法.

利用相干波产生干涉时所遵循的物理规律,进行有关物理量测量的方法,称为干涉法.干涉法可将瞬息变化难以测量的动态研究对象变成稳定的静态对象——干涉图样,从而简化了研究方法,提高了研究的准确度.利用干涉法可测量长度、角度、波长、气体或液体的折射率和检测各种光学元件的质量等.实验十五中的迈克耳孙干涉仪即为典型的干涉测量仪器.

2. 衍射法.

在光场中放置一线度与入射光波长相当的障碍物(如狭缝、细丝、小孔、光栅等),在其后方将出现衍射图样,通过对衍射图样的测量与分析,可确定出障碍物的大小.利用射线在晶体中的衍射,还可进行物质结构的分析.

3. 光谱法.

利用分光元件(棱镜或光栅),将发光体发出的光分解为分立的按波长排列的光谱,测得光谱的波长、强度等参量,可进行物质结构的分析.

4. 光测法.

用单色性好、强度高、稳定性好的激光作光源,再利用声-光、电-光、磁-光等物理效应,可将某些需精确测量的物理量转换为光学量来测量.光测法已发展成为一种重要的测量手段.

第二节 测量仪器与测量条件的选择

一、测量仪器的选择

在实验方法选定之后,就需要确定仪器.仪器的选择是从事科学实验十分重要的基本功,在实际工作中,常常是在测量之前,对间接测量的精度提出了一定的要求,根据此要求来确定各直接测量量的精确度要求,从而选择相配套合适的仪器进行测量.

首先要根据测量原理表示间接测量值 y 与直接测量量 $x_1, x_2, \cdots, x_n$ 之间的关系式 $y = f(x_1, x_2, \cdots, x_n)$,并由不确定度传递公式确定间接测量值与直接测量量的不确定度关系.然后,按误差均分原则和实验精度要求的不确定度范围来确定各直接测量量的不确定度范围.也就是说,要进行误差分配,即在总误差一定的情况下,确定各个分误差的分配.最后,根据直接测量量的不确定度范围来确定所选用仪器的精度.

1. 确定误差分配方案.

误差分配一般有以下两个原则:

(1) 按误差均分原则分配.设间接测量值 y 由 n 个直接测量量 $x_1, x_2, \cdots, x_n$ 算出,它们的关系为 $y = f(x_1, x_2, \cdots, x_n)$,各 x_i 的标准不确定度为 U_{x_i},则 y 的合成标准不确定度 U_y 由误差传递公式,可得

$$U_y = \sqrt{\left(\frac{\partial y}{\partial x_1} \cdot U_{x_1}\right)^2 + \left(\frac{\partial y}{\partial x_2} \cdot U_{x_2}\right)^2 + \cdots + \left(\frac{\partial y}{\partial x_n} \cdot U_{x_n}\right)^2}$$

根据误差均分原则,认为

$$\frac{\partial y}{\partial x_1} \cdot U_{x_1} = \frac{\partial y}{\partial x_2} \cdot U_{x_2} = \cdots = \frac{\partial y}{\partial x_n} \cdot U_{x_n}$$

所以应有

$$U_{x_1} \leqslant \frac{1}{\sqrt{n} \cdot \frac{\partial y}{\partial x_1}} \cdot U_y \tag{6-2-1}$$

通常 U_y(或者相对不确定度 $\frac{U_y}{y}$)事先给定,由式(6-2-1)就可求出各直接测量量 x_i 所允许的不确定度 U_{x_i}(或为相对不确定度 $\frac{U_{x_i}}{x_i}$),并可由此选择适当的测量仪器.

(2) 按实际条件进行适当调整.由于测量的技术水平和经济条件的限制,按误差均分原则分配到每个分项的份额,有的可以做到,有的难以完成,有的则过于容易.这时需要根据实际情况给予调整.对于难以完成的,应适当放宽些;对于过于容易的,应适当提高要求.

2. 测量仪器的选择.

选择测量仪器时,一般应考虑以下几个原则:

(1) 量程.应使被测量的预计值约为仪表量程的 2/3 左右,以减小测量的相对误差.

(2) 仪器误差.测量仪器选择的原则应是所选用的测量仪器的仪器误差限 $\Delta_{仪}$ 不大于被测量所要求的误差限.

(3) 性能价格比.既要考虑经济合理性(见第一章第三节),同时还需要注意仪器的配套性,测量精度(测量值的有效位数)应大致相等.

例1 用伏安法测量电阻,若待测电阻为 R_x,要求测量相对不确定度 $E_r \leqslant 1.5\%$.应如何选择仪器和测量条件呢?

解:由欧姆定律 $R_x = \frac{U}{I}$ 和误差传递公式,有

$$\frac{\Delta R_x}{R_x} = \frac{\Delta U}{U} + \frac{\Delta I}{I}$$

根据合理选择仪器的误差均分原则,有 $2\frac{\Delta U}{U} = 2\frac{\Delta I}{I} \leqslant 1.5\%$,即 $\frac{\Delta U}{U} \leqslant 0.75\%$, $\frac{\Delta I}{I} \leqslant 0.75\%$,由电表等级误差的规定,$\frac{\Delta U}{U_m} \leqslant a\%$, $\frac{\Delta I}{I_m} \leqslant a\%$.式中,$a$ 为电表的等级,U_m 和 I_m 为电表的量程.显然应选用 0.5 级的电表.若实验有 0~1.5~3V、0.5 级的电压表和 3V 的电源,则电压表应取 3V 的量程,允许电压误差为 $\Delta U = U_m a\% = 3 \times 0.5\% \text{V} = 0.015\text{V}$.为了满足 $\frac{\Delta U}{U} \leqslant 0.75\%$ 的要求,测量时必须使电压

$$U \geqslant \frac{\Delta U}{0.75\%} = \frac{0.015}{0.0075}\text{V} = 2\text{V}$$

即实验时,待测电阻两端的电压不得小于 2V,否则电压误差将大于 0.75%.

为了选定电流表的量程和确定测量条件,可先用多用表测 R_x 值.若 R_x 约为 50Ω,则在实验中流过 R_x 的最大电流 $I_m = \frac{3}{50}\text{A} = 0.06\text{A} = 60\text{mA}$.故应选用量程为 60mA、等级为0.5

级的毫安表. 为了满足 $\frac{\Delta I}{I} \leqslant 0.75\%$，测量时必须使电流

$$I \geqslant \frac{\Delta I}{0.75\%} = \frac{I_m \times 0.5\%}{0.75\%} = \frac{60 \times 0.005}{0.0075} \text{mA} = 40 \text{mA}$$

也就是测量条件为：测量时电流不得小于 40mA，否则电流测量的误差将大于 0.75%.（注意：由于采用了合适的电路，仪表内电阻对被测电阻的影响可忽略不计）

例 2 测定圆柱体的密度，某圆柱体其直径为 d，高为 h，质量为 m，则其体积为 $V = \frac{\pi d^2 h}{4}$，密度为

$$\rho = \frac{m}{V} = \frac{4m}{\pi d^2 h}$$

若要求 ρ 的相对误差 $\frac{\Delta \rho}{\rho} \leqslant 0.5\%$，则测量 d、h、m 各量应选用什么仪器呢？

解：由误差理论，有

$$\frac{\Delta \rho}{\rho} = 2\frac{\Delta d}{d} + \frac{\Delta h}{h} + \frac{\Delta m}{m}$$

按照误差均分原则，有

$$\frac{\Delta \rho}{\rho} = 6\frac{\Delta d}{d} = 3\frac{\Delta h}{h} = 3\frac{\Delta m}{m} \leqslant 0.5\%$$

若已知待测圆柱体的 d 约为 1.2cm，h 约为 3.6cm，质量 m 约为 36g，则有

$$\Delta d \leqslant \frac{d \times 0.5\%}{6} = \frac{1.2 \times 0.005}{6} \text{cm} = 0.001 \text{cm}$$

$$\Delta h \leqslant \frac{h \times 0.5\%}{3} = \frac{3.6 \times 0.005}{3} \text{cm} = 0.006 \text{cm}$$

$$\Delta m \leqslant \frac{m \times 0.5\%}{3} = \frac{36 \times 0.005}{3} \text{g} = 0.06 \text{g}$$

因此，应选用螺旋测微器（千分尺，精度为 0.001cm）来测量直径，用 0.005cm 精度的游标卡尺来测量高度，用灵敏度为 0.05g/div 的天平来称衡质量.

若已知各被测量的不确定度，应按方差合成法求出合成不确定度，则误差均分原则应按 $\left(\frac{U_y}{y}\right)^2$ 进行，处理方法与上述相同. 这里 U_y 为 y 的合成不确定度.

按误差均分原则来选配仪器的精度比较合理. 当然，限于实际条件，有时不能完全做到，因此，在处理具体问题时，还应依照实际情况调整误差分配.

二、测量条件和最佳参数的确定

由于仪器设备都有自己的使用条件，不满足这个条件就会产生所谓的"附加误差". 因此，在设计实验时应明确提出，尽量予以保证；如果无法做到，则应给出校正公式或曲线. 另外，有的仪器在使用前必须调整到最佳工作状态.

实验"最佳"参数的选择也十分重要. 例如，用比重瓶法测不规则物体的密度，设计要求 $\frac{\Delta \rho}{\rho} \leqslant 1\%$，比重瓶法的计算公式为

$$\rho = \frac{mc}{M-M_0+m}$$

式中，m 为被测铝块的质量，M 为装满水的比重瓶质量，M_0 为加入铝块溢出水后的比重瓶的质量，c 为水的密度. 取 $U_m=U_M=U_{M_0}$，可以导出相对不确定度合成公式为

$$E_{r\rho}=\frac{U_\rho}{\rho}=\left[\left(\frac{M-M_0+2m}{m(M-M_0+m)}U_m\right)^2+\left(\frac{U_c}{c}\right)^2\right]^{\frac{1}{2}}$$

由于选取水的密度误差较小，按不等作用分配误差，上式中第 1 项取 0.9%，第 2 项取 0.1%. 粗测结果是 $m=1.6\text{g}$，$M=81.7\text{g}$，$M_0=82.7\text{g}$，则

$$E_{r\rho} \leqslant 4.583 U_m + \frac{U_c}{c} \leqslant 0.9\% + 0.1\%$$

由此可得

$$U_m \leqslant 0.002\text{g}, \quad U_c \leqslant 0.001\text{g/cm}^3$$

U_c 容易满足. 但 U_m 要满足就必须用分析天平（$\Delta_{仪}=0.001\text{g}$）. 但也可采用常用的物理天平来测量. 为此重新选择实验参数，取 $m=33.7\text{g}$，$M=78.38\text{g}$，$M_0=97.30\text{g}$，则有

$$E_{r\rho} \leqslant 4.583 U_m + \frac{U_c}{U} \leqslant 0.9\% + 0.1\%$$

由此得 $U_m=0.08\text{g}$（U_c 不变）. 显然，这一要求物理天平完全可以胜任. 当然 m 并非是取得越大越好. 因为 m 的选取不仅要受到比重瓶容积限制，而且 m 越大，则铝块越多，处理不好表面油污会造成新的误差. m 的最佳值可以通过实验去确定或由下述方法求得.

设间接测量值与直接测量量的关系为

$$y=f(x_1,x_2,\cdots,x_n)$$

若 x_i 各量的误差为已知，且 x_i 最大误差为 Δx_i，相应 y 的误差为 Δy，$\frac{\Delta y}{y}$ 与 $\frac{\Delta x_i}{x_i}$ 的关系由误差传递公式确定. 为了使 $\frac{\Delta y}{y}$ 为极小值，则要求 $\frac{\partial}{\partial x_i}\left(\frac{\Delta y}{y}\right)=0$，由此可定出最佳测量条件.

三、测量次数的确定

在前面介绍放大法时，已经提到有些实验可以通过增加测量次数来减小误差. 在一般情况下，当我们对某物理量 x 进行 n 次测量时，所得结果为 $x_1,x_2,\cdots,x_n$，其算术平均值为 $\bar{x}$，各次测量偏差为 $\Delta x_1,\Delta x_2,\cdots,\Delta x_n$，则测量平均值的标准误差为 $S_{\bar{x}}=\sqrt{\dfrac{\sum(x_i-\bar{x})^2}{n(n-1)}}$.

由此可见，平均值的标准误差等于一次测量的标准误差的 $\dfrac{1}{\sqrt{n}}$ 倍，因而增加测量次数对提高平均值的精度是有利的. 但测量精度主要由测量仪器的精度、测量方法等因素决定，不能超越这些条件而单纯地追求测量次数. 只有在正确地选择了测量方法、测量仪器、测量条件的前提下，才能谈得上确定必要的实验次数，以保证实验要求的精度.

例如，用某种天平测量某个物体的质量 m，已知 m 的一次测量的标准误差 $S_m=1\text{mg}$，若仪器精度、测量方法等只能要求测量结果的标准误差 $S_{\bar{m}} \leqslant 0.4\text{mg}$，则根据 $S_{\bar{m}} \leqslant \dfrac{S_m}{\sqrt{n}}$，有 $n=\dfrac{S_m^2}{S_{\bar{m}}^2}$，因而测量次数至少应为 $n=\dfrac{1^2}{0.4^2}$ 次 $=6.25$ 次 ≈ 7 次.

以上就物理实验基本方法做了较为全面的介绍.当要进行或设计某一个物理实验时,要按照既定的实验目的和要求,首先确定实验方法,然后恰当选择仪器和测量条件(有些实验还要确定最有利的条件),确定合理的测量次数,这是完成一个实验的基本要求.

第三节 物理实验中的基本调整与操作技术

物理实验中实验装置的调整与操作技术是十分重要的,正确地调整和操作不仅可将系统误差减小到最低,而且对提高测量结果的准确度有直接的影响.通过已做过的若干实验,我们对物理实验中常用实验装置的调整和常用的操作技术有了了解.本节作为实验理论的一个方面,对常用实验装置的调整和常用的操作技术进行了归纳和总结,可为学生在后续的实践课程和以后的工作实验时奠定良好的基础.

一、零位调整

绝大多数测量工具及仪表,如游标卡尺、螺旋测微器、读数显微镜和各种电表等都有零位(零点),在使用它们之前,都必须检查和校正仪器的零位.对于一些特殊的仪器或精度要求较高的实验,还必须在每次测量前都校正仪器的零位.

零位校正的方法一般有两种.一种是测量仪器本身带有零位校正器的,如电表、天平等,在测量前应使用零位校正器使仪器处于零位.例如,对常用的指针式电表进行调整时,首先应将电表按规定的使用状态(水平或竖直)放置,然后在不带电的条件下,仔细观察指针的位置.若不在零位,可用宽度合适的螺丝刀,轻轻旋转电表中心的调零螺丝,使之回到零位.然后将电表轻轻摇动,指针应能自由摆动,再按原位放好,指针应能回到零位.如果不能复位,则可能是轴尖在轴承内松动,这时只能请维修人员来调整.另一种是仪器本身不能进行零位校正,如端点已经磨损的米尺、钳口已被磨损的游标卡尺.对于这类仪器,则应先记下零点读数,再对测量结果进行零点修正.

二、水平、铅直调整

在通常情况下,不少仪器都要求在水平或铅直的条件下工作.例如,实验一中的电子天平、实验八中拉伸法测金属丝的杨氏弹性模量测量仪和实验九中液体表面张力系数的测定中的焦利氏秤等.只有满足了水平或铅直的条件,用它们测量的结果才能在仪器误差的范围以内,其结果才是有效的.为此,首先要选一个良好的基础平面放置这些仪器.普通的实验桌只要求桌面光滑平整,并具有一定的强度和刚度,在承载时不影响仪器的水平调整,就可以使用.

凡要做水平或铅直调整的实验装置,在其底座上都有三个调节螺丝(或一个固定,两个可调).调节前,将所有的调节螺丝旋在适中的位置,以使调节时有足够的升降余地.

还有一种圆形的平面气泡水准仪,它是以气泡与内圆同心来检查水平状态的.操作时,可以同时调节三个螺丝中的任意两个螺丝,使气泡静止于水准仪内圆的中心.

对于具有一定的高度,且在垂直方向上放置测量部件的仪器,如杨氏模量测量仪、焦利氏秤等,这类仪器的共同特点是都有一根或多根固定在可调底座上的立柱,并常用一根吊着重锤的悬线来判断立柱的铅直.当悬线与立柱的竖线完全平行时,就可认为立柱达到了铅直状态.

三、光路共轴调整

在由两个或两个以上的光学元件组成的光学系统中,为了获得好的像质,满足近轴光线的条件,必须使各个光学元件的主光轴相互重合,这种调节过程称为光路共轴调整.几乎所有的光学仪器,都要求仪器内部的各个光学元件共轴,共轴调整是做好光学实验的必要前提.在光具座上进行光学元件的共轴调整通常用自准法和共轭法.下面以共轭法为例介绍如下.

1. 粗调.

把光源、物屏、透镜和像屏安装在光具座的导轨上,先将它们靠拢,凭目测调节它们的高低、左右,使光学元件的中心大致在一条与导轨平行的直线上,并使物屏、透镜、像屏的平面相互平行,且与导轨垂直.

2. 细调.

按图 2 放置物屏、透镜和像屏,使物屏与像屏之间的距离 D 大于透镜焦距 f 的 4 倍(即 $D>4f$).缓慢地将凸透镜从物屏移向像屏,在此移动过程中,像屏上先后获得放大的实像 A_1B_1 和缩小的实像 A_2B_2.若两次成像的中心重合,则表明该光学系统达到了共轴要求;若大像中心在小像中心的上方,说明透镜位置偏高,应将透镜调低;反之,应将透镜调高.调节中采用"大像追小像"的办法,并注意保持透镜、物屏和像屏的相互平行且与导轨垂直.反复调节,逐步逼近.

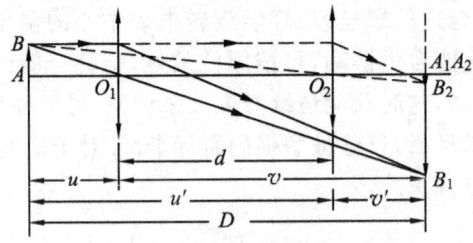

图 2 用共轭法作光路共轴调整

应当注意,当光学系统中有两个或两个以上透镜时,应先调节包含一个透镜在内的系统共轴,然后再加入另一个透镜,调节该透镜与原系统共轴,切不可同时调节两个透镜.

四、消视差调节

在实验中,经常会遇到仪器的读数标线(指针、叉丝)和标尺平面不重合的情况.例如,电表的指针和刻度面总是离开一定的距离.因此,当眼睛在不同位置观察时,读得的示值有时会有差异,这一现象称为视差.

在力学和电学实验中,由视差引起的读数误差往往是因为没有按正确的方法读数形成的.例如,用米尺测量物体长度时,因为米尺有一定的厚度,应尽可能地把被测物体紧贴米尺的刻度线,并使眼睛垂直于米尺读数.在 1.0 级以上的电表的表盘上均附有平面镜,当观察到指针与平面镜中的像重合时,进行读数即可消除视差.

光学实验中的视差问题较为复杂,除了由于受观测者的读数方法外,主要由于仪器没有调节好,造成较大的视差.下面讨论用光学仪器进行测量时的消视差调节.

在用光学仪器进行非接触式测量时,常使用带有叉丝的望远镜或读数显微镜,其基本光路图如图 3 所示.它们的共同点是在目镜焦平面内侧附近装有一个十字叉丝(或带有刻度的分划板),若被测物体经物镜后成的像 A_1B_1 在叉丝所在的位置处,人眼经目镜观察到叉丝与被测物体的虚像 A_2B_2 都在明视距离处的同一平面上,这样便无视差.

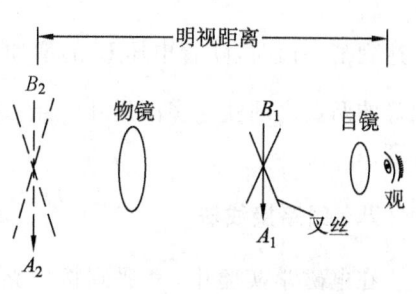

图 3　望远镜基本光路示意图

要消除视差,可仔细调节目镜(连同叉丝)与物镜之间的距离,使被测物体经物镜成像在叉丝所在的平面上.一般是一边调节一边稍稍左右、上下地移动眼睛,看看被测物体的像与叉丝像之间是否有相对运动,直至两者无相对运动为止.

五、逐次逼近调节

在物理实验中,仪器的调节大多不能一步到位,要经过反复多次调节才能完成."逐步逼近调节"是一种能迅速有效地达到调节要求的调节技巧.

依据一定的判别标准,逐次缩小调节范围,较快地获得所需状态的方法,称为逐次逼近调节法.例如,在"实验十二　分光计的使用　用光栅测波长"中,调节分光计望远镜光轴垂直于仪器主轴所用的各半调节法,反复调节望远镜和载物平台,一次次减小偏离水平的程度,最终达到望远镜光轴垂直于仪器主轴状态.再如实验七中电桥平衡的调节,也是先将桥路上的限流电阻(滑动变阻器)阻值取得较大时,调节 R_0 使电桥平衡,然后再减小限流电阻,再次调节 R_0 使电桥平衡,直至限流电流为零,使电桥处于平衡状态.

六、恢复仪器初态

所谓"初态",是指仪器设备在进入正式调整前的状态.仪器调整前,首先检查各调节螺丝是否处于松动状态,有没有足够的调整量;各开关和旋钮是否处于正确或安全状态.例如,电源输出是否在较小挡位,变阻器是否处于安全状态,示波器中的各旋钮是否居中等.

应当指出,恢复仪器初态看来是一个简单的事情,如果不予注意,就会出现问题.我们知道,实验十二中分光计的调节是较为复杂和费时的.如果在调整前,在载物台 3 调平螺钉和望远镜水平度调节螺钉中,只要有一只螺钉不在松动状态或者没有足够的调整量,即使前面的调节步骤已进行,调到此处亦会前功尽弃.

七、先定性、后定量原则

初做实验者往往急于得到测量结果,盲目操作,当测量进行到中途或测量后处理数据时,才发现有问题,需要重做实验.因此,在测量某一物理量随着另一物理量变化的关系时,为了避免测量的盲目性,应采用"先定性、后定量"的原则进行测量.即在定量测量前,先对实验的全过程进行定性的观察,在对实验数据的变化规律有一初步了解的基础上,再进行定量测量.例如,在"实验二　电阻的测量和伏安特性的研究"中,电流 I 随电压 U 的变化情况,应先进行定性的观察,然后在分配测量间隔时,采用不等间距测量.从定性观察可见,当电压

U 达到某一值时,随着电压 U 的增加,电流 I 增加得很快,即 $\frac{\Delta I}{\Delta U}$ 较大,此时在电压增量 ΔU 相等的两点之间就应多测量几个点. 这样采用由不等间距测量测得的数据进行作图就比较合理.

八、回路接线法

在电磁学实验中,常遇到按电路图接线问题. 一张电路图可分解为若干个闭合回路,如图 4 所示. 接线时,由回路Ⅰ的始点(往往为高电势点)出发,依次首尾相连,最后仍回到始点,再依次连接回路Ⅱ、回路Ⅲ等,这种接线方法称为回路接线法. 电源最后接入电路,开关接入电路时应呈断开状态. 按此法接线和查线,可确保电路正确连接.

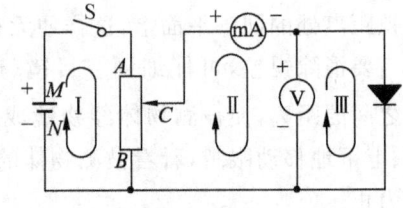

图 4　回路接线法示意图

九、避免空程误差

有些仪器如读数显微镜和迈克尔孙干涉仪,其传动和读数机构是由丝杆-螺母构成的. 由于丝杆和螺母之间有螺纹间隙,往往在测量刚开始或刚反向转动丝杆时,丝杆须转过一定角度(可能达几十度)才能与螺母啮合. 结果与丝杆连接在一起的鼓轮已有读数改变,而由螺母带动的机构尚未产生位移,造成虚假读数而产生空程误差. 为避免产生空程误差,使用这类仪器时,必须在丝杆与螺母啮合后才能进行测量;同时,在一次测量中,必须单方向旋转鼓轮,切忌反转. 例如,在"实验十　光的等厚干涉——牛顿环和劈尖干涉"实验中,用读数显微镜测量牛顿环的一系列暗纹直径时,测微鼓轮必须只向一个方向转动,依次测出被测暗纹中心位置. 应当注意,在连续测量的过程中,测微鼓轮绝不能反转,否则会产生因空转引起的测量误差,而使测量结果无效.

第四节　设计性实验简介

设计性实验由实验室给出专题实验项目,一般只给定实验任务和测量精度要求,学生据此来确定实验原理和方法,并进行实验方法和测量方法的选择,测量仪器和测量条件的选择,数据处理方法的选择,以及综合分析比较和不确定度估算等,从而形成较为完整的设计方案. 在此基础上进行实际测量和数据处理,给出实验结果并检查任务完成情况,提出改进建议,最后写出设计性实验的报告或论文. 这种实验实际上是对一个小型科学实验全过程的综合训练,也是对学生掌握实验理论、方法和技能的检查.

一、设计实验的基本程序和要求

1. 实验设计的基本程序.

(1) 选定课题,明确任务. 设计性实验一般由实验室给出一些实验设计项目,由学生选择,也可以由学生自拟,报实验室审批. 实验项目中应给出需要研究的理论或指定测试的物理量,以及应当达到的误差要求. 由此确定设计的各项指标,从而做到有的放矢.

(2) 查阅文献,收集资料.在明确任务的基础上,开始着手查阅有关文献资料,并进行摘要和分析整理,作为下一步具体设计的参考.

(3) 选择实验方法和与其配套的仪器,通过分析比较,确定实验方案.在上述基础上,找出实验的理论依据,分析各种实验方法和所选择的实验仪器可能达到的测量精度,研究获得所需仪器的可行性.应尽量选用实验室现有的通用仪器,做到使用方便、经济可靠并尽可能消除系统误差.

(4) 粗测和细测.方案确定并经指导教师审查批准后,即可进行实际测量.测量中往往很难做到一次成功.为此,可以先粗测和估计误差,预计达到实验的误差要求后再进行精测和数据处理,给出实验结果.如果粗测证明不可能达到实验要求,则应修改方案甚至另行设计.

(5) 综合分析,写出实验报告或论文.在完成实验测试后,应将实验结果进行综合分析,给出结论性意见或进一步改进的建议,最后写出实验报告或论文.

2. 实验报告和论文的写作格式.

设计型实验报告与一般实验报告类似,但又有自身的特点,基本格式如下:

(1) 设计目的和要求.与一般实验报告类似,可以将设计性实验的目的和要求简单归纳成几条.

(2) 简单设计方案.根据实验要求选择实验原理和方法,确定计算公式,进行误差分配和仪器选择,给出原理图、方框图或电路图及实验条件和参数.这一方案应当是实验完成后的成功方案.

(3) 实验步骤.根据设计方案,自行拟订出实验步骤.

(4) 数据与计算.将测量数据整理列表,进行数据处理,给出实验结果和误差分析,并由此得出完整、准确的结论.并且还可以分析系统误差的消除情况,提出进一步改进的意见.

(5) 讨论.可对实验设计中的有关问题(包括设计原理、实验装置、误差分析等)加以讨论.

(6) 参考文献.为了帮助读者深入了解此项工作,应列出有关参考文献的名称、作者、出处等,供读者需要时查找.

(7) 附录.对于需要详细论证的问题和公式推导,不应列入正文,以保持报告或论文的简洁.为此,可将其作为附录放在报告最后,供想要深入学习的读者阅读.

实验报告或论文是实验工作全面系统的总结,它既是交流和推广的材料,也是评审和改进的依据.这是一项十分重要的工作,必须引起高度重视.实际上这也是为今后撰写课程设计报告和毕业论文进行的有益训练.

二、测量过程的设计

在选定课题、明确任务要求及收集必要资料的基础上,就可以开始制订实验设计方案.首先需要根据任务要求确定实验方案.实验方法的确定就是根据一定的物理原理,建立被测量和可测量之间的关系.而对于同一研究对象,往往有几种实验方法,这就需要从中选出最佳实验方法.这项工作需要具备较广的知识和较丰富的实验经验,对于初学者来说,要在实验方法确定的情况下,在简便实用、经济合理的基础上,将测量误差减至最小(至少满足设计的要求),使实验有较好的精密度和正确度.现将设计方法和步骤简述如下.

1. 测量方法的选择.

实验方法选定后,为使各物理量测量结果的误差最小,需要进行误差来源和误差合成的分析,确定合适的具体测量方法.因为测量某一物理量时,往往有好几种测量方法可以采用.例如,用单摆测定重力加速度实验中,需要测定单摆的周期值,可以采用累计放大法用秒表计时,也可采用光电计时法用数字毫秒计计时等.这就需要对测量方法进行精度分析,以确定该方法是否能够满足对测量所提出的要求.

在测量仪器确定的情况下,对某一量的测量,如果有几种方法可以选择,则应选取测量不确定度最小的那种方法,或者说测量误差最小的那种方法,因为在实际计算不确定度时,往往对误差因素考虑得不是很全面.

例 如图5所示,要测量单摆的摆长L,所用仪器为毫米刻度的钢卷尺和分度值为0.1mm的游标卡尺,试选择测量方法.

解:可以用下面三种方法测量:(1) $\frac{L_1+L_2}{2}$,(2) $L=L_1+\frac{D}{2}$,(3) $L=L_2-\frac{D}{2}$.

如果用钢卷尺测得$L_1=(100.1\pm0.1)$cm,$L_2=(102.5\pm0.2)$cm,用游标卡尺测得$D=(2.40\pm0.01)$cm,三种方法测得L的不确定度U_L分别为

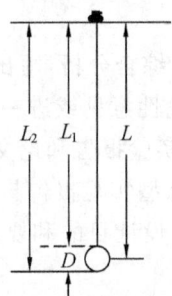

图5 摆长测量方法示意图

(1) $$U_L=\sqrt{\left(\frac{U_{L_1}}{2}\right)^2+\left(\frac{U_{L_2}}{2}\right)^2}=0.11\text{cm}$$

(2) $$U_L=\sqrt{U_{L_1}^2+\left(\frac{U_D}{2}\right)^2}=0.10\text{cm}$$

(3) $$U_L=\sqrt{U_{L_2}^2+\left(\frac{U_D}{2}\right)^2}=0.20\text{cm}$$

可见,采用第二种方法精度较高.但有时基于对其他误差因素的考虑或教学目的需要,也采用方法(1)和(3).

2. 测量仪器的选配及测量条件和最佳参数的确定.

在实际工作中,常常会遇到这样的问题:就是在测量之前,对间接测量的精度提出了一定的要求,如何根据此要求来确定各直接测量量的精确度要求,从而选择合适的仪器进行测量呢?也就是说,要进行误差分配,在总误差一定的情况下,各个分误差应如何分配?可参看本章"第二节 测量仪器和测量条件的选择".

3. 画出实验电路图或仪器配置图,设定实验步骤.

为了在实验时可以方便地将仪器配备连接,在实验设计的同时应画出方框图、电路图或仪器配置图,以便对照和检查.根据所测物理量的情况,安排好测量顺序,写出实验步骤,设计出数据记录表格.图表力求简明清楚,使人一目了然.实验步骤给出提示性要点即可,切忌烦琐,重点是测量顺序,防止因为安排不当增大实验误差.例如,利用比重瓶测量酒精密度时,先装水还是先装酒精,效果截然不同.因为先装水后瓶内残存的水很难排除;相反,酒精极易挥发,对后续测量无影响.

以上我们系统地总结了物理实验中常用的实验方法、测量方法、测量仪器和测量条件的选择,实验中仪器的基本调整与操作技术等知识,并对设计性实验进行了简单的介绍.当然实验的知识、方法和技能远比上述内容广泛得多,且各种方法往往是相互联系、综合使用的,无法截然分开.我们要在实践过程中,认真思考、仔细分析,并不断总结,逐步积累和丰富我们的实验知识和经验.

附　表

附表1　常用物理量常数

物理量	数值
真空中的光速	$c = 2.99792458 \times 10^8 \text{ m} \cdot \text{s}^{-1}$
电子的静止质量	$m_e = 9.109534 \times 10^{-31} \text{ kg}$
电子的电荷	$e = 1.60217733 \times 10^{-19} \text{ C}$
普朗克常量	$h = 6.6260755 \times 10^{-34} \text{ J} \cdot \text{s}$
阿伏加德罗常数	$N_A = 6.022136 \times 10^{23} \text{ mol}^{-1}$
原子质量单位	$U = 1.6605655 \times 10^{-27} \text{ kg}$
氢原子的里德伯常量	$R_H = 1.097373 \times 10^7 \text{ m}^{-1}$
摩尔气体常数	$R = 8.314510 \text{ J} \cdot \text{mol}^{-1} \cdot \text{K}^{-1}$
玻耳兹曼常数	$k = 1.380658 \times 10^{-23} \text{ J} \cdot \text{K}^{-1}$
引力常量	$G = 6.6720 \times 10^{-11} \text{ N} \cdot \text{m}^2 \cdot \text{kg}^{-2}$
标准大气压	$p_0 = 101325 \text{ Pa}$
冰点的绝对温度	$T_0 = 273.15 \text{ K}$
标准状态下干燥空气的密度	$\rho_{空气} = 1.293 \text{ kg} \cdot \text{m}^{-3}$
标准状态下水银的密度	$\rho_{水银} = 13595.04 \text{ kg} \cdot \text{m}^{-3}$
标准状态下理想气体的摩尔体积	$V_m = 22.41383 \times 10^{-3} \text{ m}^3 \cdot \text{mol}^{-1}$

附表2　液体的黏滞系数

液体	温度/℃	$\eta/(\mu\text{Pa} \cdot \text{s})$	液体	温度/℃	$\eta/(\mu\text{Pa} \cdot \text{s})$
汽油	0	1788	葵花子油	20	50000
	18	530			
甲醇	0	817	甘油	−20	134×10^6
	20	584		0	120×10^5
				20	1499×10^3
				100	12945
乙醇	−20	2780			
	0	1180			
	20	1190	蜂蜜	20	650×10^4
乙醚	0	296		80	100×10^3
	20	243	鱼肝油	20	45600
水	0	187.8		80	4600
	20	1004.2	水银	−20	1855
	100	282.5		0	1685
变压器油	20	19800		20	1554
蓖麻油	10	242×10^4		100	1224

附表3 20℃时常用固体和液体的密度

物 质	密度 ρ/(kg·m^{-3})	物 质	密度 ρ/(kg·m^{-3})
铝	2698.9	窗玻璃	2400~2700
铜	8960	冰	880~920
铁	7874	甲醇	792
银	10500	乙醇	789.4
金	19320	乙醚	714
钨	19300	汽车用汽油	710~720
铂	21450	氟利昂-12	1329
铅	11350	变压器油	840~890
锡	7298	甘油	1260
水银	13546.12	蜂蜜	1435
钢	7600~7900	石蜡	870~930
石英	2500~2800	泡沫塑料	22~33
水晶玻璃	2900~3000		

附表4 标准大气压下不同温度的水的密度

温度 t/℃	密度 ρ/(kg·m^{-3})	温度 t/℃	密度 ρ/(kg·m^{-3})	温度 t/℃	密度 ρ/(kg·m^{-3})
0	999.841	17	998.774	34	994.371
1	999.900	18	998.595	35	994.031
2	999.941	19	998.405	36	993.68
3	999.965	20	998.203	37	993.33
4	999.973	21	997.992	38	992.96
5	999.965	22	997.770	39	992.59
6	999.941	23	997.538	40	992.21
7	999.902	24	997.296	41	991.83
8	999.849	25	997.044	42	991.44
9	999.781	26	996.783	50	988.04
10	999.700	27	996.512	60	983.21
11	999.605	28	996.232	70	977.78
12	999.498	29	995.944	80	971.80
13	999.377	30	995.646	90	965.31
14	999.244	31	995.340	100	958.35

附表 5　水的沸点(℃)随压强 p(mmHg)的变化表

p	0	1	2	3	4	5	6	7	8	9
730	98.83	98.92	98.95	98.99	99.03	99.07	99.11	99.14	99.18	99.22
740	99.26	99.29	99.33	99.37	99.41	99.44	99.48	99.52	99.56	99.59
750	99.63	99.67	99.70	99.74	99.78	99.82	99.85	99.89	99.93	99.96
760	100.00	100.04	100.07	100.11	100.15	100.15	100.22	100.26	100.29	100.33

附表 6　20℃时常用金属的杨氏模量

金　属	杨氏模量 $E/(10^9\text{Pa})$
铝	69～70
钨	407
铁	186～206
铜	103～127
金	77
银	69～80
锌	78
镍	203
铬	235～245
合金钢	206～216
碳钢	196～206
康铜	160

注：杨氏模量与材料的结果、化学成分及其加工制造方法有关.因此,在某些情形下,E 的值可能与表中所列的平均值不同.

附表 7　在不同温度下水与空气接触时的表面张力系数

温度/℃	$\sigma/(10^{-3}\text{N}\cdot\text{m}^{-1})$	温度/℃	$\sigma/(10^{-3}\text{N}\cdot\text{m}^{-1})$	温度/℃	$\sigma/(10^{-3}\text{N}\cdot\text{m}^{-1})$
0	75.62	16	73.34	30	71.15
5	74.90	17	73.20	40	69.55
6	74.76	18	73.05	50	67.90
8	74.48	19	72.80	60	66.17
10	74.48	20	72.80	70	66.17
11	74.07	21	72.60	80	62.60
12	73.92	22	72.44	90	60.17
13	73.78	23	72.28	100	58.84
14	73.64	24	72.12		
15	73.48	25	71.96		

附表 8　常用光谱灯和激光器的可见谱波长

元素	波长 λ/nm	元素	波长 λ/nm	元素	波长 λ/nm	激光器	波长 λ/nm
氢 (H)	656.28 Hα(红) 486.13 Hβ(蓝绿) 434.05 Hυ(蓝) 410.17 Hδ(蓝紫) 397.01 Hξ(紫) 388.90 Hε	汞 (Hg)	690.62— 671.62— 623.44 (橙) 612.33— 589.02 585.94— 579.07＋ (黄) 578.97＋ 576.96＋ (黄) 567.59 — 546.07＋＋ (绿) 535.40— 496.03 491.60 (蓝绿) 435.84＋＋ (蓝) 434.75 433.92— 410.81— 407.78 (蓝紫) 404.66— (蓝紫)	钠(Na)	589.59 ＋＋(黄) 589.00 ＋＋(黄) 568.83 568.28 650.65(红) 640.23(橙) 638.30(橙) 626.65(橙) 621.73(橙) 614.31(橙) 588.19(黄) 585.25(黄)	He-Ne (氦-氖)	632.8 (橙红)
氦 (He)	706.52(红) 667.82(红) 587.56(黄) 501.57(绿) 492.19(蓝绿) 471.31(蓝) 447.15(蓝) 402.62(蓝紫) 388.87(紫)					Ar (氩)	528.70 514.53＋ 501.72 496.51 487.99＋ 476.44 472.69 465.79 457.94 454.50 437.07
						红宝石	694.3＋ (深红) 693.4 510.0 360.0

附表 9　某些物质中的声速

物质	$v/(\text{m}\cdot\text{s}^{-1})$	物质	$v/(\text{m}\cdot\text{s}^{-1})$
空气(0℃)	331.45	水(20℃)	1482.9
一氧化碳(CO)	337.1	酒精(20℃)	1168
二氧化碳(CO_2)	259.0	铝(Al)	5000
氧(O_2)	317.2	铜(Cu)	3750
氩(Ar)	319	不锈钢	5000
氢(H_2)	1279.5	金(Au)	2030
氮(N_2)	337	银(Ag)	2680

附表 10　不同温度下干燥空气中的声速（$v_1 = v_0\sqrt{1+T/T_0}$）

室温 $T/℃$	0	1.0	2.0	3.0	4.0	5.0	6.0	7.0	8.0	9.0
$v/(\text{m}\cdot\text{s}^{-1})$	331.450	332.050	332.661	333.265	333.868	334.470	335.071	335.670	336.269	336.866
$T/℃$	10	11	12	13	14	15	16	17	18	19
$v/(\text{m}\cdot\text{s}^{-1})$	343.370	338.058	338.652	339.246	339.838	340.429	341.019	341.609	342.197	342.784
$T/℃$	20	21	22	23	24	25	26	27	28	29
$v/(\text{m}\cdot\text{s}^{-1})$	343.370	343.955	344.539	345.123	345.705	346.286	346.866	347.445	348.445	348.601
$T/℃$	30	31	32	33	34	35	36	37	38	39
$v/(\text{m}\cdot\text{s}^{-1})$	349.177	349.753	350.328	350.901	351.474	352.040	352.616	354.187	353.755	354.323